AF536543

Süßwasser ROCHEN

Freshwater RAYS

Richard A. Ross
Frank Schäfer

Wir danken den nachfolgend aufgelisteten Spezialisten, Firmen, Züchtern und Aquarianern für die freundliche Überlassung ihrer Dias und für ihre Beratung, auch denen, die wir eventuell vergessen haben zu erwähnen:
We would like to thank the following specialists, companies, breeders and hobbyists for their advice and kindly letting us use their slides. We also thank all those we might have forgotten:

A. Camoens	L. N. Chao	P. Chlupaty †
H. Debelius	D. Eichler	H.-G. Evers
C. Gerigk	H. Hall	H. Hieronimus
M. Kottelat	R. H. Kuiter	K. Lim
S. Michael	F. Mori	H. Nakano
J. Neuschwander	D. Perrine	E. Robinson
R. Ross	B. Séret	F. Schäfer
H. Schmid	H.-F. Schmidt-Knatz	E. Schraml
I. Seidel	E. Sosna	W. Staeck
R. Stawikowski	M. Strickland	H. H. Tan
F. Teigler	N. Tomizana	F. Warzel
U. Werner	P. Wirtz	P. Woodhead
N. Wu		

Aquarium Glaser GmbH,
die uns von ihren wöchentlichen Importen immer Fische zum fotografieren zur Verfgung stellten / *for providing beautiful fish for our photographers from their weekly imports.*
***amtra* - Aquaristik GmbH,**
für die zur Verfügung gestellten Fotobecken und Hilfsmittel zum Testen / *for providing furnished aquaria and equipment for testing.*
Dr. med. vet. Markus Biffar,
Fachtierarzt für Fische / *fish veterinarian*

Weitere nützliche Tips und Pflegehinweise finden Sie immer in der, alle sechs Wochen neu erscheinenden ersten und einzigen internationalen Zeitung für Aquarianer ***AQUALOGnews***. Auch werden immer die neuesten Zuchtberichte darin veröffentlicht. Sie erscheint wahlweise in deutscher oder englischer Sprache. Sie erhalten die ***news*** im guten Zoofachhandel oder im Abonnement direkt vom Verlag. Fordern Sie ein kostenloses Probeexemplar an.

Further useful tips about care and maintenance can be found every six weeks in ***AQUALOGnews****, the unique newspaper for all friends of the hobby. Read, for example, the latest breeding reports in the* ***news.*** *It is available in German or English and can be obtained at your local pet shop or subscribed to at the publisher. Order your free specimen copy!*

Die Deutsche Bibliothek - CIP-Einheitsaufnahme

Süßwasserrochen = Freshwater rays / Richard A. Ross; Frank Schäfer.

[Übers. Dt.-Engl.: Mary Bailey, Engl.-Dt.: Frank Schäfer]

Mörfelden-Walldorf: ACS, 2000

(Aqualog)

ISBN 3-931702-93-6

Rothwiesenring 5, 64546 Mörfelden-Walldorf / Germany

Text und fachliche Bearbeitung
Frank Schäfer, Richard A. Ross

Übersetzungen
Deutsch-Englisch: Mary Bailey
Englisch-Deutsch: Frank Schäfer

Organisation
Wolfgang Glaser

Redaktion
Frank Schäfer

Titelgestaltung:
Verlag A.C.S.

Druck, Satz, Verarbeitung:
Lithos: Verlag A.C.S.
Bildbearbeitung: Frank Teigler
Druck: Giese Druck, Offenbach
Gedruckt auf EURO ART glänzend,
100% chlorfrei von PWA, umweltfreundlich.

PRINTED IN GERMANY

Ganz besonderer Dank gilt Dr. Matthias Stehmann, der es auf sich nahm, den einleitenden Text zu überprüfen und freundlicherweise einen Textbeitrag über die Deutsche Elasmobranchier-Gesellschaft (DEG) lieferte. FS dankt ferner sehr herzlich den Mitarbeitern der Senckenbergischen Bibliothek, Frankfurt a.M. , für ihre stete Hilfsbereitschaft und Unterstüzung.

Front Cover:
Potamotrygon sp. S66101-1; photo: Nakano / Archiv A.C.S.
Potamotrygon falkneri S65982-3; photo: Nakano / Archiv A.C.S.
Pristis microdon X79603-3; photo: E. Schraml

Back Cover:
Potamotrygon menchacai S66117-4; photo: R. Ross
Rhinobatos armatus X86118-4; photo: E. Schraml
*Potamotrygon motoro*S66101-3; photo: E. Schraml

Inhalt
Contents

Erklärungen der Abkürzungen in den wissenschaftlichen Namen und Bildunterschriften
Key to the abbreviations used in the scientific names and captions

Beispiel *example:*	*Potamotrygon*	*scobina*	GARMAN,	1913
	Gattung	Art	Beschreiber	Publikationsjahr
	Genus	*Species*	*Describer*	*Year of publication*

sp./spec.: = species (lat.): Art / *species*
Hinter einem Gattungsnamen meint dies: Ein Artname steht (noch) nicht zur Verfügung, die Art ist bislang nicht eindeutig bestimmt bzw. noch nicht formell beschrieben.
Following the genus name, this means: A species name is not yet available, the species has not yet been determined or formally described.

cf.: = confer (lat.): vergleiche / *compare*
Einem Artnamen vorangestellt meint dies: Das vorliegende Exemplar oder die entsprechende Population weicht in gewissen Details von der typischen Form ab, jedoch nicht so gravierend, daß es oder sie einer anderen Art zugeordnet werden könnte.
Placed in front of a species name this means: The specimen shown or the respective population to which it belongs differs in some minor details from the typical form, but these differences do not justify placing it in a species of its own .

sp. aff.: = species affinis (lat.): ähnliche Art / *similar to ...*
Einem Artnamen vorangestellt meint dies: Die vorliegende Art ist bisher noch nicht bestimmt, sie ähnelt jedoch der genannten und bereits beschriebenen Art.
Placed in front of a species name, this means: The species at hand is not yet determined but it is very similar to that named.

Hybride/*hybrid*: Kreuzungsprodukt, Mischling zweier Arten / *hybrid or crossbreed of two species*

leg. : = legit (lat.): gesammelt von..... / *collected by.....*
Im AQUALOG - Kontext bedeutet dies: die exakte Fundortangabe und/oder die Determination zu dem abgebildeten Fisch stammt von der in Kapitälchen geschriebenen Person.
This means in the AQUALOG context: the information about the exact place of origin and/or the determination of the fish depicted originates from the person named in capitals.

tt.; l.t.: = terra typica; locus typicus: Fundort wo das der Arbeschreibung zugrundliegende Exemplar gesammelt wurde/ *Type locality of the specimen from which the original description was made.*

DW: = Disc Width: Breite der Körperscheibe

TL: = Total Length: Größe von der Schnauzen- bis zur Schwanzspitze / *from the tip of the snout to the end of the tail*

Knorpelfische: eine Übersicht
Cartilaginous fishes: an overview

Die Knorpelfische (Chondrichthyes) bilden im zoologischen System einen Zweig, der die Klassen Elasmobranchii (Haie und Rochen) und Holocephali (Chimären) enthält. Sie sind dadurch gekennzeichnet, daß Knochen im Innenskelet fehlen, Schädel, Wirbelsäule und Flossenskelet also knorpelig sind. Diese Knorpel können allerdings durch sekundäre Einlagerung von Kalzium sehr fest sein. Es handelt sich bei dem Knorpelskelet um ein abgeleitetes Merkmal, das durch die Reduktion von Knochen erreicht wurde. Die Hautbedeckung besteht aus Hautzähnchen verschiedener Gestalt, sogenannten Placoidschuppen. Sie bestehen aus einer unter der Oberhaut (Epidermis) sitzenden Basisplatte, auf der ein die Haut durchstoßender Zahn sitzt. Die Haut der Fische wirkt daher sehr rauh, die Haut mancher Arten wurde sogar als Schmirgelpapier industriell verwertet. Uneingeschränkt gilt das jedoch nur für die Haie, während bei den Rochen dieses Hautkleid oft stark reduziert ist. Dafür können bei ihnen einzelne der Schuppen zu großen Stacheln und Dornen umgebildet sein. Auch der gefürchtete Giftstachel der Stechrochen ist ein solcher modifizierter Hautzahn. Interessant ist, daß bei den Haien und Rochen die Kieferzähne dauernd von innen her ersetzt werde. Sie wachsen nach einem, an ein Förderband erinnenden Prinzip ständig nach. Die Brustflossen dienen als Höhenruder oder, wie bei den Rochen, als Antriebsflossen und stehen horizontal am Körper.

Die Knorpelfische besitzen sogenannte „Lorenzinische Ampullen" am Kopf, die der Wahrnehmung von elektrischen Reizen dienen. Sie sind ein im Tierreich einmaliger 6. Sinn, der viele der oft ans wunderbare grenzenden Sinnesleistungen dieser Fische ermöglicht.

Im Gegensatz zu den Knochenfischen, bei denen die Kiemenöffnungen von schützenden Knochen, dem Kiemendeckel oder Operculum bedeckt werden, haben Haie und Rochen mehrere äußere Kiemenspalten. Meist sind es 5, seltener 6–7. Bei Chimären überdeckt ein häutiger „Kiemendeckel" die inneren Öffnungen für nur eine Außenöffnung, ähnlich wie bei den Knochenfischen. Die erste Kiemenspalte ist zu einem Loch, dem sogenannten Spritzloch (Spiraculum) reduziert, das bei den Rochen und vielen Haien auf den Kopf und hinter die Augen gewandert ist (s. Abb. 2). Diese Fischen atmen durch das Spiraculum ein und durch die bauchwärts liegenden Kiemenöffnungen wieder aus, eine sinnvolle Einrichtung, denn das Maul liegt ja auf der Bauchseite. Somit ist die Zufuhr reinen Wassers auch dann gewährleistet, wenn die Tiere auf schlammigem Boden liegen oder teilweise eingegraben sind. Die freischwimmenden Elasmobranchier, wie auch z. B. die zu den Rochen zählenden Mantas atmen dagegen ganz oder zusätzlich, wie die meisten Fische, durch das Maul ein.

Die Knorpelfische besitzen keine Schwimmblase. Den Körperauftrieb übernimmt bei ihnen die riesige, ölhaltige Leber. Aus dieser Leber werden übrigens kostbare Öle gewonnen und auch daher eine gnadenlose Jagd auf viele Arten durchgeführt. Es werden immer mehr Stimmen laut, die darauf hinweisen, daß einige Vetreter der Haie und Rochen durch diese Jagd bereits am Rande der Ausrottung stehen. Der Auftrieb durch die Leber ermöglicht den Fischen jedoch lediglich ein kraftsparendes Schwimmen. Anders als durch die Schwimmblase wird ein freies Schweben im Wasser nicht ermöglicht und alle Knorpelfische sinken zu Boden, sobald sie die Schwimmbewegungen einstellen.

Alle Knorpelfische haben eine innere Befruchtung, die von den Männchen mit besonders umgebildeten Bauchflossenteilen, die bei den Knorpelfischen Mixopterygien genannt werden, durchgeführt wird.

The cartilaginous fishes (Chondrichthyes) constitute a discrete branch of the zoological system, which contains the classes Elasmobranchii (sharks and rays) and Holocephali (chimaeras). They are characterised by the lack of an internal skeleton of bone, with skull, vertebral column, and fin skeleton instead composed of cartilage. However, this cartilage may be very solid because of secondary inclusion of calcium. The cartilaginous skeleton is a derived character, brought about by the reduction of bone. The skin is covered in denticles of varying form, the so-called placoid scales. Each consists of a basal plate situated beneath the outer layer of the skin (the epidermis), on which sits the skin-penetrating tooth. The skin of the fish thus has a very rough texture, and that of some species has even been used commercially as "sandpaper". However, this really applies only to the sharks, as in the rays this skin coating is often greatly reduced, although at the same time individual scales may have developed into large spines and "thorns". The dreaded poison spine of the stingrays is itself a modified denticle of this type. It is interesting to note that in the sharks and rays the maxillary teeth are constantly replaced from within, using a principle somewhat reminiscent of a conveyor belt. The pectoral fins stand out horizontally from the body and serve as stabilisers or, as in the rays, for propulsion.

The cartilaginous fishes possess so-called "Lorenzian ampullae" on the head, which serve to detect electrical impulses. They constitute a sixth sense unique in the animal kingdom, which makes possible much of the behaviour of these fishes, which often verges on the miraculous.

In contrast to the bony fishes, in which the gill openings are covered by protective bones, the gill-covers or opercula, sharks and rays have several exposed external gill slits. These usually number five, less often six or seven. In the chimeras a "gill-cover" of skin covers these now internal openings, leaving a single external opening, similar to that of the bony fishes. The first gill slit is reduced to a hole, the so-called spiracle (spiraculum), which in the rays and many sharks has migrated onto the head behind the eyes (see Fig.2). These fishes inhale via the spiraculum and exhale through the ventrally-sited gill openings - a sensible arrangement as the mouth is likewise on the underside. Thus a supply of clean water is assured even when the animal is resting on a muddy substrate or partially buried. By contrast the open-water elasmobranchs, including the mantas (which belong to the ray group), inhale exclusively or additionally through the mouth, like other fishes.

The cartilaginous fishes do not possess a swimbladder. Instead buoyancy is provided by the huge oil-filled liver, which is also the source of oils valuable to Man and the reason why many species are hunted mercilessly. Experts are increasingly pointing to the fact that this hunting has already driven some representatives of the sharks and rays to the verge of extinction. On the credit side, however, this liver-based buoyancy permits the fish to swim with minimal expenditure of energy. Otherwise, without a swimbladder cartilaginous fishes would be unable to float free in the water and would sink to the bottom as soon as they stopped swimming.

All cartilaginous fishes practise internal fertilisation, which is effected by the males using their specially modified ventral fins, termed mixopterygia in cartilaginous fishes, although in practice

Allerdings setzt sich der viel einprägsamere Ausdruck „Clasper" (= engl. für Griffel) für diese Begattungsorgane immer mehr durch. Sehr viele Arten sind echt lebendgebärend (vivipar), d.h. die Embryonen schlüpfen im Mutterleib und werden hier von dem Muttertier mit Nährstoffen bis zur Geburt versorgt. Andere sind eilebendgebärend (ovovivipar). Hier entwickeln sich die Embryonen aus Dottereiern bis zur Schlupfreife im Mutterleib, die Jungen schlüpfen zwar noch im Eileiter, werden aber bald danach geboren. Wieder andere sind eierlegend (ovipar). Bei diesen Formen fällt auf, daß die Embryonalentwicklung außergewöhnlich lange dauert (mehrere Wochen und Monate). Die Eihüllen sind sehr widerstandsfähig und werden oft massenhaft an den Strand angespült. Die wenigsten Strandgänger wissen aber, daß die lederartigen, rechteckigen, mit korkenzieher- oder hornartigen Fortsätzen versehenen Gebilde Hai- oder Rocheneier sind.

Entstanden sind die Knorpelfische im Süßwasser vor etwa 400 Millionen Jahren (zum Vergleich: Menschen gibt es knapp 1 Million Jahre, die derzeit existierende Form des *Homo sapiens* seit höchstens 40.000 Jahren). Heutzutage leben die meisten im Meer und selbst die wenigen Süßwasserarten leiten sich von marinen Formen ab.

the much more expressive term "clasper" is more often used. A very large number of species are true livebearers (viviparous), i.e. the embryos hatch within the mother's body where they are provided by her with nutrients until they are born. Other species are ovoviviparous, i.e. the embryos develop in yolk-filled eggs within the mother's body until they are ready to hatch, actually hatching in the oviduct and being born shortly thereafter. Yet others are egglayers (oviparous); in these forms the embryonic development takes an extraordinarily long time (several weeks or even months). The egg-shells are extremely tough and are often washed up on the shore in clusters. But only a very few visitors to the beach know that these leathery, rectangular structures with corkscrew or horn-like appendages are actually the eggs of sharks or rays.

The cartilaginous fishes evolved in fresh water some 400 million years ago (by comparison Man has been around for barely a million years, and the contemporary form of *Homo sapiens* for at most 40,000). Today the majority live in the sea and the few freshwater species are themselves derived from marine forms.

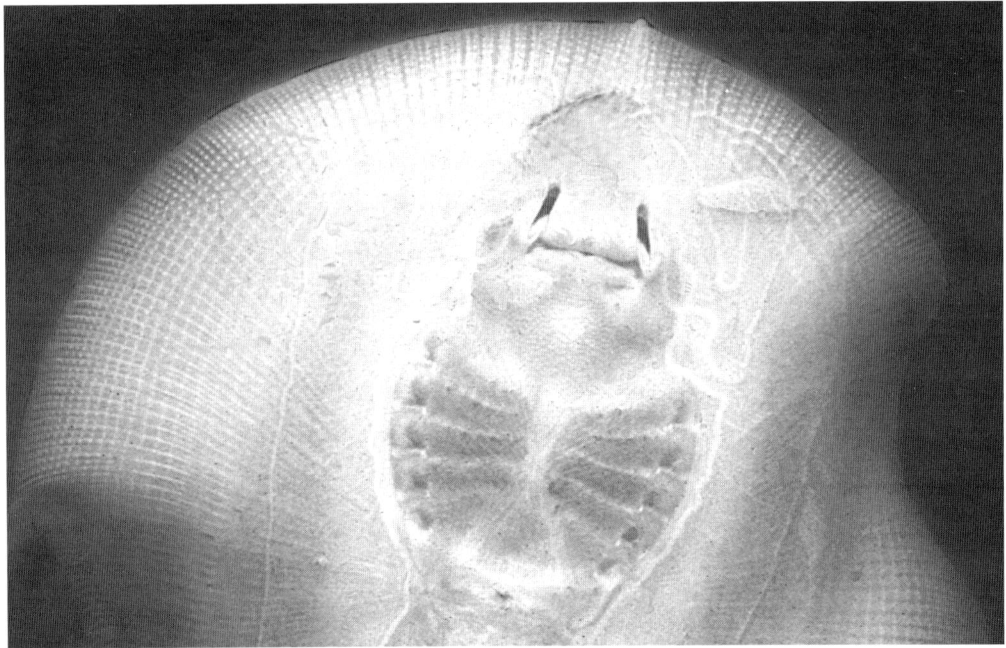

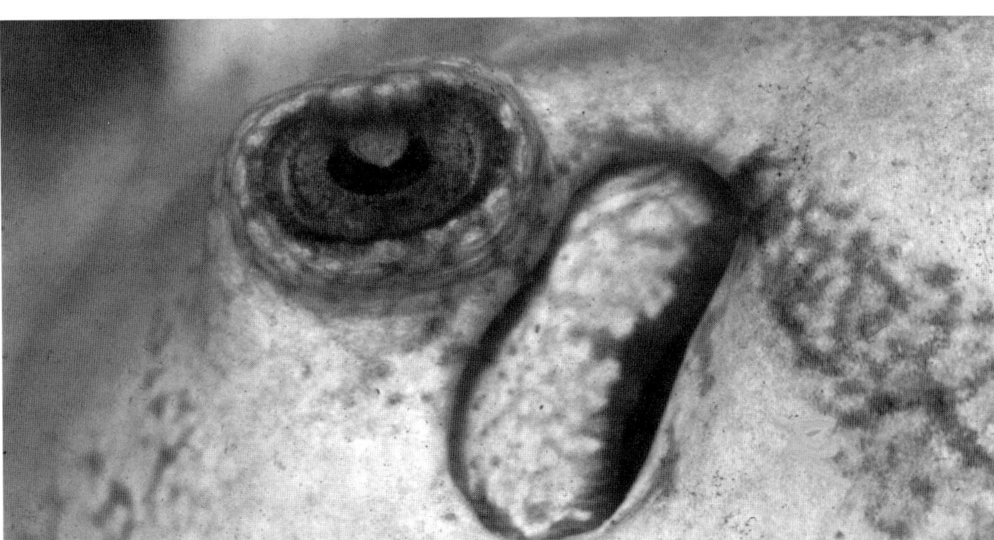

Abb. 1.: *Rochenähnliche Haie und haiähnliche Rochen kann man sicher an der Lage der Kiemen unterscheiden. Bei Rochen sind die Kiemen immer an der Kopfunterseite angeordnet, während sie bei Haien seitlich am Kopf liegen.*

Fig.1. *Ray-like sharks and shark-like rays can be differentiated accurately by the position of the gills. In rays the gills are always sited on the underside of the head, while in sharks they lie on the sides of the head.*

Abb. 2.: *Detailaufnahme eines Rochengesichtes (Potamotrygon orbignyi) Deutlich ist das hinter dem Auge liegende Spritzloch (Spiraculum) zu erkennen.*

Fig.2. *Close-up of the "face" of a ray (Potamotrygon orbignyi). The postorbitally positioned spiracle (spiraculum) is clearly visible.*

photos: Archiv A.C.S.

Systematische Übersicht: Rochen; nach ESCHMEYER, 1998 und eigenen Recherchen
A systematic overview: rays; after ESCHMEYER, 1998, and personal researches.

Klasse Elasmobranchii - Haie und Rochen

Ordnung : Pristiformes

Familie: Pristidae – Sägefische

Gattungen: *Pristis, Anoxypristis*
27 Taxa, davon wahrscheinlich 7 valide Arten

Ordnung: Torpediniformes - alle elektrischen Rochen

Familie: Torpedinidae – Zitterrochen

Unterfamilie: Torpedininae

Gattungen: *Torpedo*
53 Taxa, davon wahrscheinlich 21 valide Arten

Unterfamilie: Hypninae

Gattungen: *Hypnos*
2 Taxa, davon wahrscheinlich 1 valide Art

Familie: Narcinidae

Unterfamilie: Narcininae

Gattungen: *Diplobatis, Narcine, Benthobatis, Discopyge, Bengalichthys*
38 Taxa, davon wahrscheinlich 31 valide Arten

Unterfamilie Narkinae

Gattungen: *Narke, Crassinarke, Heteronarce, Temera, Typhlonarke*
14 Taxa, davon wahrscheinlich 10 valide Arten

Ordnung : Rajiformes

Familie: Rhinobatidae - Geigenrochen

Unterfamilie: Rhinobatinae

Gattungen: *Rhinobatos, Aptychotrema, Zapteryx, Trygonorrhina*
78 Taxa, davon wahrscheinlich 55 valide Arten

Unterfamilie: Rhynchobatinae

Gattungen: *Rhynchobatus*
6 Taxa, davon wahrscheinlich 3 valide Arten

Unterfamilie: Rhininae

Gattungen: *Rhina*
2 Taxa, davon 1 valide Art

Unterfamilie: Platyrhinae – Dornrücken

Gattungen: *Zanobatus, Platyrhina, Platyrhinoidis*
6 Taxa, davon wahrscheinlich 4 valide Arten

Familie: Rajidae – Echte Rochen

Gattungen: *Breviraja, Bathyraja, Sympterygia, Neoraja, Cruriraja, Arhynchobatis, Dactylobatus, Pavoraja, Gurgesiella, Psammobatis, Neoraja, Malacoraja, Rhinoraja, Irolita*
405 Taxa, davon wahrscheinlich 290 valide Arten

Familie: Anacanthobatidae – Glattrochen

Gattungen: *Anacanthobatis*
12 Taxa, davon wahrscheinlich 11 valide Arten

Familie: Plesiobatidae – Tiefen-Stechrochen

Gattungen: *Plesiobatis*
1 Taxon, eine valide Art

Familie: Hexatrygonidae – Sechskiemen-Stechrochen

Gattungen: *Hexatrygon*
5 Taxa, alle valide

Class: Elasmobranchii - sharks and rays

order: Pristiformes

family: Pristidae – sawfishes

genera: *Pristis, Anoxypristis*
27 taxa, probably 7 valid species

order: Torpediniformes - all electric rays

family: Torpedinidae – electric rays

subfamily: Torpedininae

genera: *Torpedo*
53 taxa, probably 21 valid species

subfamily: Hypninae

genera: *Hypnos*
2 taxa, probably 1 valid species

family: Narcinidae

subfamily: Narcininae

genera: *Diplobatis, Narcine, Benthobatis, Discopyge, Bengalichthys*
38 taxa, probably 31 valid species

subfamily: Narkinae

genera: *Narke, Crassinarke, Heteronarce, Temera, Typhlonarke*
14 taxa, probably 10 valid species

order: Rajiformes

family: Rhinobatidae – guitarfishes/guitar rays

subfamily: Rhinobatinae

genera: *Rhinobatos, Aptychotrema, Zapteryx, Trygonorrhina*
78 taxa, probably 55 valid species

subfamily: Rhynchobatinae

genera: *Rhynchobatus*
6 taxa, probably 3 valid species

subfamily: Rhininae

genera: *Rhina*
2 taxa, 1 valid species

subfamily: Platyrhinae – thornbacks

genera: *Zanobatus, Platyrhina, Platyrhinoidis*
6 taxa, probably 4 valid species

family: Rajidae – skates

genera: *Breviraja, Bathyraja, Sympterygia, Neoraja, Cruriraja, Arhynchobatis, Dactylobatus, Pavoraja, Gurgesiella, Psammobatis, Neoraja, Malacoraja, Rhinoraja, Irolita*
405 taxa, probably 290 valid species

family: Anacanthobatidae – smooth skates

genera: *Anacanthobatis*
12 taxa, probably 11 valid species

family: Plesiobatidae – deepwater stingrays

genera: *Plesiobatis*
1 taxon, 1 valid species

family: Hexatrygonidae – six-gill stingrays

genera: *Hexatrygon*
5 taxa, all valid

Familie: Dasyatidae - Stechrochen
Gattungen: *Dasyatis, Urogymnus, Himantura, Taeniura, Hypolophus, Amphotistius* 161 Taxa, davon wahrscheinlich ca. 110 valide Arten
Familie: Gymnuridae - Schmetterlingsrochen
Gattungen: *Gymnura* 27 Taxa, davon wahrscheinlich 17 valide Arten
Familie: Myliobatidae
Unterfamilie: Myliobatinae - Adlerrochen
Gattungen: *Myliobatis, Pteromylaeus, Aetobatus, Aetomylaeus* 50 Taxa, davon wahrscheinlich 29 valide Arten
Unterfamilie: Rhinopterinae - Kuhnasenrochen
Gattungen: *Rhinoptera* 16 Taxa, davon wahrscheinlich 9-11 valide Arten
Unterfamilie: Mobulinae - Teufelsrochen
Gattungen: *Manta, Mobula* 62 Taxa, davon wahrscheinlich 21 valide Arten
Familie: Urolophidae - Rund-Stechrochen
Gattungen: *Urolophus, Urotrygon, Urobatis* 56 Taxa, davon wahrscheinlich 41 valide Arten
Familie: Potamotrygonidae - Süßwasserstechrochen
Gattungen: *Potamotrygon, Paratrygon, Plesiotrygon* 32 Taxa, davon wohl 22 valide Arten

family: Dasyatidae - stingrays
genera: *Dasyatis, Urogymnus, Himantura, Taeniura, Hypolophus, Amphotistius* 161 taxa, probably around 110 valid species
family: Gymnuridae - butterfly rays
genera: *Gymnura* 27 taxa, probably 17 valid species
family: Myliobatidae
subfamily: Myliobatinae - eaglerays
genera: *Myliobatis, Pteromylaeus, Aetobatus, Aetomylaeus* 50 taxa, probably 29 valid species
subfamily: Rhinopterinae - cownose rays
genera: *Rhinoptera* 16 taxa, probably 9-11 valid species
subfamily: Mobulinae - manta and devil rays
genera: *Manta, Mobula* 62 taxa, probably 21 valid species
family: Urolophidae - round stingrays
genera: *Urolophus, Urotrygon, Urobatis* 56 taxa, probably 41 valid species
family: Potamotrygonidae - freshwater stingrays
genera: *Potamotrygon, Paratrygon, Plesiotrygon* 32 taxa, probably 22 valid species

In diesem Buch werden Süßwasserrochen behandelt. Süßwasserrochen bedeutet, solche Arten, die sich dauernd oder langfristig in reinem Süßwasser aufhalten und sich dort meist auch fortpflanzen. Solche Arten finden wir in den Familien Pristidae (Sägefische), Dasyatidae (Stechrochen), Rhinobatidae (Geigenrochen) und Potamotrygonidae (Süßwasserstechrochen). Alle Vertreter der letztgenannten Familie leben in reinem Süßwasser und sind auch die einzigen, die regelmäßig für die Aquaristik zur Verfügung stehen. Sie werden daher in diesem Buch vollständig dargestellt. Aus der Familie der Geigenrochen ist es vor allem *Rhinobatos granulosus*, von dem man weiß, daß er Süßwasserpopulationen ausbildet, doch ist von zahlreichen *Rhinobatos*-Arten wenig mehr bekannt, als das in einem Museum befindliche Typusexemplar. Wir haben uns daher entschlossen, auch diese Gattung in ihrer Gesamtheit darzustellen. Die Stechrochen (Dasyatidae) sind eine zu umfangreiche Familie, um sie hier vollständig darzustellen. Allerdings finden wir hier ein gehäuftes Auftreten von Süßwasserarten in der Gattung *Himantura,* weshalb diese Gattung in allbekannter AQUALOG-Manier vollständig abgehandelt wird. Von den übrigen Gattungen der Familie stellen wir aber nur die sicheren Süß- und Brackwasserarten vor. Zu einer vollständigen Darstellung haben wir uns bei den Sägefischen entschlossen. Mindestens vier Arten sind ständige oder fakultative Süßwasserbewohner, doch sehen sich die Arten so ähnlich, daß wir auch verwechselbare Formen aus dem Seewasser zeigen wollten.

Arten, von denen bekannt ist, daß sie in Flußmündungen gehen, haben wir versucht, ebenfalls zu zeigen. Doch sind unsere Kenntnisse über viele Rochen viel zu gering, als daß wir hier den Anspruch erheben könnten, vollständig zu sein. Bei der Mehrzahl der in diesem Teil erwähnten Arten handelt es sich darüber hinaus um Seewasserfische, die dauerhaft sicherlich nur in einem Meeresaquarium mit Erfolg gepflegt werden können. Alle marinen Rochen werden wir jedoch später in einen besonderen AQUALOG vorstellen, der auch für Taucher genutzt werden kann.

This book deals solely with freshwater rays, that is those species which remain permanently or for most of the time in fresh water and which generally breed there as well. We find such species in the families Pristidae (sawfishes), Dasyatidae (stingrays), Rhinobatidae (guitar rays), and Potamotrygonidae (freshwater stingrays). All representatives of the last-named family live solely in fresh water and are also the only rays regularly available to aquarists. They are thus covered in full in this book. Of the guitar ray family it is chiefly *Rhinobatos granulosus* that is known to form freshwater populations, however little is known of many *Rhinobatos* species beyond the fact that a type specimen is deposited in a museum somewhere. We have therefore decided to deal with this genus in its entirety as well.

The stingrays (Dasyatidae) are too extensive a family to be covered in full here; nevertheless freshwater species of the genus *Himantura* are increasingly being imported, and for this reason this genus will be dealt with in full in the well-known AQUALOG fashion.

As regards the remaining genera in the family, we will mention only those species that are definitely fresh- or brackish-water fishes. We have decided on complete coverage of the sawfish species. At least four species are permanent or facultative freshwater fishes, but the species are so similar in appearance that we have also illustrated marine forms with which the freshwater species might be confused.

We have also endeavoured to illustrate species which are known to enter river estuaries. But our knowledge of many rays is far too small for us to make any claim of completeness. The majority of the species mentioned in this section are saltwater fishes which can undoubtedly be kept successfully in the long term only in a marine aquarium. All the marine rays will, however, be covered later in a special AQUALOG which will also be of use to divers.

Sägefische – Pristidae
Sawfishes – Pristidae

Die Welt der Fische ist sicherlich nicht gerade arm an absonderlichen Gestalten, doch die Sägefische gehören mit zu den absonderlichsten unter ihnen. Die gewaltigen Tiere, manche Individuen sollen bis zu 9 m lang werden, tragen als Schnauzenverlängerung einen langen Fortsatz, der beidseitig mit Zähnen besetzt ist. Dieser „Säge", wissenschaftlich wird sie als „Rostrum" bezeichnet, verdanken die Fische ihren Populärnamen. Mit der Säge durchwühlen die Tiere weichen Bodengrund nach verwertbarer Nahrung. Sie setzen sie aber auch zum Beutemachen ein. Dazu schwimmen sie in einen Fischschwarm und schlagen den Kopf rasch nach beiden Seiten. Dabei werden zahlreiche Fische von der Säge verletzt oder getötet, die dann gefressen werden. Die Sägefische sind lebendgebärend. Bei den ganz jungen Tieren ist die Säge noch relativ weich, die daran sitzenden Zähne beweglich und mit einer Knorpelhülle umgeben, wodurch wohl vermieden wird, daß der Eileiter des Muttertieres von ihnen verletzt wird. Für normale Aquarien werden Sägefische definitiv zu groß. Die wahrscheinlich am besten für die Aquaristik geeignete Art ist *Pristis clavata*, die die indopazifische Region bewohnt und „nur" 1,4 m lang wird. Die Geschlechtsreife dürfte etwa bei der halben Länge einsetzen, womit die Art in sehr großen Arenabecken durchaus noch halt- und züchtbar sein dürfte. Ansonsten bleibt die Pflege von Sägefischen besser öffentlichen Schauaquarien vorbehalten, wo vor allem *Anoxypristis cuspidata* häufiger gezeigt wird.

Alle Arten wurden und werden stark befischt. Die Flossen werden als „Haifischflossen" versandt, aus der Leber Öl (Lebertran) gewonnen, das Fleisch verzehrt. Die Haut zumindest von *Anoxypristis cuspidata* wurde zu Leder verarbeitet oder zur Holzbearbeitung verwendet. Hinzu kommt noch der Handel mit den Sägen als Trophäen oder Souvenirs.

Francis Day (1889) berichtet, daß Schwimmer dem Hörensagen nach von angreifenden Sägefischen glatt in zwei Teile geschnitten wurden. Jedoch sind bis heute unprovozierte Angriffe auf Menschen durch diese Fische unbekannt. Day erzählt ferner, daß an der Küste von Mekran (Indien) die Sägen der Tiere in Tempeln angebetet und um den Segen der wohlbehaltenen Rückkehr und des erfolgreichen Fangs der Fischer gebeten wurden.

Alle Arten gelten als im Bestand rückläufig, und von zahlreichen Arten wird angenommen, daß sie akut gefährdet sind.

Die bisher in Gefangenschaft gehaltenen Sägefische erwiesen sich, sieht man einmal vom Platzbedarf ab, als nicht allzu schwierig in der Haltung. Auf Sumatra gefangene *Pristis microdon* von 1, 5 m Länge fraßen bereits nach kurzer Eingewöhnung in Singapur Garnelen (Yap, pers. Mitt.). Auch die 1983 in einer spektakulären Fangaktion in Australien von Heiko Bleher gefangenen Tiere (ebenfalls *P. microdon*) gewöhnten sich recht problemlos ein, soweit man das erfahren konnte.

Die Frage, ob Sägefische zeitlebens im Süßwasser vorkommen, ist nach wie vor ungeklärt. Manche Autoren spekulieren darüber, ob eventuell sogar eigenständige Süßwasserarten, die sich morphologisch nicht von Seewasserarten trennen lassen, existieren. Allerdings scheint zumindest *Pristis microdon* in der Lage zu sein, sich auch in reinem Süßwasser zu vermehren. Doch gibt es bislang keinen Beweis dafür, daß diese Art irgendwo Süßwasserpopulationen ausbildet, die nicht zumindest theoretisch einen Zugang zum

The world of fishes is by no means short of bizarre forms, but the sawfishes must surely be regarded as amongst the most bizarre of them all. These huge creatures - some grow up to nine metres in length - have a long extension to their snout, an appendage set on either side with teeth. This "saw", known scientifically as the "rostrum", is the reason for the common name of these fishes. They use the saw to rake through the soft substrate for edible items. They can, however, also use it as a weapon for hunting, swimming into a shoal of fishes and beating the head rapidly from side to side; as a result numerous fishes are injured or killed by the saw, and subsequently eaten.

The sawfishes are livebearers. In very young individuals the saw is still relatively soft and the teeth with which it set are mobile and sheathed in cartilage, to avoid damage to the birth canal of the mother.

Sawfishes are far too large for ordinary aquaria. The species probably best suited to aquarium care is *Pristis clavata*, which comes from the Indo-Pacific region and grows to "only" 1.4 metres. Sexual maturity is supposedly attained at half that length, such that it should be possible to keep and breed the species in very large aquaria. The maintenance of sawfishes is otherwise best left to public aquaria, where *Anoxypristis cuspidata* in particular is often displayed.

All species have been, and still are, heavily fished. The fins are exported as "shark fins", oil ("cod-liver oil") is extracted from the liver, and the flesh eaten. The skin - at least in the case of *Anoxypristis cuspidata* - has been made into leather or used in the production of wooden items. In addition there is the trade in the saws, as trophies or souvenirs.

Francis Day (1889) reports that, according to hearsay, swimmers have been cut clean in half by swordfishes. But to the present day unprovoked attacks on Man by these fishes remain unknown. Day also tells how, on the coast of Mekra (in India), the saws were offered as prayer-offerings in the hope of a successful catch and safe return for the fishermen.

The populations of all species are thought to be diminishing, and numerous species are considered to be seriously endangered.

Assuming adequate space to be available, those sawfishes so far kept in captivity have not proved too difficult in their maintenance. *Pristis microdon* measuring 1.5 metres, captured in Sumatra, have taken shrimps after only a short acclimatization period in Singapore (Yap, pers.comm). In addition specimens (again of *P. microdon*) caught by Heiko Bleher during a spectacular collecting session in Australia in 1983, were acclimatised without problem as far as can be ascertained.

The question of whether any sawfishes spend their lifetime in freshwater remains unanswered. Some authors have speculated that there may in fact be discrete freshwater species which cannot be distinguished morphologically from saltwater species. However, it would appear that *Pristis microdon* at least is able to breed in fresh water. But there is so far no evidence that this species has formed freshwater populations anywhere that there is not, at least in theory, an exit to the sea (Montoya & Thorson, 1982).

Meer hätten (MONTOYA & THORSON, 1982). Sägefische können wahrscheinlich ein Alter bis zu 30 Jahren erreichen.

In Anbetracht ihres hohen Gefährdungsgrades ist natürlich die Frage erlaubt, ob eine Gefangenschaftshaltung dieser Fische überhaupt zu verantworten ist. Die einzige, mir zu diesem Thema vorliegende Untersuchung stammt von NG & TAN (1997). Ihnen zufolge ist in Südost-Asien die Art *Pristis microdon* in gerade einmal 12 juvenilen Exemplaren (kleiner als 1 Meter) über 5 Jahre verteilt in den Handel gelangt. Sie erwähnen, daß Überlegungen existieren (COOK & OETINGER, 1996), die Art in den Anhang 1 der CITES aufzunehmen. Meiner persönlichen Meinung nach spielt der Handel mit lebenden Tieren (zumindest derzeit) keinerlei nennenswerte Rolle. Bei den hohen Preisen, die für diese Tiere ohnehin gezahlt werden müssen, sind von vornherein nur sehr wohlhabende Privatpersonen oder Forschungseinrichtungen in der Lage, solche Fische zu erwerben. Auf diese Personenkreise hat die CITES-Listung einer Art erfahrungsgemäß keinerlei Einfluß. Der Rückgang von Sägefischen in Südost-Asien (soweit er überhaupt auf direkte Verfolgung zurückzuführen ist) ist m. E. eine Folge des Fanges zu Speisezwecken, zum Handel mit den Flossen als „Haifischflossen" und zum Verkauf der Sägen als Touristen-Andenken. Als in der westlichen Hemisphäre lebender Verbraucher hat man dabei lediglich die Möglichkeit, den zuletzt genannten Punkt zu unterlaufen. Bitte kaufen Sie also keine der „Sägen", wenn Sie Ihnen im Urlaub angeboten werden. Auch wenn es sehr unwahrscheinlich ist, daß dadurch der Gefährdungsgrad der Tiere in ihren Vorkommensgebieten wesentlich geringer wird, so rettet Ihr Verhalten vielleicht dennoch wenigsten einzelnen dieser bemerkswerten Geschöpfe zukünftig das Leben.

Auf keinen Fall verwechseln darf man die Sägefische mit den Sägehaien, die zwar ebenfalls eine Säge haben, doch bei denen, wie bei allen Haien, die Kiemenspalten seitlich am und nicht unterhalb des Kopfes liegen. Die Sägehaie (Pristiophoridae) gehen niemals ins Süßwasser. Man erkennt sie daran, daß ihre „Säge" unterseits ein Paar langer Barteln trägt und daß zwischen je zwei großen Zähnen immer noch ein bis drei kleinere sitzen.

Die hier als wahrscheinlich gültig angesehenen Arten der Sägefische sind:

***Anoxypristis cuspidata* (LATHAM, 1794)**

Indopazifische Art (l.t. Malabar, Indien), die regelmäßig ins Süßwasser geht. Sie soll über 6 m lang werden, es wurde jedoch schon spekuliert, daß es vielleicht zwei Arten der Gattung gibt: die großwüchsige (aus dem Süßwasser) und eine kleinwüchsige (bis 3,5 m, nur im Meer; DEBELIUS & KUITER, 1994). Die Art unterscheidet sich von allen anderen Sägefischen durch die Form der Schwanzflosse, bei der der untere Lappen ebenso prominent ausgebildet ist, wie der obere und dadurch, daß die Sägezähne nicht bis zur Basis des Rostrums ausgedehnt sind. Bei allen anderen Arten ist der untere Schwanzflossenlappen deutlich kleiner und nicht abgesetzt.

***Pristis clavata* GARMAN, 1906**

Diese, mit etwa 1,4 m Maximallänge wohl kleinste, Art der Sägefische wird auch oft auch als Synonym zu *P. pristis* gesehen. Sie ist im gesamten indopazifischen Raum (also Australien, Süd- und Südostasien, wohl auch Rotes Meer, l.t. Queensland, Australien) verbreitet und regelmäßig im Süßwasser anzutreffen.

***Pristis leichhardti* (WHITLEY, 1945)**

Dieser Sägefisch aus dem Süßwasser Nord-Queenslands (Australien) wird nach PAXTON et al. (1989) zu *P. pristis* gezählt. Möglicherweise handelt es sich aber doch um eine gute Art, die ausschließlich im Süßwasser lebt. Das größte bekannte Exemplar war etwa 1,5 m lang. Falls es sich dennoch um ein Synonym handelt, dann

Sawfishes can probably live to an age of up to 30 years. Given their high degree of endangerment, the question naturally arises as to whether captive maintenance of these fishes can be justified. The only available research on this topic is that of NG & TAN (1997). According to them over a 5 year period just 12 juvenile specimens (smaller than one metre) of *Pristis microdon* were caught for the trade in South-East Asia. They mention that good reasons exist (COOK & OETINGER, 1996) for including the species in Appendix 1 of CITES. In our personal opinion the trade in live specimens does not - at least at present - play any significant role. Given the high prices that these creatures invariably command, only wealthy private individuals or research institutions are able to afford to buy such fishes. Experience has shown that the CITES listing of a fish has no effect on such persons. The population decrease of sawfishes in South-East Asia (at least where atributable to direct persecution) is in our view the result of their capture for food use, the trade in their fins as "shark fins", and the sale of the saws as tourist mementos. Consumers living in the west are at least able to do something about the last of these points - please do not buy any of the "saws" you may be offered when on holiday. Even though it is unlikely that this will have any appreciable effect on the degree of endangerment of these animals in their natural range, your action may at least save the lives of a few of these marvellous creatures.

Under no circumstances should the sawfishes be confused with the sawsharks, which also possess a saw but can be differentiated, as can all sharks, in that the gill openings are sited laterally rather than ventrally on the head. The sawsharks (Pristiophoridae) never enter fresh water. They can be recognised by the pair of long barbels on the underside of their "saw", and in that there are always one to three smaller teeth between each pair of large ones.

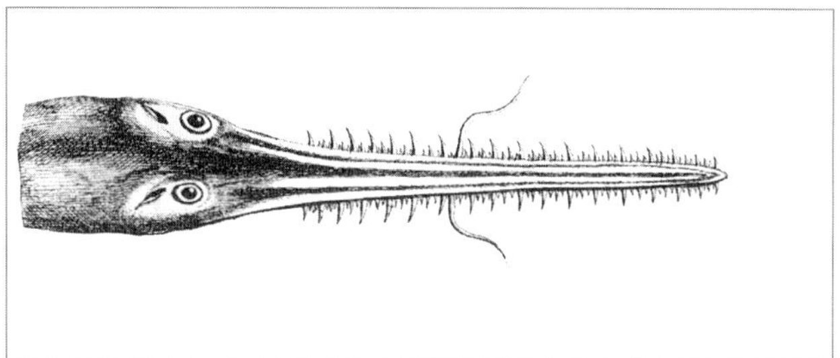

Kopf eines Sägehais / Head of a sawshark. **after:** Bloch & Schneider, 1803

The sawfish species herein regarded as probably valid are:

***Anoxypristis cuspidata* (LATHAM, 1794)**

An Indo-Pacific species (l.t. Malabar, India), which regularly enters fresh water. It is said to attain more than six metres in length, but it has been speculated that the genus may perhaps include two species: a large one (from fresh water) and a smaller one (up to 3.5 metres, found only in the sea; DEBELIUS & KUITER, 1994). The species differs from all other sawfishes in the form of the caudal fin, in that the lower lobe is as prominently developed as the upper, and the teeth of the saw do not extend to the base of the rostrum. In all other species the lower lobe of the caudal is appreciably smaller and not prolonged.

***Pristis clavata* GARMAN, 1906**

This swordfish, at about 1.4 metres the smallest species, is often considered a synonym of *P. pristis*. It is distributed over the entire Indo-Pacific region (Australia, South and South-East Asia, probably also the Red Sea; l.t. Queensland, Australia) and regularly encountered in fresh water.

***Pristis leichardti* (WHITLEY, 1945)**

This sawfish from the freshwaters of northern Queensland (Australia) was synonymised with *P. pristis* by PAXTON et al., but may

um eines von *P. microdon*.

Pristis microdon **LATHAM, 1794**
Eine im pazifischen Raum weitverbreitete Art, die außerdem noch im Atlantik vorkommt. Dies ist außerdem die einzige Art, die (zumindest gelegentlich) im Tierhandel angeboten wird. Sie wird leider sehr groß (ca. 6 m). Sie geht regelmäßig, auch als erwachsenes Tier, ins Süßwasser (nach ALLEN & ROBERTSON, 1994, bis zu 720 km flußaufwärts im Amazonas) und bildet, wie im Nicaragua-See, auch reine Süßwasserpopulationen aus. Die Art besitzt 17–21 Zahnpaare auf der Säge. *Pristis perotteti* MÜLLER & HENLE (ex VALENCIENNES), 1841 (l.t. Senegal, in Süßwasser) gilt derzeit als Synonym dieser Art. DAY (1889) behandelt ihn als eigenständige Art und beschreibt, daß er im indischen Staat Orissa ein Tier 40 Meilen landeinwärts im Mahanadi-Fluß beobachtete. *P. zephyreus* JORDAN & STARKS in JORDAN, 1895 (l.t. Mündung des Rio Presidio, Sinaloa, Mexiko) gilt z. Zt. ebenfalls als Synonym dieser Art.

Pristis pectinata **LATHAM, 1794**
Eine weltweit verbreitete Art, die auch bis ins Mittelmeer hinein vorkommt. Sie geht ebenfalls regelmäßig ins Süßwasser, erreicht mit etwa 6 m Länge aber auch gewaltige Ausmaße. Bei dieser Art finden sich 24–32 Zahnpaare auf der Säge. *Pristis mississippiensis* RAFINESQUE, 1820, ist ein aus dem Süßwasser Nordamerikas beschriebener Sägefisch. Sägefischfunde aus dem Mississippi der neueren Zeit werden allerdings der Art *P. pectinata* zugeordnet, weshalb *P. mississippiensi* wahrscheinlich als Synonym dieser Art aufzufassen ist. Gleiches gilt für *Pristis annandalei* CHAUDHURI, 1908, der von der burmesischen Küste beschrieben wurde (siehe hierzu jedoch auch den Kommentar auf S. 13). Bereits 1909 faßte ANNANDALE diese Form nur noch als Variante von *P. pectinata* auf und lieferte auch eine exakte Wiederbeschreibung des Typusexemplares. Die Grundlage der Beschreibung des etwa 3 m langen Tieres als neue Art war dessen einzigartige Färbung. Der Fisch war sehr bunt: der Rücken leuchtend aschgrau, die Seiten blau, zum Bauch hin gelb. Die vorderen Kanten der Rückenflossen waren blaugrau, doch waren die fleischigen Flossenteile allesamt gelb-orange, von roter Farbe durchsetzt. Die Begattungsorgane (es handelte sich um ein Männchen) waren leuchtend braunrot. Entlang der oberen seitlichen Kanten der Säge lief ein auffallendes orangerotes Band, das von jedem Zahn unterbrochen wurde. Man sieht, auch Sägefische können, zumindest gelegentlich, bunt sein. *P. granulosa* BLOCH & SCHNEIDER (ex PARRA), 1801 (l.t. Havanna, Kuba), *P. megalodon* DUMÉRIL, 1865 (l.t. Cayenne, Franz. Guyana) und *P. woermanni* FISCHER, 1884 (l.t. Kamerun, Westafrika) gelten als Synonyme dieser Art.

Pristis pristis **(LINNÉ, 1758)**
Ein atlantische Art, die in Europa (=l.t.) und Afrika vorkommt. Die Art aus Australien, die lange als Synonym zu *P. pristis* gesehen wurde, gilt jetzt als *P. clavata* als eigenständige Form, des weiteren kommt dort vielleicht noch eine zweite kleinwüchsige Art, *P. leichhardti*, vor. Auch *P. pristis* geht regelmäßig ins Süßwasser und wird mit 2,5 m Maximallänge auch nur mäßig groß – für Sägefischverhältnisse. Die Art besitzt 16–20 Zahnpaare an der Säge. Synonyme sind: *P. antiquorum* LATHAM, 1794, *P. canaliculata* BLOCH & SCHNEIDER, 1801 und *P. typica* POEY, 1861

Pristis zjisron **BLEEKER, 1851**
Eine weitere Art des indopazifischen Raumes (l.t. Bandjarmasin, Borneo), die mit etwa 6 m Maximallänge wieder sehr groß wird. Als Synonym gilt *P. leptodon* DUMÉRIL, 1865 (l.t. Rotes Meer).

Von DUMÉRIL (1865) wurden ferner noch die Arten *P. brevirostris* (l.t. Réunion), *Pristis acutirostris* (l.t. Antillen) und *P. occa* (keine Herkunftsangabe) beschrieben, und von BLEEKER (1852) *P. dubius* aus dem Indoaustralischen Archipel, die derzeit (zumindest von

well be a good species that lives exclusively in fresh water. The largest specimen recorded was about 1.5 metres long. If it is not a distinct species, then it is most likely a synonym of *P. microdon*.

Pristis microdon **LATHAM, 1794**
A species widespread in the Pacific region, and also found in the Atlantic. Moreover this is the only species (at least occasionally) offered in the aquarium trade. Unfortunately it grows very large (about 6 metres). Adults regularly enter fresh water (according to ALLEN & ROBERTSON, 1994, up to 720 km upstream in the Amazon), and also forms exclusively freshwater populations, as in Lake Nicaragua. The species has 17-21 pairs of teeth on the saw. *P. perotteti* (MÜLLER & HENLE (ex VALENCIENNES), 1841, (l.t. Senegal, in fresh water), is at present regarded as a synonym of this species. DAY (1889) regarded it as a distinct species and described how he saw specimen 40 miles inland in the River Mahanadi in the Indian state of Orissa. *P. zephyreus* JORDAN & STARKS, in JORDAN 1895 (l.t. mouth of the Rio Presidio, Sinaloa, Mexico) is likewise at present considered a synonym of this species.

Pristis pectinata **LATHAM, 1794**
A species with a worldwide distribution, even extending into the Mediterranean. It too regularly enters fresh water, but attains a huge size with a length of about 6 metres. In this species there are 24-32 pairs of teeth on the saw. *P. mississippiensis* RAFINESQUE, 1820, was described from freshwaters in North America, but recent sawfish finds in the Mississippi have in fact been assigned to *P. pectinata*, hence *P. mississippiensis* should probably be regarded as a synonym of this species. The same applies to *P. annandalei* CHAUDHURI, 1908, which was described from the coast of Myanmar (formerly Burma). As long ago as 1909 ANNANDALE regarded this form as merely a variety of *P. pectinata* and also provided an accurate redescription of the type specimen. The basis for the description of this approximately 3 metre long individual as a new species was its unique coloration. The fish was very colourful: the dorsum gleaming ash grey, the flanks blue, the ventrum yellow; the anterior edges of the dorsal fins were blue-grey, but the fleshy parts of the fins were overall yellow-orange, suffused with red. The copulatory organ (it was a male) was bright brown-red. Along the upper lateral edge of the saw ran a striking orange-red band, interrupted by each tooth. So you see, even sawfishes can occasionally be colourful. *P. granulosa* BLOCH & SCHNEIDER (ex PARRA), 1801 (l.t. Havana, Cuba, *P. megalodon* DUMÉRIL, 1865 (l.t. Cayenne, French Guiana), and *P. woermanni* FISCHER, 1884 (l.t. Cameroon, West Africa) are regarded as synonyms of this species.

Pristis pristis **(LINNÉ, 1758)**
An Atlantic species, found in Europe (= l.t.) and Africa. The form from Australia, which was long regarded as a synonym of *P. pristis*, is now considered a distinct species, *P. clavata*, and moreover that continent may also be home to a second, smaller species, *P. leichardti*. *P. pristis* too regularly enters fresh water, and, with a maximum length of only 2.5 metres, is only of moderate size by sawfish standards. The species possesses 16-20 pairs of teeth on the saw. Synonyms are: *P. antiquorum* LATHAM, 1794, *P. canaliculata* BLOCH & SCHNEIDER, 1801, and *P. typica* POEY, 1861.

Pristis zjisron **BLEEKER, 1851**
Another species from the Indo-Pacific region (l.t. Bandjarmasin, Borneo), which again grows very large, with a maximum length of some 6 metres. *P. leptodon* DUMÉRIL, 1865 (l.t. Red Sea) is considered a synonym.

DUMÉRIL (1865) also described the species *P. brevirostris* (l.t. Réunion), *P. acutirostris* (l.t. Antilles), and *P. occa* (no locality cited), while BLEEKER (1852) described *P. dubia* from the Indo-Australasian

uns) nicht bewertet werden können. Das gleiche gilt für *P. semisagittatus* (SHAW, 1804) aus Indien (s. S. 13). Es ist jedoch mehr als wahrscheinlich, daß es sich bei der Mehrzahl dieser Fälle um Doppelbeschreibungen (Synonyme) bereits früher beschriebener Arten handelt. Als Kuriosum sei noch berichtet, daß der große Zoologe John Edward GRAY 1864 einen vermeintlich neuen Stachelhäuter (Verwandte der Seesterne, Seeigel und Seegurken) als *Myriostegion higginsii* beschrieb. Später stellte sich heraus, daß ihm ein Stück der Säge eines Sägefisches vorgelegen hatte. Irren ist halt menschlich.

archipelago, a species whose status is unknown (at least by us). The same applies to *P. semisagittatus* (SHAW, 1804) from India (see P.13). It is, however, quite possible, given the number of cases of double description (synonyms) that these too are species that had been described earlier. It is also worth mentioning the curious case of *Myriostegion higginsii*, a supposedly new species of echinoderm (the group that includes starfishes, sea urchins, and sea cucumbers) described by the eminent zoologist John Edward GRAY in 1864, which later turned out to be a piece of a sawfish's saw. To err is human.......

Checkliste Pristidae
Checklist Pristidae

Originalzitat / original name	***locus typicus, type locality or stated range***	***aktuell / present status***
Pristis acutirostris DUMÉRIL, 1865	Antilles	Status unbekannt / status unknown
Pristis annandalei CHAUDHURI, 1908	Elephant Point, Burma	Synonym von / of *Pristis pectinata*
Pristis antiquorum LATHAM, 1794	„In ocean"	Synonym von / of *Pristis pristis*
Pristobatus brevirostris DUMÉRIL, 1865	Réunion Island	Status unbekannt / status unknown
Pristis canaliculata BLOCH & SCHNEIDER, 1801	–	Synonym von / of *Pristis pristis*
Pristis clavata GARMAN, 1906	Queensland, Australia	valide / valid
Pristis cuspidatus LATHAM, 1794	Malabar, India	*Anoxypristis cuspidata*
Pristis dubius BLEEKER, 1852	East Indies	Status unbekannt / status unknown
Raia (Pristobatus) dubius BLAINVILLE, 1816	East Indies	*nomen nudum*
Pristis granulosa BLOCH & SCHNEIDER (ex PARRA), 1801	Havana, Cuba	Synonym von / of *Pristis pectinata*
Pristiopsis leichhardti WHITLEY, 1945	Lynd River, North Queensland	valide als / valid as *Pristis leichhardti*
Pristis leptodon DUMÉRIL, 1865	Red Sea	Synonym von / of *Pristis pectinata*
Raia (Pristobatus) marginatus BLAINVILLE, 1816	–	*nomen nudum*
Pristis megalodon DUMÉRIL, 1865	Cayenne, French Guiana	Synonym von / of *Pristis pectinata*
Pristis microdon LATHAM, 1794	–	valide / valid
Pristis mississippiensis RAFINESQUE, 1820	Mississippi River, Lake Pontchartrain, Red River, Arkansas River, Mobile River, and Ohio River, U.S.A.	Synonym von / of *Pristis pectinata*
Pristobatus occa DUMÉRIL, 1865	–	Status unbekannt / status unknown
Pristis pectinatus LATHAM, 1794	–	valide als / valid as *Pristis pectinata*
Pristis perotteti MÜLLER & HENLE (ex VALENCIENNES), 1841	Senegal, in fresh water	Synonym von / of *Pristis microdon*
Squalus pristis LINNÉ, 1758	Europe	valide als / valid as *Pristis pristis*
Squalus semisagittatus SHAW, 1804	Indian seas	Status unbekannt / status unknown
Pristis serra BLOCH & SCHNEIDER, 1801	–	Synonym von / of *Pristis pectinata*
Pristis typica POEY, 1861	–	Synonym von / of *Pristis pristis*
Pristis woermanni FISCHER, 1884	Cameroon, West Africa	Synonym von / of *Pristis pectinata*
Pristis zephyreus JORDAN & STARKS in JORDAN, 1895	Mouth of Rio Presidio, Sinaloa, Mexico	Synonym von / of *Pristis microdon*
Pristis zijsron BLEEKER, 1851	Bandjarmasin, Borneo, Indonesia	valide / valid

3

Benennung der Körperteile eines Sägefisches / Terms used to describe sawfish morphology

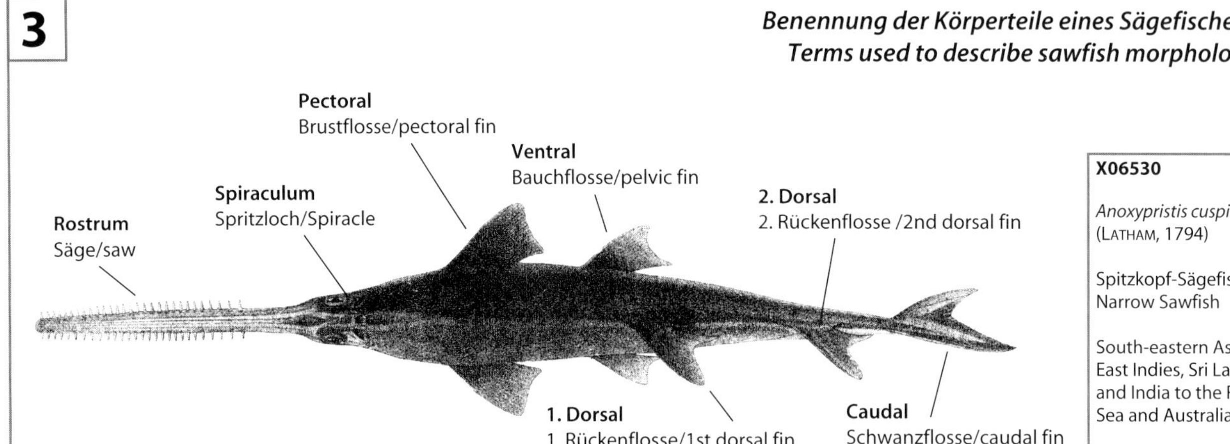

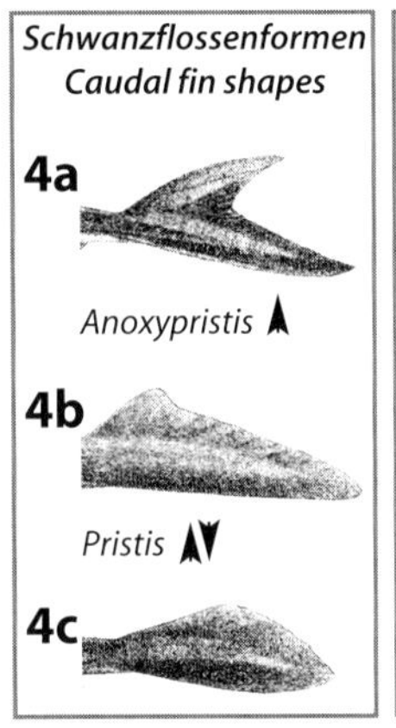

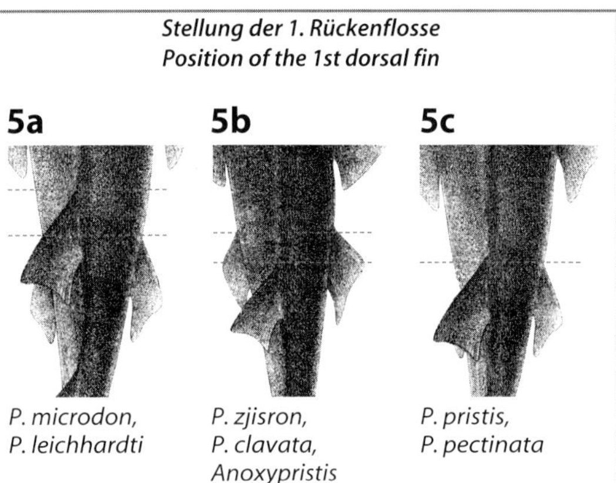

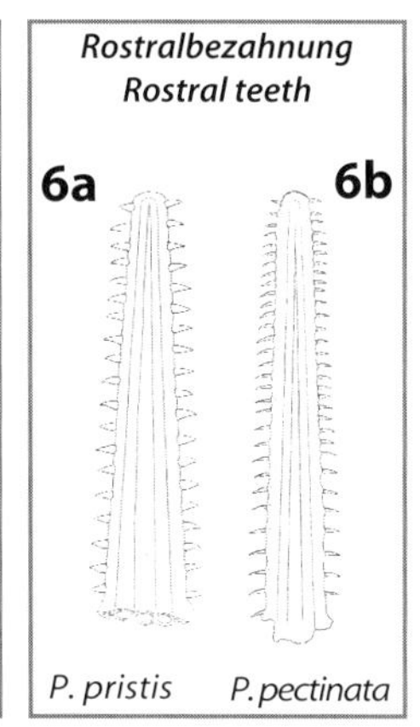

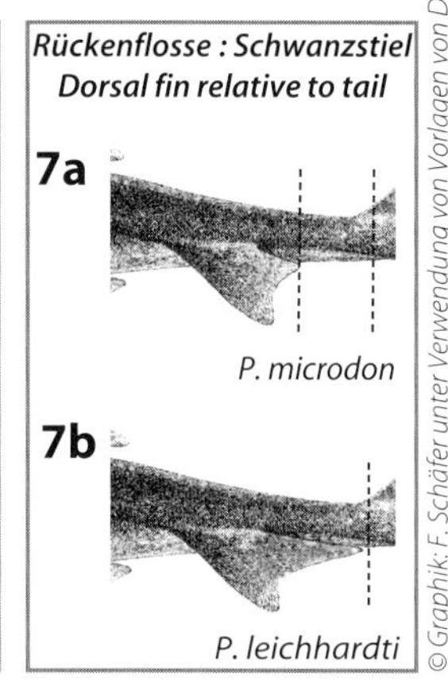

Bestimmungsschlüssel

Die Arten können wie folgt unterschieden werden:

1. Schwanzflosse mit deutlich ausgeprägtem oberen und unteren Lappen (Abb. 4a) .... ***Anoxypristis cuspidata***

   Schwanzflosse ohne deutlichen unteren Lappen (Abb. 4b, c)....... 2

2. Ansatz der 1. Rückenflosse weit vor dem Ansatz der Bauchflosse (Abb. 5a).................. 3

   Ansatz der 1. Rückenflosse ca. auf gleicher Höhe oder deutlich hinter dem Ansatz der Bauchflosse (Abb. 5 b,c) 4

3. 18 Zahnpaare auf der Säge, die hintere Spitze der 2. Rückenflosse erreicht den Ansatz der Schwanzflosse (Abb. 7b) .... ***Pristis leichardti***

   17–22 Zahnpaare auf der Säge, hintere Spitze der 2. Rückenflosse ist ungefähr den halben Abstand der Länge der Basis der 2. Rückenflosse von der Schwanzflosse entfernt (Abb. 7a) .... ***Pristis microdon***

4. Ansatz der 1. Rückenflosse etwa auf Höhe des Ansatzes der Bauchflosse (Abb. 5c).................. 5

   Ansatz der 1. Rückenflosse deutlich hinter dem Ansatz der Bauchflosse (Abb. 5b) 6

5. 25–32 Zahnpaare auf der Säge, dabei stehen die Zähne an der Spitze der Säge enger beieinander als die weiter hinten stehenden Zähne (Abb. 6b) .... ***Pristis pectinata***

   16–20 Zahnpaare auf der Säge (Abb. 6a).................. ***Pristis pristis***

6. 25–32 Zahnpaare auf der Säge .... ***Pristis zjisron***

   18–21 Zahnpaare auf der Säge .... ***Pristis clavata***

Identification key

The species can be differentiated as follows:

1. Tail with well developed upper and lower lobes (Fig. 4a) ....***Anoxypristis cuspidata***

   Tail without a well developed lower lobe 2

2. First dorsal fin insertion anterior to ventral fin insertion (Fig. 5a) 3

   First dorsal fin insertion approx. level with or clearly posterior to ventral fin insertion (Fig.5 b,c,d) 4

3. 18 pairs of teeth on saw; posterior tip of second dorsal fin reaching caudal fin base (Fig. 7b) ....***Pristis leichardti***

   17-20 pairs of teeth on saw; distance between posterior tip of second dorsal fin and caudal fin base approx. half length of second caudal fin base (Fig. 7a) .....***Pristis microdon***

4. First dorsal fin insertion approx. level with ventral fin insertion (Fig. 5c) 5

   First dorsal fin insertion distinctly posterior to ventral fin insertion (Fig. 5b) 6

5. 25-32 pairs of teeth on saw, teeth on tip of saw closer together than those sited posteriorly (Fig. 6b) ....***Pristis pectinata***

   16-20 pairs of teeth on saw (Fig. 6a) ....***Pristis pristis***

6. 25-32 pairs of teeth on saw ....***Pristis zjisron***

   18-21 pairs of teeth on saw ....***Pristis clavata***

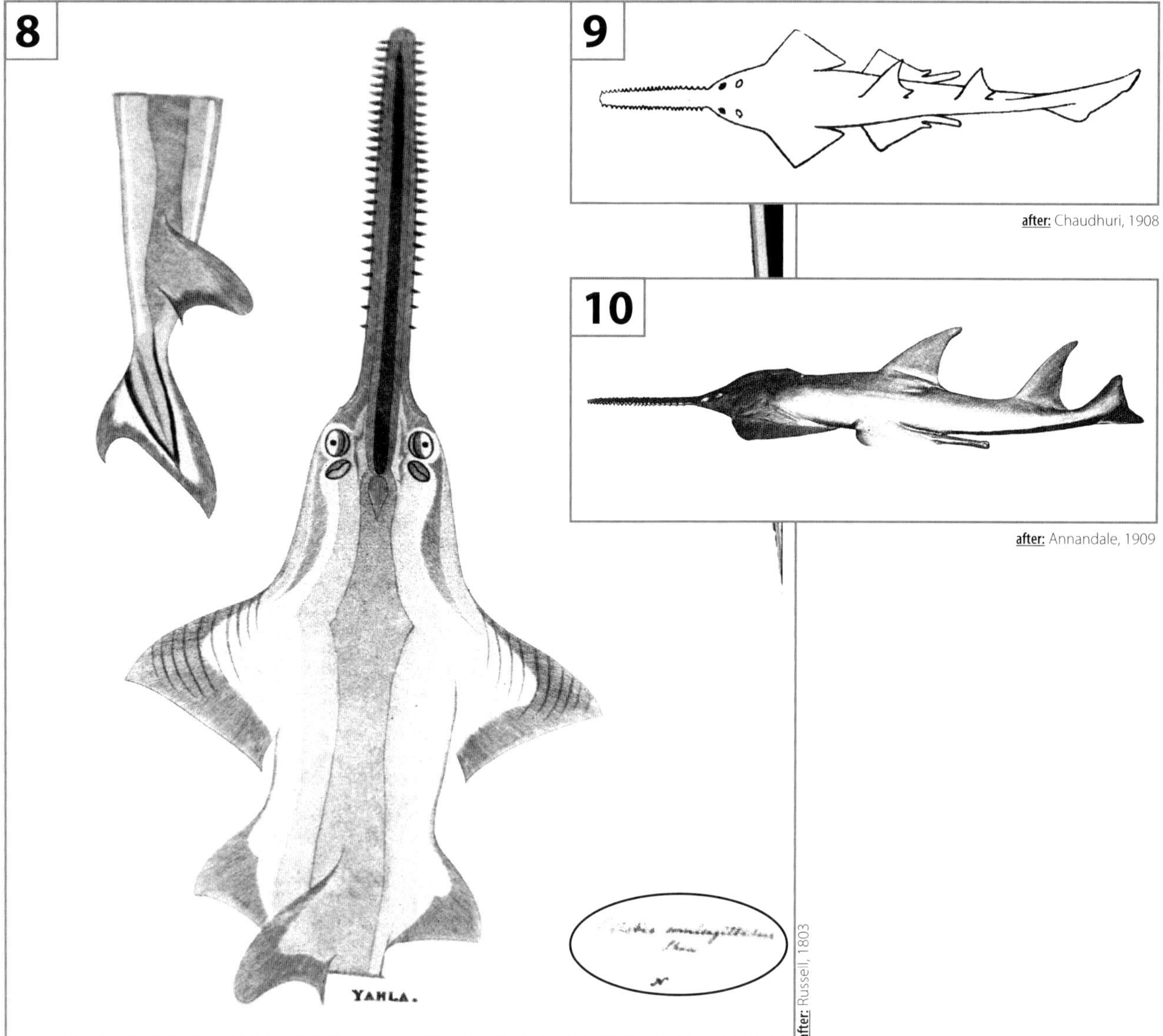

after: Chaudhuri, 1908

after: Annandale, 1909

after: Russell, 1803

Am Beispiel des „Yahla" (Abb. 8) soll gezeigt werden, warum es so schwierig ist, ganz sichere Namen für die Sägefische zu vergeben. Der „Yahla" ist eine Abbildung aus RUSSELL (1803). In jenem Buch werden die Fische nur unter ihrem einheimischen Namen vorgestellt. Die Zeichnung des Yahla entspricht bis aufs i-Tüpfelchen dem *Pristis annandalei* von CHAUDHURI, allerdings handelt es sich beim Yahla um ein Weibchen. Abbildung 9 zeigt die der Originalbeschreibung des *P. annandalei* beigefügte Skizze CHAUDHURIS, Abbildung 10 eine Fotografie des (leider bereits weitgehend ausgebleichten)Typusexemplares, die ANNANDALE machte. Die Stellung der 1. Rückenflosse macht schon bei CHAUDHURIS Skizze wahrscheinlich, daß es sich um *P. pectinata* handelt, ganz sicher wird man bei dem Studium der Fotografie: deutlich ist zu erkennen, wie die Zähne auf der Säge angeordnet sind – eindeutig wie bei *P. pectinata*. Doch es bleibt die ungewöhnliche Färbung.
Auf dem obigen Blatt, abfotografiert vom Exemplar in der Frankfurter Senckenbergischen Bibliothek, gibt es einen handschriftlichen Vermerk „Pristis semisagittatus Shaw" (schwarz eingekreist). Diese Art ist derzeit nicht zuordenbar (s. Checkliste). Vielleicht stellt sich ja eines Tages heraus, daß es wirklich einen bunten Sägefisch in Indien gibt und daß SHAW ihn mit seinem *Squalus semisagittatus* gemeint hat. Dann wäre *P. annandalei* ein Juniorsynonym von *P. semisagittatus*... Vielleicht hat der „Frankfurter Schmierfink" (RÜPPELL?) aber auch unrecht, und der Yahla ist gar nicht SHAWS *semisagittatus*. Vielleicht ist *P. annandalei* ja sogar eine valide Art. Wir wissen es derzeit einfach nicht.

The example of the "Yahla" (Fig.8) demonstrates why it is so difficult to identify swordfishes correctly. The "Yahla" is a drawing from RUSSELL (1803), a book in which fishes are identified only by their local vernacular names. The drawing of the Yahla corresponds, right down to the i-dots, with CHAUDHURI's *Pristis annandalei*, although the Yahla is a female. Figure 9 shows CHAUDHURI's sketch appended to the original description of *P. annandalei*, while Figure 10 is a photograph of the (unfortunately much faded) type specimen made by ANNANDALE. The position of the second dorsal fin in CHAUDHURI's sketch indicates that the fish is probably *P. pectinata*, and this is confirmed by study of the photograph: the arrangement of the teeth on the saw is clearly visible - and exactly as in *P. pectinata*. But we are still left with the unusual coloration.

The drawing of the Yahla (Fig.8), photocopied from a copy of the book in the Senckenberg Library in Frankfurt, bears the handwritten note "*Pristis semisagittatus* SHAW" (here ringed in black). This species cannot at present be classified (see checklist). Perhaps one day it will turn out that there really is a colourful sawfish in India and that this was what *Shaw* described as *P. semisagittatus*. And *P. annandalei* would then be a junior synonym of that species. But perhaps the "Frankfurt scribbler" (Rüppell?) was wrong, and the Yahla is not SHAW's *semisagittatus* at all. In which case perhaps *P. annandalei* is a valid species after all. At present we simply don't know.

Zitterrochenartige
Electric Rays

Von diesen elektrischen Fischen des Meeres ist nur eine Art aus der Famile Narcinidae für das Süßwasser gemeldet:

Narcine brasiliensis (OLFERS, 1831)
Dieser kleine Zitterrochen, die Maximallänge liegt bei etwa 45 cm, ist weit im westlichen Atlantik verbreitet Die Rochen sollen so nah an das Ufer schwimmen, daß man sie leicht mit dem Netz vom Ufer aus erbeuten kann (WHEELER, 1977).

Die Geschlechtsreife setzt bei etwa 20 cm Gesamtlänge ein, neugeborene Jungtiere sind etwa 11–12 cm lang. Die lebendgebärende Art ist im tropischen Bereich ihres Vorkommens ganzjährig fortpflanzungsbereit. Die Anzahl der Jungen pro Wurf beträgt zwischen 4 und 15. Die Färbung ist hochvariabel. Die Art bewohnt flache Küstenbereiche und ernährt sich von wirbellosen Tieren.

Die Temperaturtoleranz liegt zwischen 15 und 30°C. BIGELOW & SCHROEDER (1951) bezweifeln, daß die Art ins Süßwasser vordringt. Die weitverbreitete Annahme, daß der Fisch in Flüsse einwandert, geht wohl auf EIGENMANN (1910) zurück. Wir haben das auch nicht über diesen Zeitpunkt hinaus rückrecherchiert. Man muß jedenfalls davon ausgehen, daß, wenn dieser Rochen im Zierfischhandel angeboten wird, er aus dem Meer stammt. Er sollte auf jeden Fall in vollwertigem Seewasser gepflegt werden. Dort ist er aber wahrscheinlich ein sehr interessanter Pflegling, dessen Haltung dem fortgeschrittenen Aquarianer empfohlen werden kann.

Der elektrische Schlag, den die Tiere austeilen können, ist wohl unangenehm, aber ungefährlich (14–37 Volt). Man sollte sich dennoch hüten, sie mit bloßen Händen anzufassen. Auf keinen Fall darf man sie gleichzeitig mit beiden Händen packen.

Only one species of these marine electric fishes, from the family Narcinidae, has been reported from fresh water.

Narcine brasiliensis (OLFERS, 1831)
This small electric ray, whose maximum length is about 45 cm, is widely distributed in the western Atlantic. These rays swim so close to the shore that they can easily be captured using a net from the bank (WHEELER, 1977).

Sexual maturity is attained at a total length of about 20 cm, and newborn individuals are about 11-12 cm long. This livebearing species breeds annually in the tropical part of its range. The number of young per brood ranges between 4 and 15. Coloration is highly variable. The species inhabits shallow coastal waters and feeds on invertebrates.

Temperature tolerance extends from 15 to 30°C. BIGELOW & SCHROEDER (1951) are skeptical about the species entering fresh water. The widespread assumption that these fishes enter rivers dates back at least to EIGENMANN (1910), but we have not researched further back. If these fishes are offered in the ornamental fish trade then the assumption must be that they originated in the sea, and in any case they should be kept in water with a normal marine salinity. But they are nevertheless probably very interesting pets, suitable for the advanced aquarist.

The electrical shock which these creatures can deliver is unpleasant but not dangerous (14-37 volts). Even so one should avoid handling them with bare hands, and never touch them with both hands simultaneously.

Die Geigenrochen – Rhinobatidae
The Guitarfishes or Guitar Rays – Rhinobatidae

Schlüssel zu den Gattungen

1. Schwanzflosse ausgeprägt zweilappig, mehr oder weniger sichelförmig, beide Lappen laufen in einer Spitze aus; die Mittelachse der Schwanzflosse knickt in einem deutlich erkennbaren Winkel nach oben ab; hintere Ränder der Brustflossen deutlich vor den Vorderrändern der Bauchflossen; die erste Rückenflosse setzt auf gleicher Höhe wie, oder kurz vor der Bauchflosse an 2
   – Schwanzflosse nicht zweilappig, die Mittelachse knickt nicht oder kaum nach oben ab; die Hinterränder der Brustflossen reichen mindestens bis zum Ansatz der Bauchflossen; der Ansatz der ersten Rückenflosse liegt deutlich hinter der hintersten Spitze der Bauchflossen 3

2. Schnauze lang und spitz, ihre Länge vor den Augen beträgt noch mindestens die der Breite des Kopfes in Augenhöhe..................*Rhynchobatus* MÜLLER & HENLE, 1837
   – Schnauze breit und rund, ihre Länge vor den Augen ist weit geringer als die Breite des Kopfes in Augenhöhe ....*Rhina* BLOCH & SCHNEIDER, 1801

Key to the genera

1. Caudal fin with 2 fully-developed lobes, more or less sickle-shaped, both lobes pointed; median axis of the caudal fin bent upward forming a distinct angle; posterior edge of pectoral fin clearly anterior to anterior edge of ventral fin; first dorsal fin insertion level with, or slightly anterior to, ventral fins 2
   - caudal fin not bilobar, median axis bent only slight upwards or not at all; posterior edge of pectoral extending at least to ventral fin insertion; first dorsal fin insertion distinctly posterior to posteriormost tip of ventral fin 3

2. Snout long and pointed, its length anterior to the eyes (preorbital length) at least equal to head width at eye level .... *Rhynchobatus* MÜLLER & HENLE, 1837
   - Snout broad and rounded, its length anterior to the eyes much less than head width at eye level *Rhina* BLOCH & SCHNEIDER, 1801

3. Snout wedge-shaped, its form varying between distinctly and

3. Schnauze keilförmig, die Form variiert zwischen deutlich und leicht verlängert ; nach vorne geklappt erreicht die Spitze der Brustflosse niemals die Schnauzenspitze 4
   - Schnauze rund; nach vorne geklappt erreicht die Spitze der Brustflosse die Schnauzenspitze 7

4. Die lappenartigen Auswüchse an der Vorderkante der beiden Nasenlöcher sind deutlich voneinander und von der Oberlippe getrennt (Gattungsschlüssel C2, nächste Seite) 5
   - Die lappenartigen Auswüchse an der Vorderkante der beiden Nasenlöcher sind zu einer viereckigen, vorhangartigen Struktur verwachsen, die bis an die Oberlippe heranreicht (Gattungsschlüssel C1). .....*Trygonorrhina* **Müller & Henle, 1838**

5. Die lappenartigen Auswüchse an der Vorderkante der beiden Nasenlöcher bilden nur einen schmalen Steg in der Mitte jeden Nasenloches (Gattungsschlüssel D2) 6
   - Die lappenartigen Auswüchse an der Vorderkante der beiden Nasenlöcher bedecken die innere Hälfte der Nasenlöcher nahezu vollständig (Gattungsschlüssel D1) .... *Zapteryx* **Jordan & Gilbert, 1881**

6. Vorderkante der Spritzlöcher mit einer oder zwei deutlichen Erhebungen oder Hautfalten; Nasenlöcher mehr oder weniger schräg (Gattungsschlüssel E1) .... *Rhinobatos* **Link, 1790**
   - Vorderkante der Spritzlöcher ohne Erhebungen oder Falten; Nasenlöcher waagerecht (Gattungsschlüssel E2) .... *Aptychotrema* **Norman, 1926**

7. Rostraler (= „Schnauzen"-) Knorpel geht in etwa bis zur Schnauzenspitze (Gattungsschlüssel F2) 8
   - Rostraler Knorpel ragt nur ein kurzes Stück über den Hirnschädel nach vorn und erreicht weniger als die Hälfte der Schnauzenlänge (Gattungsschlüssel F1) .... *Platyrhina* **Müller & Henle, 1841**

8. Auf der Oberseite des Schwanzes drei Reihen von deutlich sichtbaren Dornen; Ansatz der ersten Rückenflosse näher am Ansatz der zweiten Rückenflosse als an der Hinterkante der Bauchflosse .... *Platyrhinoidis* **Garman, 1881**
   - Auf der Oberseite des Schwanzes nur eine Reihe großer Dornen; Ansatz der ersten Rückenflosse etwa auf halber Höhe zwischen Hinterkante der Bauchflosse und Ansatz der zweiten Rückenflosse .... *Zanobatus* **Garman, 1913**

Leider ist über die Lebensweise der allermeisten Geigenrochen so gut wie nichts genaueres bekannt. Sie leben bevorzugt in den flacheren Küstengewässern und dringen dabei auch oft in Flußmündungen und (zumindest einige Arten) reines Süßwasser ein. Dabei fehlen Belege der eher typisch „rochenartig" gebauten Gattungen (*Platyrhina, Platyrhinoidis, Zanobatus*) und der sehr hai-ähnlichen *Rhina* aus dem Süßwasser, während die „klassischen" Geigenrochen, wie *Rhinobatos* und *Rhynchobatus* häufiger aus solchen Lebensräumen gemeldet wurden. Bedenkt man jedoch, daß von ganz vielen Arten bisher weniger als 10 Exemplare bekannt wurden und dieser AQUALOG das erste populärwissenschaftliche Buch ist, in dem ein Gesamtüberblick über die Geigenrochen versucht wird, hat das nicht viel zu sagen. Die meisten bisher gesichteten Arten kommen in Gebieten vor, in denen regelmäßig getaucht wird. Als Speisefische werden die Tiere zwar verwertet, aber sie sind nicht so begehrt, daß ihnen gezielt nachgestellt würde. Und aus Sicht der Köche ist es auch ziemlich egal, welche Art da nun im Einzelnen auf den Teller kommt.

Über die Pflege in Privathand ist mir so gut wie keine Literatur zugänglich gewesen. Lediglich Chlupaty (1980) und Klausewitz (1988) geben einige allgemeine Hinweise. Aus verschiedenen Gründen ist

slightly prolonged; when folded forwards tip of pectoral fin never extends to tip of snout 4
   - Snout rounded; when folded forwards tip of pectoral fin extends to tip of snout...................................... 7

4. The lobelike excrescences on the anterior edges of the nostrils are clearly separated from each other and from the upper lip (Generic key fig. C2, next page).............................. 5
   - The lobelike excrescences on the anterior edges of the nostrils are joined together to form a rectangular flap-like structure extending to the upper lip. (Generic key fig. C1, next page) .... *Trygonorrhina* **Müller & Henle, 1838**

5. The lobelike excrescences on the anterior edges of the nostrils form only a small bar at the centre of each nostril (Generic key fig. D2, next page) 6
   - The lobelike excrescences on the anterior edges of the nostrils cover the inner half of each nostril almost completely (Generic key fig. D1, next page)........ *Zapteryx* **Jordan & Gilbert, 1881**

6. Anterior edge of spiracle with one or two distinct prominences or skin-folds; nostrils more or less diagonal (Generic key fig. E1, page 17) .... *Rhinobatos* **Linck, 1790**
   - Anterior edge of spiracle without prominences or folds; nostrils horizontal (Generic key fig. E2, page 17) .... *Aptychotrema* **Norman, 1926**

7. Rostral (= snout) cartilage extends almost to snout tip (Generic key fig. F2, page 17)... 8
   - Rostral cartilage protrudes only a short distance forwards over the cranium and extends for less than half snout length (Generic key fig. F1, page17 . . *Platyrhina* **Müller & Henle, 1841**

8. 3 rows of clearly visible spines on body anterior to the first dorsal fin; first dorsal fin insertion closer to second dorsal fin insertion than to posterior edge of ventral fin .... *Platyrhinoidis* **Garman, 1881**
   - Only one row of large spines on body anterior to the first dorsal fin; first dorsal fin insertion approximately halfway between posterior edge of ventral fin and second dorsal fin insertion .... *Zanobatus* **Garman, 1913**

Unfortunately almost nothing is known about the ecology and ethology of the majority of guitar rays. They prefer shallow coastal waters and thus often enter river estuaries and (at least in the case of a number of species) completely fresh water. In actuality there are no records from fresh water of the genera that are typically ray-like in form (*Playrhina, Platyrhinoidis, Zanobatus*) and the very shark-like *Rhina,* while the "classic" guitar rays such as *Rhinobatos* and *Rhynchobatus* are more frequently reported from such biotopes. But this is hardly significant considering that very many of the species are known from fewer than 10 specimens and that this AQUALOG is the first popular scientific work to endeavour to present an overview of the guitar rays.

The majority of the species seen to date were found in areas where diving is a regular activity. These animals are highly prized as food fishes, but not so much so that they are deliberately hunted. And from a culinary point of view it is makes no difference which species occasionally arrives on the plate.

We have been able to find virtually no literature regarding their maintenance in private aquaria. Only Chlupaty (1980) and Klausewitz (1988) provide a few general indications. For a number

Gattungsschlüssel - Rhinobatidae
Key to the Genera- Rhinobatidae

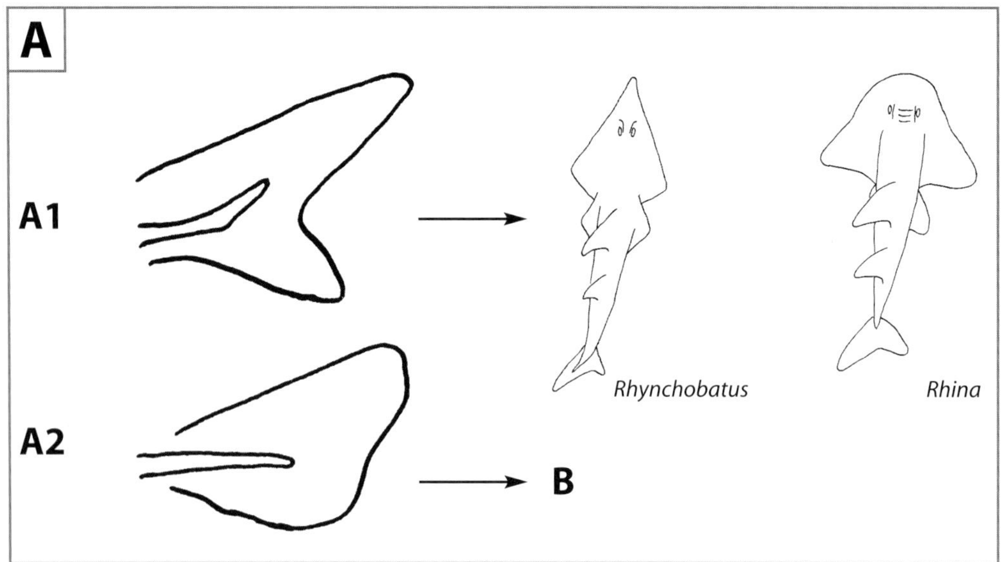

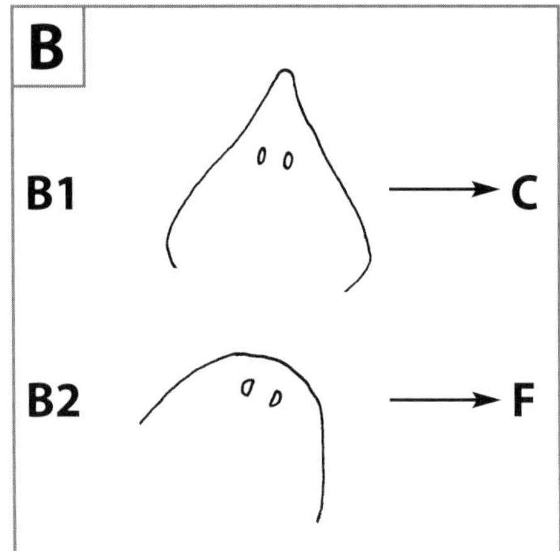

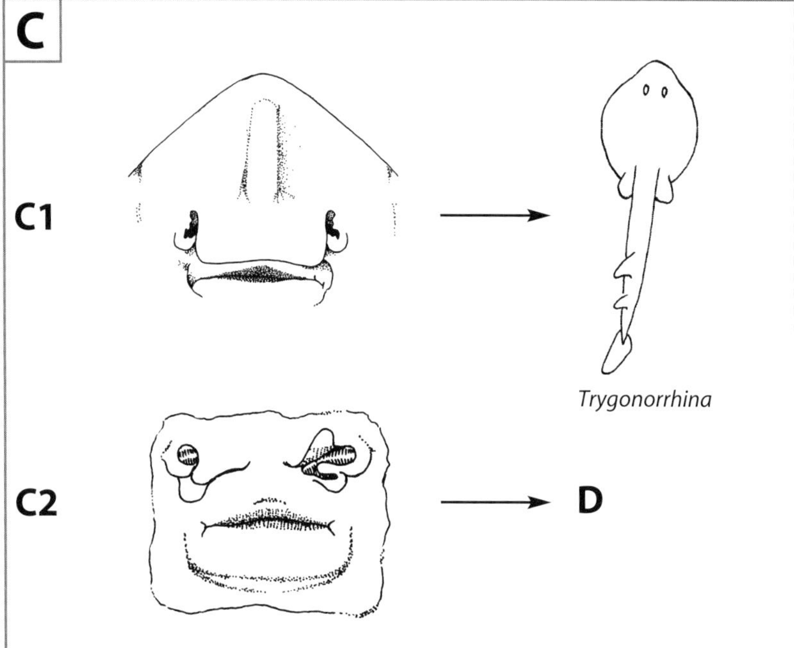

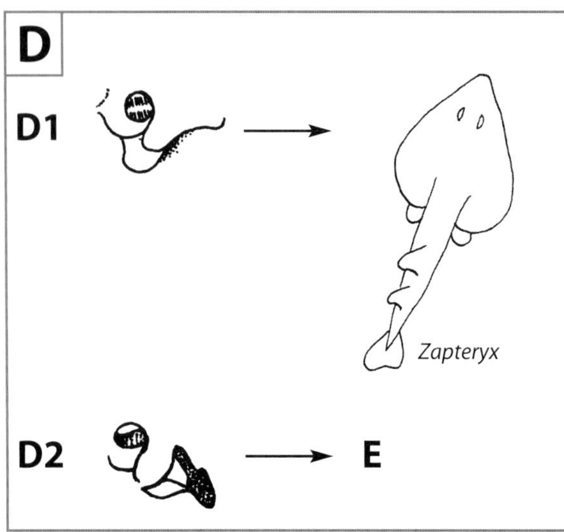

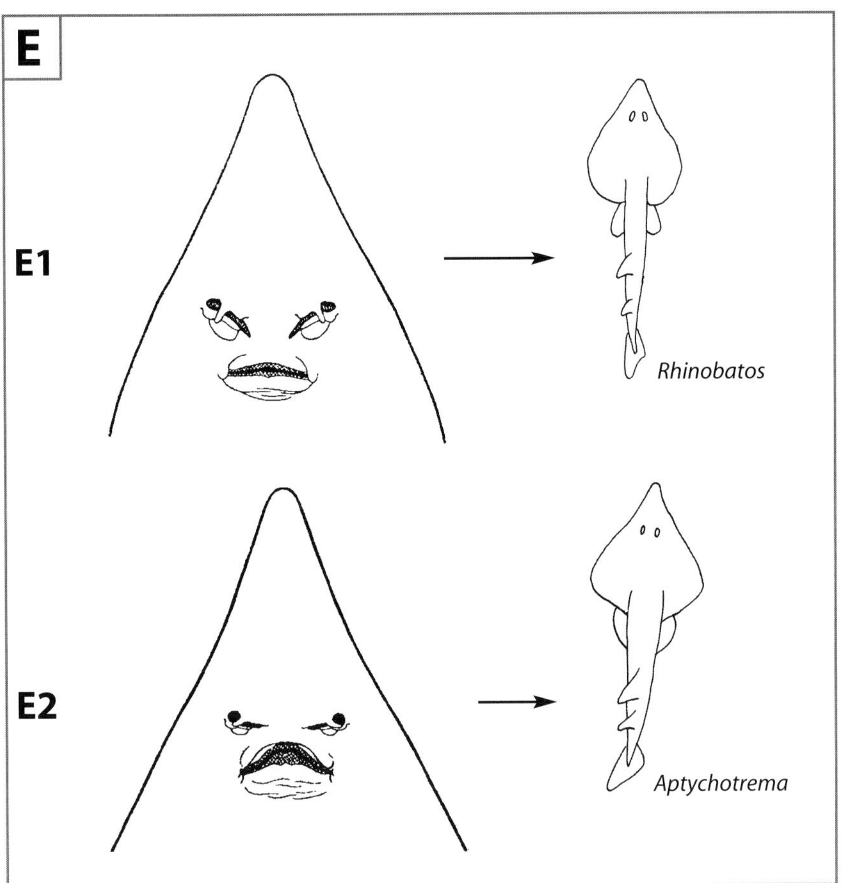

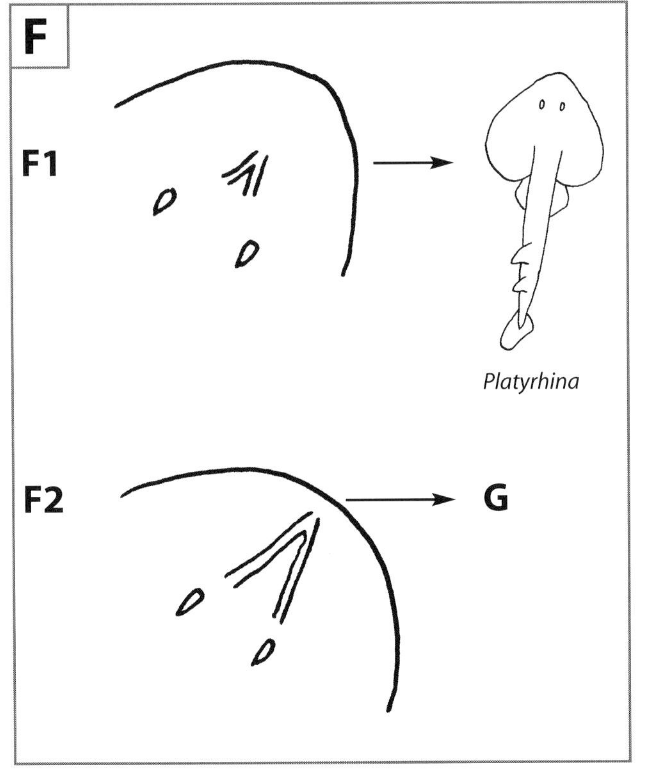

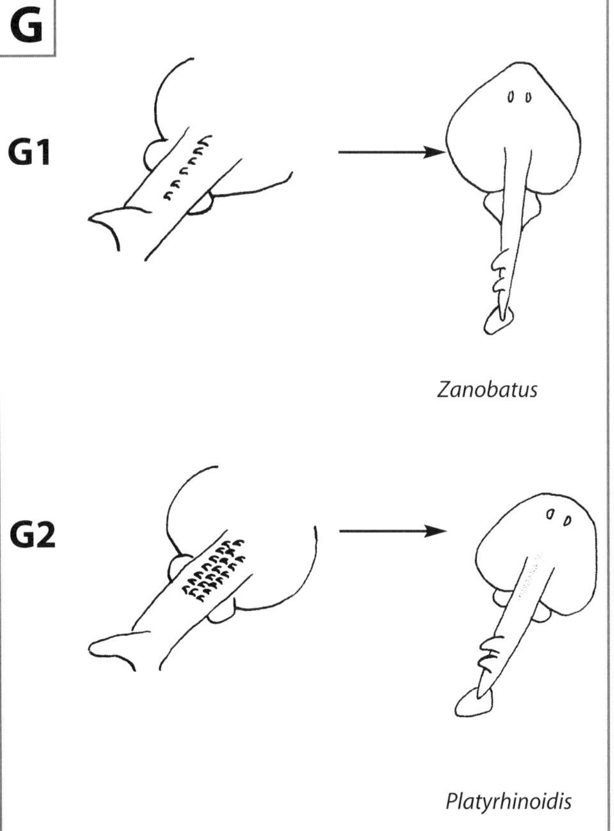

© Graphik: F. Schäfer unter Verwendung von Vorlagen von Norman (1926) und Bigelow & Schroeder (1953)

es demnach ratsam, die Tiere in Artenbecken unterzubringen oder bei der Vergesellschaftung zumindest sehr vorsichtig zu sein. Die Fische sind nämlich nicht sehr konkurrenzstark und kommen sonst leicht in die Situation, beim Füttern zu kurz zu kommen oder in Dauerstreß zu geraten. Daß diese Fische, sie werden durchschnittlich 50 cm groß (etliche Arten auch wesentlich länger), entsprechend große Aquarien benötigen, sei als selbstverständlich vorausgesetzt. Alle Arten sind, soweit man das weiß, lebendgebärend. Den genannten Autoren zufolge bildet zumindest *Rhinobatos granulosus* (dabei dürfte es sich jedoch um eine Verwechslung mit *R. armatus* handeln) dauerhaft im Süßwasser lebende Populationen aus und pflanzt sich dort auch fort. Über einen bereits erfolgten Import oder die Pflege solcher Fische im Süßwasseraquarium ist mir allerdings nichts bekannt.

Die Fütterung kann mit allerlei Sorten tierischer Nahrung erfolgen, wie Regenwürmern, Muschel- und Fischfleisch, Garnelen (lebend und gefrostet), bei Jungtieren auch mit Roten Mückenlarven und Tubifex.

Schlüssel zu den Arten:

***Rhynchobatus* Müller & Henle, 1837**

Diese Gattung galt lange als monotypisch, d.h., es wurde nur eine Art, nämlich *R. djiddensis* anerkannt. Die weit im Indopazifik verbreitete Art wurde für das Süßwasser (eigentlich eher Brackwasser) aus den Sundarbans, West-Bengalen, Indien, gemeldet Drei weitere Arten, nämlich *R. luebberti* (Syn. *R. atlanticus), R. albomaculatus* und *R. irvinei* (alle von Westafrika beschrieben), wurden von Bigelow und Schroeder ebenfalls in die Gattung *Rhynchobatus* gestellt, doch sind *albomaculatus* und *irvinei* Angehörige der Gattung *Rhinobatos* (Compagno & Randall, 1987). *R. luebberti* wird von Stehmann (in Quéro et al., 1990) als valide anerkannt. Die Art ist von Kamerun beschrieben und vertritt *R. djiddensis* entlang der Küsten Afrikas im Atlantik etwa vom Senegal bis zum Kongo. Beide können etwa 3 m lang werden und sind somit die größten Geigenrochen überhaupt. Nach Debelius (1996) bringen die Weibchen von *R. djiddensis* in Buchten bis zu 10 Junge zur Welt, die (nach Smith & Heemstra, 1984) bereits über 60 cm lang sind. Eine dritte mögliche Art ist *R. yentinensis*. Wir können nicht überprüfen, ob die Art gültig ist, oder nicht. Jedenfalls unterscheidet sich der Holotypus von *R. yentinensis* recht deutlich von *R. djiddensis* durch seine Färbung. Bei der Art befinden sich nämlich zwei helle Längsstreifen auf jeder Körperseite. Unseres Wissens sind bislang nur die zwei 1933 gesammelten Exemplare bekannt geworden, von denen jedoch nur eines konserviert werden konnte. Das Typusexemplar (ein Männchen) war etwa 110 cm lang.

1. Ansatz der 1. Rückenflosse deutlich hinter dem Ansatz der Bauchflossen; verbreitet entlang der afrikanischen Atlantikküste .... ***R. luebberti***
- Ansatz der 1. Rückenflosse etwa auf gleicher Höhe mit dem Ansatz der Bauchflossen; pazifische Art 2

2. Körperseiten mit je einem hellen Längsstreifen ..... ***R. yentinensis***
- Körper einfarbig oder mit weißen Punkten, oft mit einem schwarzen Punkt auf jeder Schulter über dem seitlichen Ansatz der Brustflossen .... ***R. djiddensis***

***Rhina* Bloch & Schneider, 1801**

Diese Gattung ist monotypisch, es gibt also nur eine Art. *Rhina ancylostoma* erinnert im Aussehen eher an einen Hai denn an einen Rochen. Die im gesamten südlichen Pazifik, inklusive dem Roten und dem Arabischen Meer verbreitete Art wird etwa 2,5 m lang und bekommt bis zu vier Junge. Nachweise aus dem Süßwasser fehlen.

of reasons it is advisable to house these creatures in single-species aquaria, or to be extremely circumspect when housing them with other fishes. These fishes are not very competitive and for this and other reasons it is easy for them to go short at mealtimes or to suffer long-term stress. It goes without saying that suitably-sized aquaria are required for these fishes, which on average grow to 50 cm long (appreciably larger in the case of some species). As far as is known all species are livebearers. According to the abovementioned authors *Rhinobatos granulatus* at least has populations that live long-term in fresh water and also breeds there (though it is possible that this species and *R. armatus* have been confused).

But we have been unable to find any record of the successful importation of such fishes or of their maintenance in the freshwater aquarium.

As regards feeding, all types of live food can be tried, e.g. earthworms, mussel flesh and fish, shrimps (live and/or frozen), plus bloodworm and Tubifex as well for juveniles.

Key to the species:

***Rhynchobatus* Müller & Henle, 1837**

This genus was for a long time considered monotypic, i.e. only one species, namely *R. djiddensis*, was recognised. This species, which is widespread in the Indo-Pacific region, has been reported from fresh water (actually brackish water) in the Sundarbans, West Bengal, India. Three additional species, *R. luebberti* (synonym *R. atlanticus*), *R. albomaculatus*, and *R. irvinei* (all described from West Africa) have been assigned to the genus *Rhynchobatus* by Bigelow & Schroeder (1953), but *albomaculatus* and *irvinei* are actually members of the genus *Rhinobatos* (Compagno & Randall, 1987). *R. luebberti* was accepted as valid by Stehmann (in Quéro et al., 1990). The species was described from Cameroon and replaces *R. djiddensis* along the Atlantic coast of Africa roughly from Senegal to the Congo. Both species can attain about 3 metres in length and are thus the largest of the guitar rays. According to Debelius (1996) the females of *R. djiddensis* give birth to up to 10 juveniles in bays, and the newborn young measure more than 60 cm (according to Smith & Heemstra, 1984). A possible third species is *R. yentinensis*, but we have been unable to establish whether or not this is a valid taxon, although the holotype is clearly distinct from *R. djiddensis* on the basis of its coloration. Specifically, the species has two light longitudinal bands on each side of the body. To the best of our knowledge the only two specimens known are those collected in 1933, and only one of these was preserved. The type specimen (a male) is about 110 cm long.

1. First dorsal fin insertion distinctly posterior to ventral fin insertion; distributed along the Atlantic coast of Africa. .... ***R. luebberti***
- First dorsal fin insertion approximately level with ventral fin insertion; Pacific species 2

2. 2 light longitudinal bands on each flank......... ***R. yentinensis***
- Body colour uniform or with white dots, often with a black spot on each shoulder above the lateral pectoral fin insertion. .... ***R. djiddensis***

***Rhina* Bloch & Schneider, 1801**

This genus is monotypic, i.e. it contains only one species, *Rhina ancylostoma*, whose appearance is more reminiscent of a shark than of a ray. It grows to about 2.5 metres long, and is distributed across the entire southern Pacific as well as the Arabian and Red Seas. It produces up to four young. There are no freshwater records.

Trygonorrhina **MÜLLER & HENLE, 1838**

Diese eigenartigen Rochen sind sehr hübsch gefärbt, und je nach persönlicher Einschätzung unterscheiden Wissenschaftler ein bis drei Arten. Diese Formen unterscheiden sich nur in der Körperfärbung:

1. Körperfärbung blauschwarz, mit unregelmäßigen weißen Zeichnungselementen auf den Flossenrändern; Südaustralien (Kangaroo Island, St. Vincent Gulf) .... **Magpie Fiddler, *T. melaleuca***
– Körperfärbung braun oder gelblich-braun **2**

2. Rückenzeichnung hinter den Augen ein gleichschenkliges Dreieck, dessen Spitze zum Schwanz zeigt, Ostküste des südlichen Australien .... **Fiddler, *T. fasciata* s.str.**
– Rückenzeichnung hinter den Augen drei weiße, entlang der Körperlängsachse orientierte Streifen; verbreitet entlang der Südküste des südlichen Australien bis nach Westaustralien .... **Southern Fiddler, *T. guanerius***

Die Arten der Gattung kommen nur an der australischen Küste vor und sollen dort nicht selten sein. Bei *T. melaleuca* ist man noch nicht sicher, ob es sich wirklich um eine Art mit einem sehr kleinen Verbreitungsgebiet oder nur um eine Mutante von *T. guanerius* handelt. Die Fische dieser Gattung werden maximal 1,3 m lang. PAXTON et al. (1989) geben für *T. guanerius* an, daß er auch in Brackwasserflüsse (Ästuarien) eindringt.

Zapteryx **JORDAN & GILBERT, 1881**

Zwei oder drei Arten umfasst diese Gattung, die in der Neuen Welt vorkommen. Im Atlantik, und zwar entlang der brasilianischen Küste, wird *Z. brevirostris* gefunden, während von der Pazifikküste von Kalifornien bis Panama *Z. exasperata* lebt. Nur von der Pazifikküste Panamas kennt man bisher *Z. xyster*. Die zwei letztgenannten Arten werden gelegentlich auch als zu einer Art, nämlich *Z. exasperata*, gehörig betrachtet

1. Der freie, nach hinten ausgezogene Teil der Rückenflossen länger als ihre Basis; die beiden leistenartigen Aufwölbungen auf der Schnauze (rostrale Knorpel) bilden ein V .... ***Z. brevirostris***
– Der freie, nach hinten ausgezogene Teil der Rückenflossen kürzer als ihre Basis; die beiden leistenartigen Aufwölbungen auf der Schnauze (rostrale Knorpel) laufen nahezu parallel zueinander **2**

2. Körperscheibe etwas länger als breit; ohne gelbe Flecken auf dem Rücken, aber mit einer dunklen Bänderzeichnung .. ***Z. exasperata***
– Körperscheibe etwas breit als lang; Rücken mit gelben, schwarz eingefaßten Flecken .... ***Z. xyster***

Während die atlantische Art mit etwa 50 cm Länge recht klein bleibt, sollen die pazifischen Arten gut 90 cm lang werden können. Besonderheiten über ihre Lebensweise sind nicht bekannt geworden.

Rhinobatos **LINCK, 1790**

Diese größte aller Gattungen der Geigenrochen umfaßt etwa 35 Arten. Bei manchen Arten, wie z.B. *R. dumerilii*, ist seit der Erstbeschreibung kein weiteres Exemplar bekannt geworden. Die Gattung ist stark revisionsbedürftig. Die Unterscheidung der Arten erfolgt in der wissenschaftlichen Literatur nach Merkmalen, die am lebenden Tier kaum oder gar nicht nachzuvollziehen sind, wie z.B. der Form der Nasenlöcher und des Spritzloches, bestimmten Bedornungsmerkmalen etc.. Von etlichen Arten ist nicht beschrieben, welche Färbung sie haben. Ein verlässlicher Bestimmungsschlüssel für alle Arten ist daher derzeit nicht zu erstellen. Wir haben dennoch versucht, alle derzeit als valide anerkannten Arten hier vorzustellen. Ohne ungefähre Kenntnis der Herkunft wird aber eine sichere Zuordnung kaum möglich sein. Auf eine Vor-

Trygonorrhina **MÜLLER & HENLE, 1838**

These distinctive rays are very attractively coloured, and scientists differentiate one to three species depending on individual opinion. These forms differ only in their body coloration:

1. Body colour blue-black, with irregular white markings on the fin edges; South Australia (Kangaroo Island, Vincent Gulf) .... ***T. melaleuca*** (Magpie Fiddler)
- Body colour brown of yellowish-brown...................... **2**

2. Dorsal marking posterior to eyes an Isosceles triangle whose apex points towards the tail; east coast of southern Australia .... ***T. fasciata*** *sensu stricto* (Fiddler)
- Dorsal marking posterior to eyes 3 white, longitudinally-oriented, stripes; distributed along the southern coast of southern Australia to Western Australia .... ***T. guanerius*** (Southern Fiddler)

The species of this genus are found only along the coast of Australia and are supposedly uncommon there. It is uncertain whether *T. melaleuca* is a good species with a very limited distribution, or simply a mutated form of *T. guanerius*. The members of this genus grow to at most 1.3 metres long. PAXTON et al (1989) state that *T. guanerius* is also found in brackish water (estuaries).

Zapteryx **JORDAN & GILBERT, 1881**

This genus includes two or three species with a New World distribution. *Z. brevirostris* is found in the Atlantic, specifically along the coast of Brazil, while *Z. exasperata* lives along the Pacific coast from California to Panama. To date *Z. xyster* is known only from the Pacific coast of Panama. The last-named two species are sometimes regarded as belonging to a single species, namely *Z. exasperata.*

1. The free, backward-pointing portion of each dorsal fin is longer than the corresponding fin base; the two ridge-like protuberances on the snout (rostral cartilages) form a V .... ***Z. brevirostris***
- The free, backward-pointing portion of each dorsal fin is shorter than the corresponding fin base; the two ridge-like protuberances on the snout (rostral cartilages) run almost parallel to each other **2**

2. Disc somewhat longer than broad; without yellow spots on the dorsum, but with a pattern of dark bands .... ***Z. exasperata***
- Disc approximately as broad as long; dorsum with black-edged yellow spots .... ***Z. xyster***

While the Atlantic species remains rather small at about 50 cm long, the Pacific species are said to attain a good 90 cm. The details of their ecology and ethology are unknown.

Rhinobatos **LINCK, 1790**

This, the largest of the guitar ray genera, comprises some 35 species. In the case of some species, for example *R. dumerilii*, only the type specimen is known. The genus is greatly in need of revision. In the scientific literature the species are differentiated on the basis of characters which are of little or no use as regards living specimens, e.g. the form of the nostrils and spiraculum, particular arrangements of spines, etc. No description of coloration exists in the case of some species. It is thus impossible at present to provide a reliable identification key for all the species. We have nevertheless endeavoured to present all the species currently accepted as valid, but without exact details of the origin of a

stellung der Arten im Einzelnen mußte verzichtet werden. Erstens würde das den Rahmen dieser Einleitung sprengen und zweitens sind Details zur Biologie der einzelnen Arten ohnehin kaum bekannt. Dort, wo Abbildungen aufzutreiben waren, entnehmen Sie bitte die bekannten Eckdaten den Kurztexten unter den Bildern im Abbildungsteil dieses Bandes. Weitere Informationen liefert die Checkliste.

I. Arten aus Südafrika

Am Kap der Guten Hoffnung liegt die Grenze zwischen dem atlantischen und dem indischen Ozean. Bei den Fischen, die in südafrikanischen Gewässern leben, ist es daher oft schwer zu sagen, ob sie nur in einem der beiden Ozeane leben. Die Geigenrochen Südafrikas sind darüber hinaus überwiegend Endemiten, d.h., sie kommen nach bisherigem Wissenstand nur dort vor. Mit Ausnahme von *R. annulatus,* der noch einmal im Schlüssel zu den atlantischen Arten vorkommt werden sie daher hier besonders behandelt.

1. Rücken einfarbig 2
– Rücken mit Punkten oder Flecken 3

2. Schnauze spitz, die Schnauzenknorpel berühren einander an der Schnauzenspitze .... ***R. holcorhynchus***
– Schnauze stumpf, die Schnauzenknorpel laufen an der Schnauzenspitze auseinander .... ***R. blochii* (adult)**

3. Flecken der Schnauzenregion längsoval .... ***R. leucospilos***
– Flecken immer rund 4

4. Flecken einfarbig braun oder heller mit dunklem Rand und dunklem Zentrum .... ***R. annulatus***
– Flecken weißlich, nie mit dunklem Zentrum 5

5. Schnauze spitz, die Schnauzenknorpel berühren einander beinahe an der Schnauzenspitze .... ***R. ocellatus***
– Schnauze stumpf, die Schnauzenknorpel laufen an der Schnauzenspitze auseinander .... ***R. blochii* (juvenil)**

II. Arten des Roten Meeres und des Indopazifiks

Rhinobatos typus, Indomalayischer Archipel (event. Seniorsynonym zu *R. armatus*) und *R. dumerilii*, West-Australien (event. Seniorsynonym zu *R. batillum*) wurden in diesem Schlüssel nicht berücksichtigt. Leider konnte auch *Rhinobatos microphthalmus* von Taiwan nicht in den Schlüssel aufgenommen werden, da die Originalbeschreibung bis Redaktionsschluß nicht zu beschaffen war.

1. Schnauzenspitze mit einer auffälligen, rautenförmigen Verbreiterung .... ***R. thouin***
– Schnauzenspitze ohne eine solche Verbreiterung 2

2. Die Breite jedes Nasenlochs (man muß das Tier dazu von unten betrachten!) entspricht etwa der Breite der Maulspalte 3
– Die Breite jedes Nasenlochs ist entspricht höchstens zwei Drittel der Breite der Maulspalte 4

3. Schnauze relativ länger; der Abstand zwischen den Augen ist in der Länge der Schnauze etwa viermal enthalten ..... ***R. batillum***
– Schnauze relativ kürzer; der Abstand zwischen den Augen ist in der Länge der Schnauze etwa dreimal enthalten .... ***R. armatus***

4. Schnauze stumpf; Körperumriß ähnl. Abb. 11 5
– Schnauze spitz; Körperumriß ähnl. Abb. 12 7

5. Schnauzenfärbung beiderseits des Nasenknorpels dunkel .... ***R. halavi***
– Schnauzenfärbung beiderseits des Schnauzenknorpels hell 6

specimen a definite identification is virtually impossible. Moreover it is not practicable to provide full details of each species. In the first place this is beyond the scope of this introduction, and secondly very little is known of the biology of the individual species. In those cases where it has been possible to locate illustrative material, you will find such data as are available in the text beneath the pictures in the illustrated catalogue later in this volume. Additional information is provided by the checklist.

I. South African species

The Cape of Good Hope is the boundary between the Atlantic and Indian Oceans, and it is thus often difficult to say whether the fishes that live in South African waters are found in one ocean or both. The guitar rays of South Africa are largely endemic, that is to say they are found nowhere else, at least as far as is known at present. They are thus dealt with separately here, with the exception of *R. annulatus*, which will be also found in the key to the Atlantic species.

1. Dorsum monochrome 2
- Dorsum with dots or spots 3

2. Snout pointed, the rostral cartilages meeting at the tip of the snout .... ***R. holcorhynchus***
- Snout blunt, the rostral cartilages extending divergently to the tip of the snout .... ***R. blochii*** (adult)

3. Spots on the snout region longitudinally oval ... ***R. leucospilos***
- Spots always round 4

4. Spots uniform brown or lighter with a dark edging and dark centre .... ***R. annulatus***
- Spots whitish, never with a dark centre 5

5. Snout pointed, the rostral cartilages meeting close to the tip of the snout .... ***R. ocellatus***
- Snout blunt, the rostral cartilages extending divergently to the tip of the snout .... ***R. blochii*** (juvenile)

II. Species from the Red Sea and Indo-Pacific

Rhinobatos typus (possibly a senior synonym of *R. armatus*) from the Indo-Malayan archipelago, and *R. dumerilii* (possibly a senior synonym of *R. batillum* from Western Australia, are not included in this key. Unfortunately it has also been impossible to include *R. microphthalmus* from Taiwan, as it was not possible to obtain a copy of the original description before the publication deadline for this book.

1. Tip of snout with a striking rhombic anterior extension. .... ***R. thouin***
- Tip of snout without any such extension 2

2. Width of nostril approximately equal to width of mouth opening (this requires observation from below!) 3
- Width of nostril at most 2/3 of width of mouth opening 4

3. Snout relatively long; interorbital width contained about 4 times in snout length .... ***R. batillum***
- Snout relatively short; interorbital width contained about 3 times in snout length .... ***R. armatus***

4. Snout blunt; body outline similar to that shown in Fig. 11 5
- Snout pointed; body outline similar to that shown in Fig. 12 .. 7

5. Snout colour dark on both sides of snout cartilage.... ***R. halavi***
- Snout colour light on both sides of snout cartilage 6

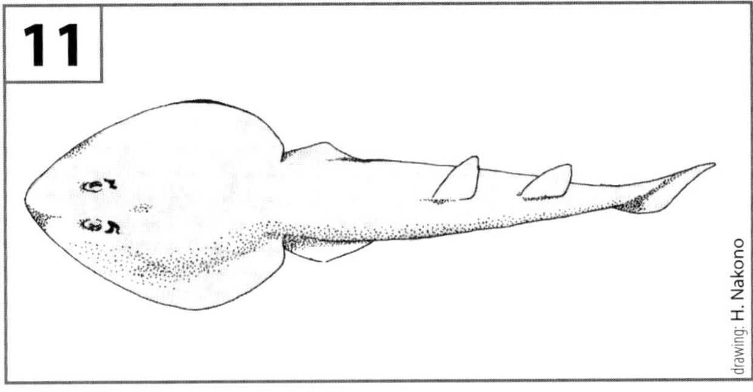

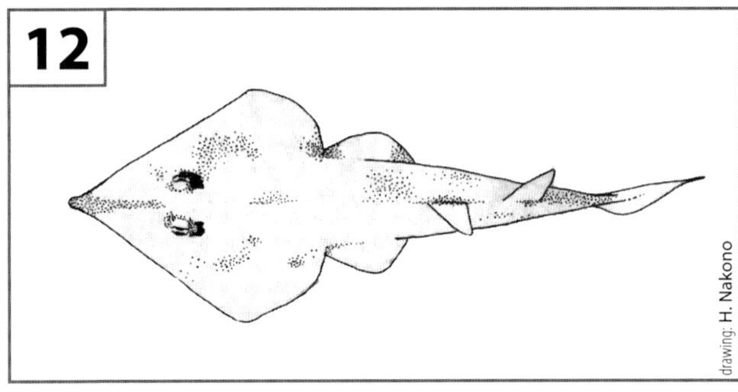

6. Rückenfärbung mit hellblauen, dunkler eingefassten Punkten .... ***R. salalah***
– Rückenfarbung anders, meist einfarbig graubraun ..... ***R. obtusus***

7. Schnauze beiderseits des Nasenknorpels mit drei schrägen, dunklen Binden .... ***R. variegatus***
– andere Schnauzenfärbung **8**

8. Schnauze relativ kurz, d.h. die Meßstrecke „präorbitale Schnauzenlänge" geteilt durch „Abstand zwischen den Spritzlöchern" ergibt einen Wert kleiner 3 (Abb. 13 und 14) **9**
– Schnauze relativ lang d.h. die Meßstrecke „präorbitale Schnauzenlänge" geteilt durch „Abstand zwischen den Spritzlöchern" ergibt einen Wert größer oder gleich 3 (Abb. 15 und 16) **10**

9. Auf dem Rücken eine Längsreihe deutlicher Dornen; auf jeder Schulter eine Gruppe von 2–4 Dornen; Nasenknorpel wie in Abb. 14 .... ***R. annandalei***
– Auf dem Rücken nur eine Längsreihe kleiner Plattendornen; auf jeder Schulter nur ein kleiner Plattendorn; Nasenknorpel wie in Abb. 13 .... ***R. lionotus***

10. Rückenfärbung mit weißen Punkten .... ***R. punctifer***
– Rückenfärbung anders **11**

6. Coloration of dorsum includes light blue, dark-ringed, spots .... ***R. salalah***
- Coloration of dorsum without such spots, usually uniform grey-brown............ ***R. obtusus***

7. Snout with 3 dark diagonal bars either side of snout cartilage .... ***R. variegatus***
- Snout without such bars **8**

8. Snout relatively short, i.e. preorbital snout length divided by the distance between the spiracles gives a value of less than 3 (Figs. 13, 14) **9**
- Snout relatively long, i.e. preorbital snout length divided by the distance between the spiracles gives a value greater than or equal to 3 (Figs. 15, 16) **10**

9. A longitudinal row of distinct spines on the dorsum; a group of 2-4 spines on each shoulder; rostral cartilage as in Fig. 14 .... ***R. annandalei***
- A single longitudinal row of small blunt denticles on the dorsum; rostral cartilage as in Fig. 13............ ***R. liniotus***

10. Dorsal coloration with white dots .... ***R. punctifer***
- Dorsal coloration without white dots............ **11**

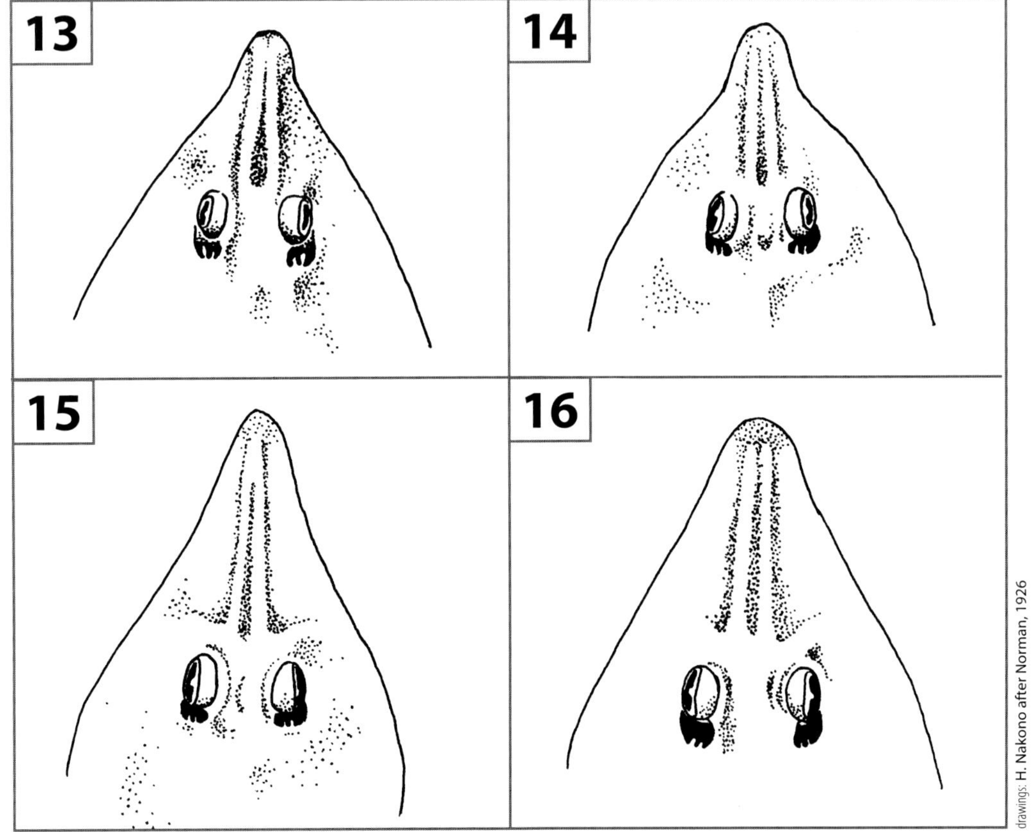

11. Rückenfärbung mit schwarzen Punkten, die zu Rosetten gruppiert sind .... ***R. hynnicephalus***
– Rückenfärbung anders 12

12. Entlang der Rückenmitte eine Längsreihe deutlich erkennbarer, kräftiger Dornen .... ***R. granulatus***
– Entlang der Rückenmitte höchstens einer Reihe flacher, unauffälliger Hautzähne 13

13. Spritzlöcher mit nur einem Randtentakel; auf der Unterseite der Schnauze ein schwarzer Fleck .... ***R. schlegelii***
– Spritzlöcher mit zwei Randtentakeln; auf der Unterseite der Schnauze kein schwarzer Fleck 14

14. Nasenknorpel berühren einander an der Schnauzenspitze (Abb. 15) .... ***R. formosensis***
– Nasenknorpel berühren einander nicht an der Schnauzenspitze (Abb. 16) .... ***R. zanzibariensis***

III. Arten des Atlantiks

1. Zwischen den Augen eine Ansammlung kräftiger Plattendornen; Grundfärbung bräunlich mit bläulichen, dunkler eingefaßten Flecken; afrikanische Küste (Ghana) .... ***R. irvinei***
– Keine Ansammlung kräftiger Plattendornen zwischen den Augen 2

2. Auf der Schnauzenspitze Hautzähne (können bei Jungtieren undeutlich sein!) 8
– Ohne Hautzähne auf der Schnauzenspitze 3

3. Rücken mit dunklen Zeichnungselementen (Jungtiere gepunktet, Erwachsene mit undeutlicher Bänderung); Antillen, bis zum Rio la Plata .... ***Rhinobatos percellens***
– Rücken einfarbig oder mit hellen (weißlichen oder hellblauen) Punkten 4

4. Rücken einfarbig 5
– Rücken gepunktet 6

5. Vordere und hintere Öffnung jedes Nasenloches gleich breit; ein schwarzer Fleck auf der Unterseite der Schnauzenspitze; die Schnauzenknorpel verlaufen so, daß sie sich etwa auf der Hälfte der Schnauzenlänge einander näher sind als am Anfang und am Ende der Schnauze (Abb. 17); Westafrikanische Küste, Portugal und Mittelmeer .... ***Rhinobatos cemiculus***
– Vordere Öffnung des Nasenloches breiter im Durchmesser als die hintere Öffnung; die Schnauzenknorpel verlaufen über die gesamte Länge der Schnauze parallel zueinander (Abb. 18); Mittelmeer und Westafrikanische Küste .... ***Rhinobatos rhinobatos***

11. Dorsal coloration with black dots, grouped in rosettes .... ***R. hynnicephalus***
- Dorsal coloration without such dots 12

12. A longitudinal row of stout, clearly discernible, spines along the centre of the dorsum .... ***R. granulatus***
- No spines on the dorsum, or at most a row of flat, insignificant, denticles along its centre 13

13. Spiracula with only one "tentacle"; a black spot on underside of snout .... ***R. schlegelii***
- Spiracula with two "tentacles"; no black spot on underside of snout 14

14. Rostral cartilages meeting on tip of snout (Fig. 15) .... ***R. formosensis***
- Rostral cartilages not meeting on tip of snout (Fig. 16) .... ***R. zanzibariensis***

III. Atlantic species

1. A group of stout spines between the eyes; base colour brownish with bluish, dark-edged, spots; African coast (Ghana) .... ***R. irvinei***
- No group of spines between the eyes 2

2. Denticles on tip of snout (these may be indistinct in juveniles) 8
- No denticles on tip of snout 3

3. Dark markings on dorsum (juveniles spotted, adults with indistinct banding; Antilles to Rio la Plata .... ***R. percellens***
- Dorsum monochrome or with light (whitish or light blue) dots 4

4. Dorsum monochrome 5
- Dorsum spotted 6

5. Anterior and posterior opening of each nostril of equal breadth; a black spot on underside of snout tip; rostral cartilages curved, closer together at their centres than at their anterior and posterior extremities (Fig. 17); West African coast, Portugal and Mediterranean .... ***R. cemiculus***
- Anterior opening of nostril broader than posterior; rostral cartilages parallel for their entire length (Fig. 18); West African coast and Mediterranean .... ***R. rhinobatos***

6. Dorsal dots whitish or yellowish 7
- Dorsal dots light blue with darker edging; Namibia to South Africa .... ***R. annulatus***

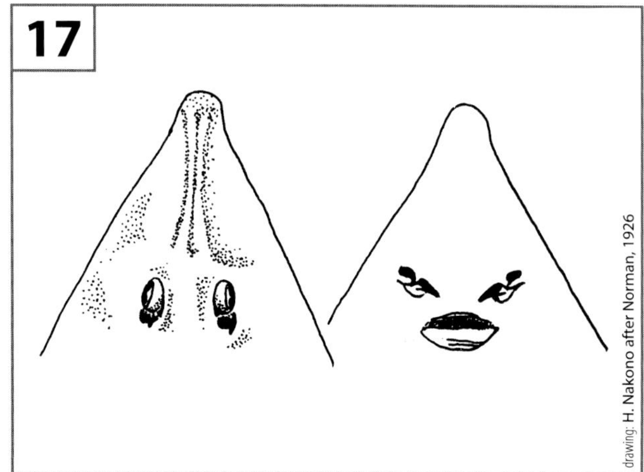

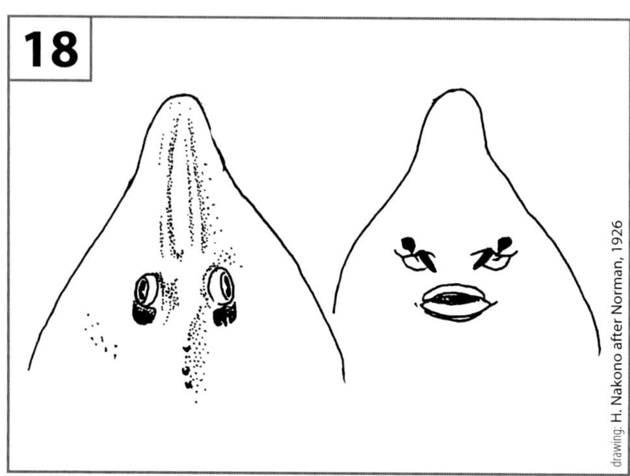

6. Rückenpunkte weißlich oder gelblich 7
- Rückenpunkte hellblau, dunkler eingefaßt; Namibia bis Südafrika .... *R. annulatus*

7. Die Schnauzenknorpel verlaufen fast über die gesamte Länge der Schnauze parallel zueinander (Abb. 19); entlang der Rückenmitte keine mit dem bloßen Auge deutlich erkennbaren Dornen; westafrikanische Küste (Ghana) .... *R. albomaculatus*
- Die Schnauzenknorpel verlaufen etwa ab der Mitte der Schnauze einander stark angenähert (Abb. 20); Entlang der Rückenmitte eine Reihe auch mit bloßem Auge gut erkennbarer, stumpfer Dornen; Jamaika (fragliche Art) .... *R. stellio*

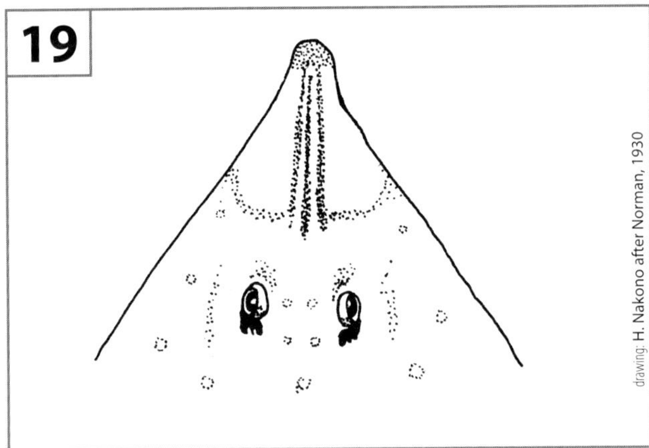

drawing: H. Nakono after Norman, 1930

8. Schnauzenspitze verdickt und mit deutlichen, großen Plattendornen; in der Regel mit vielen kleinen weißen Punkten; Nord-Karolina, südwärts bis Florida .... *R. lentiginosus*
- Schnauzenspitze nicht verdickt und mit nur kleinen, unauffälligen Plattendornen; immer einfarbig; Küste Brasiliens .... *R. horkelii*

IV. Arten des Ostpazifik (Neue Welt)

1. Spritzloch mit einem einzigen rudimentären Randtentakel .... *R. planiceps*
- Spritzloch mit zwei Randtentakeln 2

2. Körperoberseite einfarbig 3
- Körperoberseite hell mit schieferfarbenen Flecken .... *R. glaucostigma*
- Körperoberseite dunkel mit kleinen hellen Punkten .... *R. prahli*

3. Nasenknorpel auf der gesamten Schnauzenlänge deutlich voneinander entfernt .... *R. leucorhynchus*
- Nasenknorpel im vorderen Bereich der Schnauze deutlich aneinander angenähert .... *R. productus*

***Aptychotrema* NORMAN, 1926**

Diese Gattung umfaßt drei beschriebene Arten, zwei weitere, noch unbeschriebene, wurden in der Literatur erwähnt (ALLEN & SWAINSTON, 1988). Sie sind *Rhinobatos* äußerst ähnlich und unterscheiden sich im Wesentlichen von der genannten Gattung dadurch, daß ihre Nasenöffnungen fast waagerecht stehen. Die Arten der Gattung kommen nur in australischen Küstengewässern vor.

1. Rückenfärbung mit auffälligem Fleckenmuster 2
- Rückenfärbung ohne Fleckenmuster 3

2. Flecken groß und einheitlich dunkel (südliches und westliches Australien) .... *A. vincentiana*
- Flecken mit hellem Zentrum und dunklem Rand (von Port Hedland aus nördlich) .... *A. sp. I*

7. Rostral cartilages running parallel to one another for almost entire length of snout (Fig. 19); no spines clearly visible to naked eye along centre of dorsum; West African coast (Ghana) .... *R. albomaculatus*
- From about the centre of the snout the rostral cartilages converge anteriorly (Fig. 20); a row of blunt spines, clearly visible with the naked eye, along the centre of the dorsum; Jamaica (validity of species questionable) .... *R. stellio*

8. Tip of snout thickened and with distinct large flattened spines; as a rule with numerous small white dots; North Carolina south to Florida..................................... *R. lentiginosus*
- Tip of snout not thickened and with only small, inconspicuous,

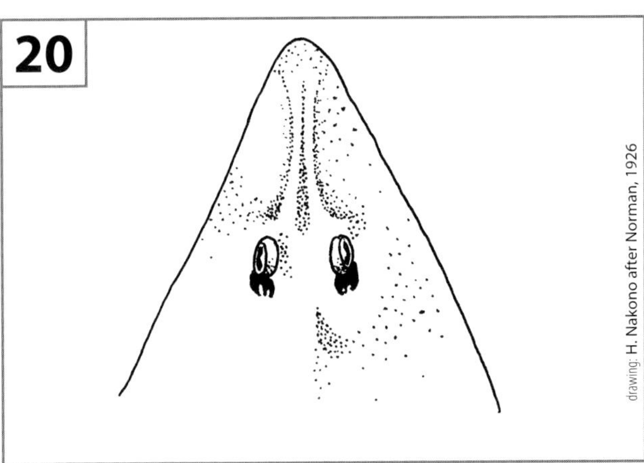

drawing: H. Nakono after Norman, 1926

flat spines; always monochrome; coast of Brazil..... *R. horkelii*

IV. Species from the eastern Pacific (New World)

1. Spiraculum with a single rudimentary "tentacle" at its edge .... *R. planiceps*
- Spiraculum with two "tentacles"............................ 2

2. Dorsal surface of body monochrome 3
- Dorsal surface of body light with slate-coloured spot .... *R. glaucostigma*
- Dorsal surface of body dark with small light dots...... *R. prahli*

3. Rostral cartilages clearly separated along their entire length .... *R. leucorhynchus*
- Rostral cartilages clearly converging on anterior part of snout .... *R. productus*

***Aptychotrema* NORMAN, 1926**

This genus includes 3 described taxa, and two further, undescribed, species are mentioned in the literature (ALLEN & SWAINSTON, 1988). These fishes are extremely similar to *Rhinobatos* and are distinguished from that genus largely by the almost horizontal orientation of their nostrils. Members of the genus are found only in Australian coastal waters.

1. Coloration of dorsum with striking pattern of spots 2
- Dorsum unspotted... 3

2. Spots large and uniformly dark; southern and western Australia...................................... *A. vincentiana*
- Spots with a light centre and dark edging; from Port Hedland northwards.. *A. sp. I*

3. Preorbital snout length measures approximately 3 times the interspiracular distance; central teeth of lower jaw strikingly

3. Die Länge der Schnauze (vor den Augen) entspricht etwa 3 mal dem Abstand der Spritzlöcher voneinander; in dem unteren Kiefer sind die mittleren Zähne auffällig vergrößert; die Maulspalte ist deutlich bogenförmig (Nordostküste und Südostküste, Queensland und New South Wales) .... ***A. bougainvillii***
   - Die Länge der Schnauze (vor den Augen) entspricht etwa 3,5 mal dem Abstand der Spritzlöcher voneinander; in dem unteren Kiefer sind die mittleren Zähne nicht auffällig vergrößert; die Maulspalte ist gerade (Nordostküste und Südostküste, Queensland und New South Wales) .... ***A. rostrata***

A. sp. II vom kontinentalen Schelf des nordwestlichen Australien konnte nicht in den Schlüssel integriert werden, weil zu wenig Daten über die Art vorliegen. Sie soll gelblich-grau sein („Yellow Shovelnose-Ray"), s. ALLEN & SWAINSTON, 1988.

Platyrhina **MÜLLER & HENLE, 1838**
Diese Geigenrochen erinnern viel mehr an „normale" Rochen als die übrigen Mitglieder der Familie. Es sind nur zwei Arten bekannt, die eine von China und Japan (*P. sinensis*) und die andere von Amoy, China (*P. limboonkengi*).

1. Schnauzenlänge weniger als 2 mal den Abstand zwischen den Spritzlöchern; Ansatz der ersten Rückenflosse näher dem Hinterrand der Bauchflosse als dem Ansatz der Schwanzflosse; nur drei Dornen auf jedem Augenwulst; auf Rücken und Schwanz bis zum Ansatz der ersten Rückenflosse nur eine Dornenreihe; zwischen den beiden Rückenflossen zwei Dornenreihen .... ***P. sinensis***
   - Schnauzenlänge mehr als 2x den Abstand zwischen den Spritzlöchern; Ansatz der ersten Rückenflosse näher dem Ansatz der Schwanzflosse als dem Hinterrand der Bauchflosse; drei oder mehr Dornen auf jedem Augenwulst; auf dem Schwanz bis zum Ansatz der ersten Rückenflosse zwei Dornenreihen; zwischen den beiden Rückenflossen zwei Paar Dornenreihen .... ***P. limboonkengi***

Über die Lebensweise beider Rochenarten ist kaum etwas bekannt. Sie erreichen eine Länge um 70 cm (*P. sinensis*) bzw. 50 cm (*P. limboonkengi*).

Platyrhinoidis **GARMAN, 1881**
Aus dieser Gattung ist nur eine Art, nämlich *P. triseriata*, von der Küste Kaliforniens (vom Point Conception südwärts) bekannt. Die Art unterscheidet sich von denen der vorgenannten Gattung durch ihren extrem dornigen Rücken, daher auch der Populärname „Thornback". Mit einer Länge von etwa 90 cm sind die Tiere ausgewachsen.

Zanobatus **GARMAN, 1913**
Auch von dieser Gattung ist nur eine gültige Art, *Z. schoenleinii*, bekannt. Sie lebt an der Küste Westafrikas. Ursprünglich wurde sie von MÜLLER & HENLE als indische Art beschrieben, doch beruht das wahrscheinlich auf einem Irrtum. Die sehr hübsch gezeichneten Tiere erinnern von allen Geigenrochenarten am ehesten an „normale" Rochen. Über die erreichbare Endgröße haben wir keine Daten finden können, doch liegt sie unter einem Meter Gesamtlänge (STEHMANN in QUÉRO et al., 1990). Ein Jungtier im Britischen Museum (Natural History) von der Küste vor Lagos hatte 17 cm Gesamtlänge (NORMAN, 1926), Jungtiere haben also eine Größe, die eine Pflege im Aquarium gut ermöglicht.

enlarged; mouth opening distinctly bow-shaped; north and south coasts, Queensland and New South Wales .... ***A. bougainvillii***
   - Preorbital snout length measures approximately 3.5 times the interspiracular distance; central teeth of lower jaw not noticeably enlarged; mouth opening straight; north and south coasts, Queensland and New South Wales.......... ***A. rostrata***

It was not possible to include *A.* sp.II, from the north-western Australian continental shelf, in this key, as too few data on the species are available. It is said to be yellowish-grey ("Yellow Shovel-Nose Ray"), see ALLEN & SWAINSTON, 1988.

Platyrhina **MÜLLER & HENLE, 1838**
These guitar rays are much more reminiscent of "normal" rays than are the other members of the family. Only two species are known, one (*P. sinensis*) from China and Japan, the other (*P. limboonkengi*) from Amoy, China.

1. Snout length less than twice interspiracular distance; first dorsal fin insertion closer to posterior edge of ventral fin than to base of caudal fin; only 3 spines on each orbit ; only one row of spines on dorsum anterior to first dorsal insertion; two rows of spines between the two dorsal fins............... ***P. sinensis***
   - Snout length more than twice interspiracular distance; first dorsal fin insertion closer to caudal fin base than to posterior edge of ventral fin; 3 or more spines on each orbit; 2 rows of spines on dorsum anterior to first dorsal fin insertion; 4 rows of spines between the two dorsal fins .... ***P. limboonkengi***

Virtually nothing is known about the ecology and ethology of these two ray species. *P. sinensis* attains a length of about 70 cm, and *P. limboonkengi* 50 cm.

Platyrhinoidis **GARMAN, 1881**
Only one species, *P. triseriata,* from the coast of California (from Point Conception southwards), is known from this genus. It is differentiated from members of the previous genus by its extremely spinous dorsum, hence its popular name of "Thornback". These fishes are adult at a length of about 90 cm.

Zanobatus **GARMAN, 1913**
Once again only one valid species is known from this genus, namely *Z. schoenleinii*, which lives off the coast of West Africa. It was originally described, by Müller & Henle, as an Indian species, but this was probably an error. Of all the guitar rays, these very attractively marked creatures are most like the "normal" rays in appearance. We have been unable to find any data on their eventual attainable size, but this is said to be less than a metre (STEHMANN in QUERO et al., 1990). A juvenile specimen from the coast near Lagos, deposited in the British Museum (Natural History), has a total length of 17 cm (NORMAN, 1926); thus juveniles are of a size such that aquarium maintenance is quite feasible.

Checkliste Rhinobatidae
Checklist Rhinobatidae

Originalzitat / original name	*locus typicus, type locality or stated range*	*aktuell / present status*
Leiobatus panduratus Rafinesque, 1810	Sicily	*Rhinobatos rhinobatos*
Platyrhina exasperata Jordan & Gilbert, 1880	San Diego Bay, California, U.S.A.	*Zapteryx xyster*
Platyrhina limboonkengi Tang, 1933	Amoy, China	*Platyrhina limboonkengi*
Platyrhina schoenleinii Müller & Henle, 1841	Probably Angola	*Zanobatus schoenleinii*
Platyrhina sinensis Müller & Henle, 1841	Japan, China	*Platyrhina sinensis*
Platyrhina triseriata Jordan & Gilbert, 1880	Santa Barbara, California, U.S.A.	*Platyrhinoidis triseriata*
Platyrhinoidis atlantica Chabanaud, 1928	Coast of Mauretania, W. Africa	*Zanobatus schoenleinii*
Raia (Rhinobatus) columnae Bonaparte, 1836	Italy	*Rhinobatos rhinobatos*
Raja djiddensis Forsskål, 1775	Jidda, Saudi Arabia and Luhaiya, Yemen, Red Sea	*Rhynchobatus djiddensis*
Raja halavi Forsskål, 1775	Jidda, Saudi Arabia	*Rhinobatos halavi*
Raja percellens Walbaum, 1792	Brazil	*Rhinobatos percellens*
Raja rhinobatos Linné, 1758	Genoa and Venice, Italy	*Rhinobatos rhinobatos*
Raja rostrata Shaw in Shaw & Nodder, 1794	unknown	*Aptychotrema rostrata*
Raja thouin Anonymus, 1798	unknown	*Rhinobatos thouin*
Raja thouiniana Shaw, 1804	unknown	*Rhinobatos thouin*
Rhina ancylostomus Bloch & Schneider, 1801	Coromandel, India	*Rhina ancylostoma*
Rhina cyclostmus Swainson, 1839		*Rhina ancylostoma*
Rhina sinensis Bloch & Schneider, 1801	China	*Platyrhina sinensis*
Rhinobates jaram Montrouzier, 1857	Woodlark Island, South Pacific	*Rhynchobatus djiddensis*
Rhinobates leucorhynchus Günther, 1867	Pacific coast of Panama	*Rhinobatos leucorhynchus*
Rhinobates rueppellii Swainson, 1838	unknown	*Rhynchobatus djiddensis*
Rhinobatis duhameli Blainville, 1825	Sicily, Mediterranean	*Rhinobatos rhinobatos*
Rhinobatis producta Ayres, 1854	Monterey, California, U.S.A.	*Rhinobatos productus*
Rhinobatos (Acroteriobatus) salalah Randall & Compagno, 1995	Oman	*Rhinobatos salalah*
Rhinobatos batillum Whitley, 1939	Shark Bay, Western Australia	*Rhinobatos batillum*
Rhinobatos microphthalmus Teng, 1959	Keelung fish market, Taiwan	*Rhinobatos microphthalmus*
Rhinobatos punctifer Compagno & Randall, 1987	Gulf of Aqaba, Red Sea	*Rhinobatos punctifer*
Rhinobatos variegatus Nair & Lal Mohan, 1973	Mandapam, Gulf of Mannar, Indian Ocean, 200 fathoms	*Rhinobatos variegatus*
Rhinobatus (Rhinobatus) banksii Müller & Henle, 1841	Australia	*Aptychotrema rostrata*
Rhinobatus (Rhinobatus) horkelii Müller & Henle, 1841	Brazil	*Rhinobatos horkelii*
Rhinobatus (Rhinobatus) ligonifer Cantor, 1849	Malay Peninsula, Singapore	*Rhinobatos thouin*
Rhinobatus (Rhinobatus) obtusus Müller & Henle, 1841	Malabar and Pondicherry, India	*Rhinobatos obtusus*
Rhinobatus (Rhinobatus) petiti Chabanaud, 1929	Nosy Marirana Bank, between Ankilibé and Tuléar, west coast of Madagascar	*Rhinobatos cemiculus*
Rhinobatus (Rhinobatus) philippi Müller & Henle, 1841	unknown	*Rhinobatos granulatus*
Rhinobatus (Rhinobatus) polyophthalmus Bleeker, 1854	Nagasaki, Japan	*Rhinobatos hynnicephalus*
Rhinobatus (Rhinobatus) schlegelii Müller & Henle, 1841	Japan	*Rhinobatos schlegelii*
Rhinobatus (Rhinobatus) tuberculatus Bleeker, 1853	Vishakhapatnam, India	*Rhinobatos granulatus*
Rhinobatus (Syrrhina) annulatus Müller & Henle (ex Smith), 1841	Cape of Good Hope, South Africa	*Rhinobatos annulatus*
Rhinobatus (Syrrhina) blochii Müller & Henle, 1841	Cape of Good Hope, South Africa	*Rhinobatos blochii*
Rhinobatus (Syrrhina) bougainvillii Müller & Henle (ex Valenciennes), 1841	Unknown	*Aptychotrema bougainvillii*
Rhinobatus (Syrrhina) brevirostris Müller & Henle, 1841	Brazil	*Zapteryx brevirostris*
Rhinobatus acutus Garman, 1908	Sri Lanka	*Rhinobatos acutus*
Rhinobatus albomaculatus Norman, 1930	Accra, Ghana	*Rhinobatos albomaculatus*
Rhinobatus annandalei Norman, 1926	East channel, mouth of Hooghly, India, 40 fathoms	*Rhinobatos annandalei*
Rhinobatus armatus Gray, 1834	India	*Rhinobatos armatus*
Rhinobatus cemiculus Geoffrey St. Hilaire, 1817	Lake Menzilah, Alexandria, Egypt	*Rhinobatos cemiculus*
Rhinobatus congolensis Giltay, 1928	Congo	*Rhinobatos cemiculus*
Rhinobatus dumerilii Castelnau, 1873	Western Australia	*Rhinobatos dumerilii*, ? senior-syn. of *R. batillum*
Rhinobatus formosensis Norman, 1926	Taiwan	*Rhinobatos formosensis*
Rhinobatus glaucostigma Jordan & Gilbert, 1883	Mazatlán, Sinaloa, western Mexico	*Rhinobatos glaucostigma*
Rhinobatus granulatus Cuvier, 1829	Pondicherry, India	*Rhinobatos granulatus*
Rhinobatus holcorhynchus Norman, 1922	Zululand (=Natal) coast, South Africa, 45 fathoms	*Rhinobatos holcorhynchus*

Originalzitat / original name	*locus typicus, type locality or stated range*	*aktuell / present status*
Rhinobatus hynnicephalus Richardson, 1846	China seas, Canton, China	*Rhinobatos hynnicephalus*
Rhinobatus irvinei Norman, 1931	Ningo, 40 miles east of Accra, Ghana, W.Africa	*Rhinobatos irvinei*
Rhinobatus laevis Bloch & Schneider, 1801	Tranquebar, India	*Rhynchobatus djiddensis*
Rhinobatus lentiginosus Garman, 1880	Florida, U.S.A.	*Rhinobatos lentiginosus*
Rhinobatus leucospilus Norman, 1926	Durban, Natal, South Africa	*Rhinobatos leucospilus*
Rhinobatus lionotus Norman, 1926	East channel, mouth of Hooghly, India, 40 fathoms	*Rhinobatos lionotus*
Rhinobatus maculata Ehrenberg in Rüppell, 1829		*Rhynchobatus djiddensis*
Rhinobatus mediterraneus Gistel, 1848	Mediterranean Sea; Adriatic Sea; Red Sea	*Rhinobatos rhinobatos*
Rhinobatus natalensis Fowler, 1925	Off Natal Bluff, South Africa, 100 fathoms	*Rhinobatos holcorhynchus*
Rhinobatus ocellatus Norman, 1926	Bird Island, Algoa Bay, South Africa	*Rhinobatos ocellatus*
Rhinobatus planiceps Garman, 1880	Paita and Callao, Peru; Galapagos Islands	*Rhinobatos planiceps*
Rhinobatus prahli Acero P. & Franke, 1995	Isla de Gorgona, Colombia, 70 m	*Rhinobatos prahli*
Rhinobatus rasus Garman, 1908	Accra, Ghana, Gulf of Guinea	*Rhinobatos cemiculus*
Rhinobatus spinosus Günther, 1870	unknown (erroneously as Mexico)	*Rhinobatos granulatus*
Rhinobatus stellio Jordan & Rutter, 1897	Kingston, Jamaica	*Rhinobatos stellio*
Rhinobatus typus Anonymus [Bennett], 1830	Sumatra, Indonesia	*Rhinobatos typus*, ? senior-syn. of *R. armatus*
Rhinobatus undulatus Olfers, 1831	Rio de Janeiro, Brazil	*Rhinobatos percellens*
Rhinobatus vincentianus Haacke, 1885	St. Vincent Gulf, South Australia	*Aptychotrema vincentiana*
Rhinobatus zanzibarensis Norman, 1926	Zanzibar	*Rhinobatos zanzibariensis*
Rhynchobatus atlanticus Regan, 1915	Off Lagos, Nigeria, 10-35 fathoms	*Rhynchobatus luebberti*
Rhynchobatus djiddensis australiae Whitley, 1939	Off Manning River mouth, N.S.W., Australia	*Rhynchobatus djiddensis*
Rhynchobatus laevis Müller & Henle, 1841	Bombay and Malabar, India	*Rhynchobatus djiddensis*
Rhynchobatus luebberti Ehrenbaum, 1915	West Africa	*Rhynchobatus luebberti*
Rhynchobatus yentinensis Wang, 1933	Yenting, Wenchow, China	*Rhynchobatus yentinensis*
Tarsites philippi Jordan, 1919	Juan Fernandez Island	Die Beschreibung beruht auf einem getrockneten Rochenkopf / dried head of a ray only
Trigonorhina alveata Garman, 1880	San Diego, California, U.S.A.	*Zapteryx exaspertata*
Trygonorhina fasciata guanerius Whitley, 1932	Glenelg, South Australia	*Trygonorrhina guanerius*
Trygonorhina fasciata Müller & Henle (ex Banks), 1841	Port Western, Victoria, Australia	*Trygonorrhina fasciata*
Trygonorrhina melaleuca Scott, 1954	Kingscote, Kangaroo Island, 35°39´S, 137°38´E, South Australia	*Trygonorrhina melaleuca*
Zapteryx xyster Jordan & Evermann, 1896	Pacific coast of Panama	*Zapteryx xyster*

21 Die wichtigen Meßstrecken bei Geigenrochen
The important measurements in guitar rays

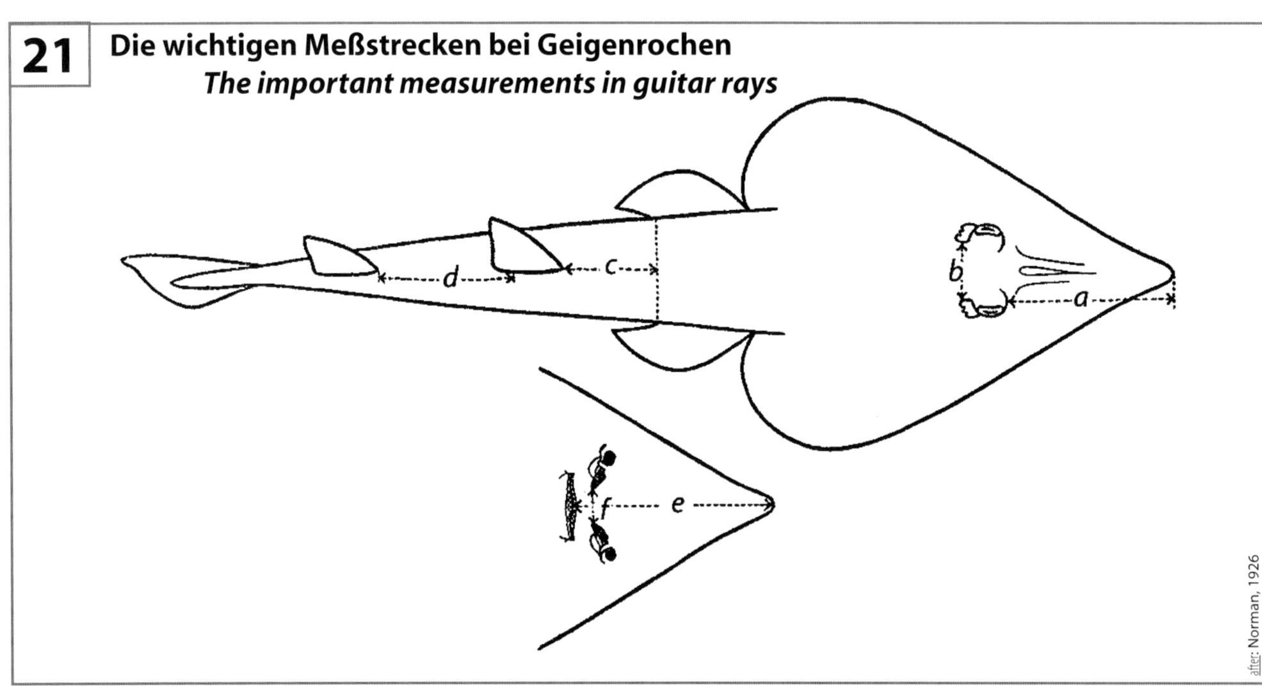

a = präorbitale (= Voraugen-)Schnauzenlänge
b = Abstand zwischen den Spritzlöchern
c = Abstand zwischen den Bauchflossenachseln und dem Ansatz der ersten Rückenflosse
d = Abstand zwischen den beiden Rückenflossen
e = präorale (=Vormaul-) Schnauzenlänge
f = Abstand zwischen den Nasenlöchern

a = preorbital (= in front of eyes) snout length
b = interspiracular (between spiracles) distance
c = distance between ventral fin axils and the first dorsal insertion
d = distance between the two dorsal fins
e = preoral (= in front of mouth) snout length
f = internarial (between nostrils) distance

Die Echten Rochen – Rajidae
The Skates – Rajidae

Diese artenreichste Familie der Rochen hat erstaunlicherweise keinen einzigen echten Süßwasserbewohner aufzuweisen. Bei EIGENMANN (1910) werden zwei Arten, nämlich *Raja microps* GÜNTHER, 1880 (Synonym zu *Sympterygia bonapartii* MÜLLER & HENLE, 1841) und *Raja platana* GÜNTHER, 1880 für den Rio de la Plata gemeldet, bei BIGELOW & SCHROEDER (1953) findet sich der Hinweis auf einen Rochenfang im Fluß Ouse bei Bedford, England und einen im Yangtse in China. Doch war in den beiden letzteren Fällen gar keine Artbestimmung vorhanden und die beiden ersteren Fälle beziehen sich auf das Mündungsgebiet Wegen der großen Unsicherheit in Bezug auf die richtige Bestimmung sei daher an dieser Stelle nur festgehalten, daß wohl Echte Rochen vereinzelt ins mehr oder weniger brackige Wasser von Flußmündungen aufsteigen können, daß aber wissenschaftliche Belege dafür so spärlich sind, daß diese Tatsache hier vernachlässigt werden kann.

Auch die Familien Anacanthobatidae, Plesiobatidae und Hexatrygonidae enthalten ausschließlich marine Arten.

Astonishingly this, the most species-rich family of the rays, has no true freshwater representatives. EIGENMANN (1910) reports two species, namely *Raja microps* GÜNTHER, 1880 (synonym of *Sympterygia bonapartii* Müller & Henle, 1841) and *Raja platana* GÜNTHER, 1880, from the Rio de la Plata; BIGELOW & SCHROEDER (1953) indicate that single rays have been caught in the River Ouse at Bedford, England and in the Yangtse in China. But in these last two cases the species concerned were not identified, and EIGENMANN's records relate to the estuary region. Because of the great uncertainty as regards correct identification, it is simply mentioned here that individuals of Rajidae species may enter the more or less brackish water of river estuaries, but scientific records of this occurrence are so few that no further discussion of the subject is appropriate.

The families Anacanthobatidae, Plesiobatidae, and Hexatrygonidae likewise consist exclusively of marine species.

Die Stechrochen – Dasyatidae
The Stingrays – Dasyatidae

Eine weitere, sehr formenreiche Familie der Rochen, in der einige echte Süßwasserarten und zahlreiche das Brackwasser aufsuchende Arten zu finden sind. Ihren Namen haben die Fische daher, weil sie an ihrem langen, peitschenartigen Schwanz einen oder mehrere spitze, mit Widerhaken versehene Stacheln besitzen, die darüber hinaus noch mit giftigem Gewebe versehen sind. In der Abwehr schlagen die Rochen mit ihrem Schwanz nach dem Angreifer. Dabei dringt der Stachel in das Fleisch des Angreifers ein, bricht ab und bleibt stecken, was schwerwiegende, manchmal sogar für den Menschen tödliche Vergiftungen zur Folge haben kann.

Echte Süßwasserarten finden wir in den Gattungen *Himantura* und *Dasyatis*. Hinzu kommen noch einige, mehr oder weniger regelmäßig in die Flußmündungen vordringende Arten der Gattungen *Himantura, Dasyatis, Urogymnus* und *Hypolophus.*

Schlüssel zu den Gattungen:

1. Kein Giftstachel am Schwanz; am ganzen Körper dicht bedornt ... . ***Urogymnus***
   – Giftstachel am Schwanz vorhanden; falls bedornt am Körper, sind die Dornen weniger auffällig und zahlreich 2

2. Unterseite des Schwanzes ohne Flossensaum .... ***Himantura***
   – Unterseite des Schwanzes mit Flossensaum 3

3. Flossensaum niedrig und unauffällig, oft erst bei genauem Hinsehen erkennbar, reicht nicht bis zur Schwanzspitze .... ***Dasyatis***
   – Flossensaum hoch und auffällig, flattert beim Schwimmen, auf den ersten Blick erkennbar, reicht bis zur Schwanzspitze .... ***Hypolophus***

Another very species-rich family of rays, which includes a number of true freshwater species and numerous species that visit brackish water. Their common name derives from the fact that their long whiplike tails bear one or more barbed spines sheathed in venom-bearing tissue. To defend themselves these rays lash the attacker with their tails; the spine penetrates the attacker's flesh, breaks off, and remains stuck there, resulting in life-threatening toxicity, sometimes fatal even for humans.

The true freshwater species are members of the genera *Himantura* and *Dasyatis.* A number of other members of these two genera, as well as of *Urogymnus* and *Hypolophus,* enter river estuaries on a more or less regular basis.

Key to the genera:

1. No poison spine on tail; entire body densely covered in spines .... ***Urogymnus***
   - Poison spine on tail; body sometimes spinous, but spines less numerous and conspicuous **2**

2. Underside of tail without any band of fin .... ***Himantura***
   - Underside of tail with band of fin **3**

3. Band of fin narrow and inconspicuous, often noticeable only on close inspection, not extending to tip of tail .... ***Dasyatis***
   - Band of fin deep and conspicuous, "ripples" during swimming, visible at first glance, extends to tip of tail .... ***Hypolophus***

Dasyatis **RAFINESQUE, 1810**

Diese sehr artenreiche Gattung kann hier nicht vollständig aufgeführt werden, zumal die meisten ihrer Arten niemals in Süß- oder Brackwasser gefunden werden. Es wurden folgende Auswahlkriterien herangezogen, weshalb die hier aufgeführten Arten berücksichtigt wurden:

- Der Typusfundort war im Süß- oder Brackwasser;
- Die Art wurde in irgendeiner Faunenliste als Süßwasserart gelistet;
- Spezielle zoologische Sammlungsberichte belegten die Art für das Süß- oder Brackwasser.

Wir haben uns bemüht, das immer mit einem Zitat zu belegen.

Dasyatis akajei **(MÜLLER & HENLE ex BÜRGER, 1841)**

Diese Art wurde aus den großen Flüssen Chinas als Süßwasserart gemeldet (ZHU, 1995). Allerdings ist nicht ganz klar, ob hierher nicht eher *D.* sp. (West-River, Guangxi), der bislang als mit *D. akajei* identisch angesehen wurde (ROBERTS & KARNASUTA ,1987), gehört. Die Art erreicht etwa 20–25 cm Scheibenbreite. Die Scheibe ist diamantförmig gebaut, also mit stumpfer Schnauze und breiten Flügeln und besitzt eine leuchtend-orangefarbene Unterseite. Leider wurde die Art noch nicht importiert.

Dasyatis bennettii **(MÜLLER & HENLE, 1841)**

TALWAR & JHINGRAN (1991) schreiben, daß diese Art für verschiedene Teile Südostasiens aus dem Süßwasser gemeldet worden sei. Es handelt sich um eine recht große Art, die mindestens 60 cm Scheibenbreite erreichen kann. Sie ist oberseits einfarbig graubraun gefärbt. Die aktuelle Verbreitung der Art ist etwas unklar, da die Typen aus China und Trinidad stammen sollen. Vermutlich ist dieser Stechrochen aber über weite Teile des Indopazifik verbreitet, von Indien bis China.

Dasyatis brevicaudata **(HUTTON, 1875)**

Diese gewaltigste aller *Dasyatis*-Arten wird bis zu 4,3 m lang und etwa 2 m breit. Der mit einem Giftstachel besetzte Schwanz soll im Ansatz die Stärke eines menschlichen Oberschenkels erreichen können. Die Wucht des Schwanzschlages soll ausreichen, mit dem Stachel Bootsplanken zu durchschlagen! Entsprechend wird der Fisch, der im Indopazifik weit verbreitet ist (von Afrika bis Australien), von Fischern sehr gefürchtet Er soll relativ häufig in die Unterläufe von Flüssen einwandern (GOMON, GLOVER & KUITER, 1994).

Dasyatis centroura **(MITCHELL, 1815)**

Eine große, von beiden Seiten des Atlantik bekannte Art, die eine Gesamtlänge von über 2 m erreichen kann. SERET (in LÉVÊQUE et al., 1990) listet die Art für das Brackwasser von Westafrika, genauer gesagt, aus dem Senegal.

Dasyatis fluviorum **OGILBY, 1908**

Dieser Stechrochen wurde aus dem Brisbane River, Queensland, Australien beschrieben. Er kommt an der östlichen Südküste und Nordostküste Australiens, sowie der Timor-See vor. Berichte aus New South Wales gehen auf Verwechslungen mit *Himantura chaophraya* (s. dort) zurück. Im Gegensatz zu dieser Süßwasserart ist *D. fluviorum* primär ein Meeresbewohner, der allerdings regelmäßig im Brackwasser angetroffen wird. Die Oberseite ist einheitlich olivbraun, die Unterseite einheitlich weiß gefärbt. Der Schwanz ist mehr als 1,75 x so lang wie der Körper und meist schwarz. Die Endgröße der Art liegt um 150 cm (MERRICK & SCHMIDA, 1984; LAST & STEVENS, 1994).

Dasyatis garouaensis **(STAUCH & BLANC, 1962)**

Ein reiner Süßwasserrochen, der etwa 30 cm Breite erreichen kann (das größte bisher bekannte Weibchen ist 34 cm breit) und aus dem tropischen West-Afrika beschrieben wurde. Die Typuslokalität ist der Bénoué River bei Malape, Garoua, Nord-Kamerun. Ursprünglich wurde die Art als *Potamotrygon garouensis* beschrieben, weil Süßwasserstechrochen in den 60er Jahren außerhalb Südamerikas praktisch un-

Dasyatis **RAFINESQUE, 1810**

This very species-rich genus cannot be discussed in full here, if only because the majority of its species are never found in fresh or brackish water. The following criteria have been used when deciding which species to include:

- The type locality was in fresh or brackish water;
- The species is listed as a freshwater species in a catalogue of fauna for an area;
- Zoological collection records indicate the species was found in fresh or brackish water.

An appropriate reference has been provided for each species.

Dasyatis akajei **(MÜLLER & HENLE ex BÜRGER, 1841)**

This species has been reported as a freshwater species from the great rivers of China (ZHU, 1995), although there is a possibility of confusion with *D.* sp. (West River, Guangxi), which until recently was regarded as identical with *D. akajei* (ROBERTS & KARNNASUTA, 1987). The species attains some 20-25 cm in disc diameter. The disc is diamond-shaped, i.e. has a blunt snout and broad wings, and is bright orange on its underside. Unfortunately this species has not yet been imported.

Dasyatis bennettii **(MÜLLER & HENLE, 1841)**

TALWAR & JHINGRAN (1991) state that this species has been reported from freshwaters in various parts of south-east Asia. It is a very large species which can attain a disc diameter of at least 60 cm. The dorsal surface is uniform grey-brown. Its actual distribution is somewhat unclear, as the type specimens are stated to originate from China and Trinidad. However, it is probably distributed across a large part of the Indo-Pacific, from India to China.

Dasyatis brevicaudata **(HUTTON, 1875)**

This, the largest of all the *Dasyatis* species, grows to up to 4.3 metres long and about 2 metres wide. The base of the tail, which bears a single poison spine, can supposedly be as thick as a man's thigh, and a blow from it sufficient to drive the spine through the planking of a boat! For this reason this fish, which is widespread in the Indo-Pacific (from Africa to Australia), is much feared by fishermen. It is said to enter the lower reaches of rivers relatively frequently (GOMON, GLOVER & KUITER, 1994).

Dasyatis centroura **(MITCHELL, 1815**

A large species, known from both sides of the Atlantic, which can attain a total length of more than 2 metres. SERET (in LÉVÊQUE et al., 1990) lists the species for brackish waters in West Africa, specifically Senegal.

Dasyatis fluviorum **OGILBY, 1908**

This stingray was described from the Brisbane River, Queensland, Australia. It occurs along the eastern south and north-eastern coasts of Australia, as well in the Sea of Timor. Reports from New South Wales relate to confusion with Himantura chaophraya (qv). However, in contrast to that freshwater species, *D. fluviorum* is primarily a marine fish, which is nevertheless regularly encountered in brackish water. The dorsal surface is uniform olive-brown, the underside plain white. The tail is more than 1.75 times the length of the body, and usually black. Eventual size of this species is about 150 cm length (MERRICK & SCHMIDA, 1984; LAST & STEVENS, 1994).

Dasyatis garouaensis **(STAUCH & BLANC, 1962)**

A true freshwater ray, that can attain a breadth of about 30 cm (the largest female known to date is 34 cm across) and was described from tropicl West Africa. The type locality is the Bénoué River at Malape, Garoua, north Cameroon. The species was originally described as *Potamotrygon garouaensis*, as during the 1960s

bekannt waren. Über eine möglicherweise schon erfolgte Aquarienhaltung liegen mir keinerlei Informationen vor. Die Art ist verhältnismäßig häufig und den lokalen Fischern gut bekannt. Im Falle eines Importes ist die Art genau wie ihre südamerikanischen Vettern zu pflegen. Man sollte weiches, leicht saures Wasser anbieten. Ein Salzzusatz (außer ggf. zu therapeutischen Zwecken) ist unnötig.

Dasyatis geijskesi Boeseman, 1948
Eine sehr auffällige, nach nur einem Exemplar vom Coppenam Point, Surinam, beschriebene Art, die extrem spitzschnäuzig ist. Der Scheibenbreite des (unreifen) Männchens, das der Beschreibung zugrunde lag, betrug 36 cm, die Art wird also noch deutlich größer. Über die Biologie der Art ist nichts bekannt, doch suggerieren verschiedene Bemerkungen in der Erstbeschreibung, daß die Art auch in Flußmündungen vordringt.

Dasyatis guttata (Bloch & Schneider, 1801)
Eine weit verbreitete Art, die im westlichen tropischen bis subtropischen Atlantik von Süd-Brasilien bis zu den Westindischen Inseln und dem südlichen Golf von Mexiko vorkommt. Zumindest im Mündungsbereich des Amazonas dringt sie in Brackwasserregionen vor (Bigelow & Schroeder, 1953). Die Art wird groß. Eine Maximalgröße von bis zu 1,8 m Scheibenbreite bei einer Schwanzlänge von 3,3 m ist als wahrscheinlich anzunehmen. Die Geburtsgröße dürfte bei 15–20 cm Scheibenbreite liegen (Bigelow & Schroeder, 1953).

Dasyatis hastata (de Kay, 1842)
Die mittelgroße, etwa 100 cm lang werdende Art wird von vielen Autoren als Synoym zu *D. centroura* gesehen, doch teilt Seret (in Lévêque et al., 1990) diese Auffassung nicht. Er listet diesen atlantischen Stechrochen für das Brackwasser der Küstenregionen Westafrikas.

Dasyatis margarita (Günther, 1870)
Dieser Rochen, der an der westafrikanischen Küste vorkommt, scheint besonders als Jungfisch gerne in Brackwassergebiete einzuwandern. Erwachsene Tiere können 15–20 kg schwer werden. Sie sind dann bis zu 65 cm breit. Daget & Iltis (1965) schildern ihn als recht regelmäßig in der Abi-Lagune an der Elfenbeinküste anzutreffen. Auch aus der Lagune Ebrié sind 10 Tiere von 82–170 mm Breite gesammelt worden, bei denen es sich aber auch um die nachfolgend beschriebene Art gehandelt haben könnte.

Dasyatis margaritella Compagno & Roberts, 1984
Es handelt sich hierbei um die kleinste Art der afrikanischen Rochen. Die Geschlechtseife setzt etwa ab 20 cm Breite ein. Die Art ist weit häufiger als die vorhergehende, wurde aber lange nicht als eigenständig erkannt. Sie scheint nur gelegentlich ins Brackwasser einzudringen (Compagno & Roberts, 1984), sollte also im Falle eines Importes besser in reinem Seewasser gepflegt werden.

Dasyatis pastinaca (Linné, 1758)
Der an europäischen Küsten anzutreffende Gewöhnliche Stechrochen wird ca. 2,6 m lang. Seine Verbreitung erstreckt sich vom nördlichen Schottland bis Madeira und das Mittelmeer. Von dieser Art ist bekannt, daß sie häufiger in Flußmündungen einwandert, doch bildet sie, soweit man weiß, keine ausgesprochenen Süßwasserpopulationen aus.

Dasyatis rudis (Günther, 1870)
Bei *D. rudis* handelt es sich um eine geheimnisvolle Riesenart, die anhand eines ausgestopften Weibchens von 190 cm (quer) bzw. 130 cm (längs, ohne Schwanz) Breite beschrieben wurde. Der Typus ging jedoch verloren und erst 1971 kam es zu einer Wiederbeschreibung der Art durch Springer und Collette. Günther erhielt sein Exemplar aus Old Calabar (genau wie *D. ukpam*), weswegen man daran denken kann, daß es im Süßwasser gesammelt wurde. Das von Collette gesammelte Tier von 200 kg Gewicht und der einzige, ihm

freshwater stingrays were practically unknown outside South America. No information is available as to whether this species has been successfully maintained in the aquarium. It is relatively common and well-known to the local fishermen. In the event that it is imported it should be maintained just like its South American cousins - in soft, slightly acid water. The addition of salt is unnecessary (except if required for therapeutic purposes).

Dasyatis geijskesi Boeseman, 1948
A very striking species with an extremely pointed snout, described from a single specimen from Coppenam Point, Surinam. The disc of the (immature) male on which the description is based was 36 cm wide, so the species must grow significantly larger than that. Nothing is known of the species' biology, although various remarks in the original description suggest that it enters river estuaries.

Dasyatis guttata (Bloch & Schneider, 1801)
A widely distributed species which occurs in the tropical to subtropical western Atlantic, from southern Brazil to the West Indies and the southern part of the Gulf of Mexico. It enters brackish water, at least in the region of the mouth of the Amazon (Bigelow & Schroeder, 1953). It attains a large size: a maximum disc width of up to 1.8 metres, and a tail length of 3.3 metres, can probably be assumed. Disc width at birth is said to be 15-20 cm (Bigelow & Schroeder, 1953).

Dasyatis hastata (de Kay, 1842)
This medium-sized species, which grows to about 100 cm long, is regarded by many authors as a synonym of *D. centroura*, but Seret (in Lévêque et al, 1990) does not share this view. He lists this Atlantic stingray as occurring in brackish water along the coast of West Africa.

Dasyatis margarita (Günther, 1870)
This ray, which occurs along the West African coast, appears to like entering brackish water, especially when juvenile. Adult specimens can weigh 15-20 kg and at such weights may be up to 65 cm across. Daget & Iltis (1965) portray the species as encountered quite regularly in the Abi Lagoon on the Ivory Coast. In addition 10 specimens of 8.2-17 cm width were collected in the Ebrié Lagoon, but these may in fact have been the next species.

Dasyatis margaritella Compagno & Roberts, 1984
This is the smallest of the known African ray species, becoming sexually mature from a width of about 20 cm. It is far commoner than the preceding species, but for a long time was not recognised as being distinct from it. It seems only occasionally to enter brackish water (Compagno & Roberts, 1984), and in the event that it is imported would be best maintained in full-strength sea water.

Dasyatis pastinaca (Linné, 1758)
The Common Stingray grows to about 2.6 metres in length and is found along the coasts of Europe, from northern Scotland to Madeira and the Mediterranean. It is known frequently to enter river estuaries, but, as far as is known, does not form any genuine freshwater populations.

Dasyatis rudis (Günther, 1870)
D. rudis is a giant mystery species, described from a stuffed female measuring 190 cm across and 130 cm long (not including the tail). However, the type specimen has been lost, and not until 1971 was there a re-description of the species, by Springer and Collette. Günther received his specimen from Old Calabar (as with *D. ukpam*), hence it can be assumed that it was collected in fresh water. By contrast the 200 kg specimen collected by Collette, which contained a single embryo with a disc width of about 40 cm, was

entnommene Embryo von ca. 40 cm Scheibenbreite wurden hingegen in 30 m Tiefe im Golf von Guinea vor der Küste von Sierra Leone gefangen. Demnach handelt es sich bei diesem, nach wie vor geheimnisumwitterten Riesenrochen Afrikas wohl um eine Seewasserart, die nur gelegentlich ins Süßwasser eindringt.

Dasyatis sayi **(Lesueur, 1817)**
Eine mittelgroße Art des westlichen Atlantiks, die etwa 90 cm Breite erreicht. Die Geschlechtsreife setzt wohl bei etwa 50 cm Breite ein. Im Brackwasser von Indian River, U.S.A. war sie sehr häufig anzutreffen (s. http://www.geocities.com/ Cape Canaveral/5826/ sayi.html).

Dasyatis sabina **(Lesueur, 1824)**
Diese Art, Atlantischer Stechrochen genannt, ist in den temperierten Gebieten Floridas und dem Golf von Mexiko verbreitet Es handelt sich um eine grundsätzlich im Seewasser lebende Form, die jedoch z.B. im Lake Jessup in Florida eine reine Süßwasserpopulation ausgebildet hat (http://www.elasmo.com/batoids/d_sab/d_sabina.html). Vermutlich gibt es auch noch weitere Süßwasserformen der Art. Mit maximal 33 cm (Männchen) und 37 cm (Weibchen) Scheibenbreite bleibt die Art vehältnismäßig klein. Die Geschlechtsreife setzt bei etwa 20 cm Breite ein. Diese Fische sollten eigentlich gut für die Aquaristik geeignet sein, doch konnten wir keinerlei Erfahrungsbericht über die Art in der Literatur finden.

Dasyatis ukpam **(Smith, 1863)**
Der Ukpam (Ukpam ist die von den Einheimischen gebrauchte Sammelbezeichnung für Stechrochen und wird in West-Afrika auch für andere Arten verwendet) West-Afrikas ist so etwas wie der Yeti unter den Süßwasserrochen. Genau wie die ebenfalls riesenhafte Art *Himantura fluviatilis* aus Indien und der bereits beschriebene *D. rudis* ist er der Wissenschaft kaum bekannt. Im Gegensatz zum Yeti und dem Indischen Süßwasser-Riesenrochen gibt es aber einige Museumsexemplare des Ukpam, auch wenn zum Zeitpunkt der Erstbeschreibung 1863 nur zwei Embryonen aus dem Old Calabar River bekannt wurden. Dabei blieb es bis 1978, erst dann wurden weitere Tiere im Ogooué gesichtet und auch ein 1937 im unteren Zaire (heute: Kongo) gesammeltes Tier als zu dieser Art gehörig identifiziert. Ungeklärt bleibt bis heute, welchen monströsen Süßwasserrochen Sanderson 1937 im Mamfe Pool, Cross River (Nigeria), gesehen hatte. Dieses Tier von einer Scheibenbreite von über 140 cm (4 feet, 8 inches) blieb der bisher einzige bekanntgewordene Hinweis auf einen riesenhaften Süßwasserrochen in Nigeria. Der Stachel dieses Tieres soll über 40 cm lang gewesen sein! Solch einen gewaltigen Stachel kennt man von keinem afrikanischen Rochen. Der Ukpam wird mit Sicherheit größer als 65 cm Scheibenbreite, denn Weibchen dieser Größe sind noch nicht geschlechtsreif. Neugeborene Tiere sind mit etwa 26 cm Breite schon so groß wie das größte je bekannt gewordene Exemplar der kleinsten afrikanischen *Dasyatis*-Art, *D. margaritella*. Ansonsten weiß man wenig bis gar nichts über diesen geheimnisvollen Riesen, der niemals das Meer aufzusuchen scheint. Vielen Exemplaren dieser Art fehlt übrigens der Giftstachel, ist er vorhanden, so ist er klein. Das stellt die Art in die Nähe der Gattung *Urogymnus*, die bekanntlich keinen Giftstachel besitzt.

Dasyatis zugei **(Müller & Henle (ex Bürger), 1841)**
Eine im Indopazifik von Indien bis Japan verbreitete Art. Die sehr spitzschnäuzigen Rochen sind für Indien als sehr häufig in den Brackwasserzonen gemeldet (Talwar & Jhingran, 1991). Sie bleiben mit etwa 20 cm Scheibendurchmesser ziemlich klein, so daß ein Import wünschenswert erscheint. Die Eingewöhnung der Art sollte bei Unkenntnis der exakten Herkunft allerdings im Seewasser erfolgen, weil die Rochen dort grundsätzlich weniger streßanfällig sind. Später kann man das Wasser dann allmählich aussüßen.

caught at a depth of 30 metres in the Gulf of Guinea off the coast of Sierra Leone. It follows that this species, which remains something of a mystery, is probably a marine species that only occasionally enters fresh water.

Dasyatis sayi **(Lesueur, 1817)**
A medium-sized species from the western Atlantic, which attains a width of about 90 cm but is probably sexually mature at about 50 cm across. It has been found very frequently in the Indian River, USA (see http://www.geocities.com/CapeCanaveral/5826/sayi.html).

Dasyatis sabina **(Lesueur, 1824)**
This species, the Atlantic Stingray, is found in the temperate regions of Florida and the Gulf of Mexico. It is basically a marine species, but has formed a true freshwater population in Lake Jessup in Florida (http://www.elasmo.com/batoids/d_sab/d_sabina.html), and there may perhaps thus be other freshwater populations elsewhere. With a maximum disc width of 33 cm in males and 37 cm in females, this species remains relatively small. It becomes sexually mature at about 20 cm across. These fishes ought to be particularly suitable for the aquarium hobby, but we have been unable to find any mention in the literature of practical experience with them.

Dasyatis ukpam **(Smith, 1863)**
The Ukpam (the collective term used by West African natives for this and other stingray species) of West Africa is in some ways the freshwater ray equivalent of the Yeti! Like the equally gigantic species *Himantura fluviatilis* from India and the already-discussed *D. rudis*, it is little known to science. But in contrast to the Yeti and the Indian giant freshwater ray, there are at least a few museum specimens of the Ukpam, even though at the time of the first description in 1863 the only known examples were two embryos from the Old Calabar River. Matters remained thus until 1978 when further individuals were seen in the Ogooué, and in addition a specimen collected in 1937 in the lower Zaire (now: Congo) was identified as belonging to this species. But it remains unclear to the present day what monstrous freshwater ray was seen by Sanderson in 1937 in Mamfe Pool, Cross River (Nigeria); that individual, which had a disc width of more than 140 cm (4 feet 8 inches), remains to date the only known evidence of the existence of a giant freshwater ray in Nigeria. The spine on its tail was supposedly more than 40 cm long! A spine of that size is unknown in any of the described African species.
The Ukpam must attain a disc width of more than 65 cm, as females of that size are not yet sexually mature. Newborn specimens, with a width of about 26 cm, are already as big as the largest known specimen of the smallest African *Dasyatis* species, *D. margaritella*. But otherwise little or nothing is known about these mysterious giants, which appear never to venture out to sea. Many of the specimens are missing their poison spine, but where it is present it is small. This suggests the species is closely related to the genus *Urogymnus*, which, as far as is known, does not have a poison spine at all.

Dasyatis zugei **(Müller & Henle (ex Bürger), 1841)**
A species widespread in the Indo-pacific, from India to Japan. This ray, which has a very pointed snout, is reported as very common in brackish-water areas in India (Talwar & Jhingran, 1991). With a disc diameter of about 20 cm it remains relatively small, so that its importation would appear desirable. Unless specimens are known to have originated from brackish water acclimatisation should take place in sea water, as the rays will be less stress-prone in such conditions. Later the salt concentration can be gradually diluted.

Hypolophus **MÜLLER & HENLE, 1837**
Monotypische Gattung, es gibt also nur eine Art:

Hypolophus sephen **(Forsskål, 1775)**
Viele Autoren führen diesen großen, bis 1,8 m breiten und (mit Schwanz!) 3 m langen Rochen auch in der Gattung *Pastinachus*. Noch scheint aber nicht ganz geklärt zu sein, ob *Pastinachus* wirklich ein Seniorsynonym zu *Hypolophus* darstellt. Diese Frage ist aber ohnehin eher akademischer Natur; hier wird aus Stabilitätsgründen vorerst bei *Hypolophus* geblieben. *Hypolophus sephen* ist im gesamten Indopazifik verbreitet und relativ leicht an seinem flatternden Hautsaum entlang der Unterseite des Schwanzes zu erkennen. Es ist ein schwimmfreudiges, tagaktives Tier, das auch schon oft in reinem Süßwasser angetroffen wurde (COMPAGNO & ROBERTS, 1982). Seine Haltung bleibt wegen der Größe allerdings öffentlichen Einrichtungen vorbehalten.

Urogymnus **MÜLLER & HENLE, 1837**
Die Gattung erscheint revisionsbedürftig. Die Art *U. laevior* ANNANDALE, 1909, von der südindischen Küste wird derzeit von der Mehrzahl der Autoren nicht anerkannt und gilt, ebenso wie *U. asperrimus krusadiensis* CHACKO, 1944 (von der indischen Insel Krusadai im Golf von Mannar) als Synonym zu *U. asperrimus*, wogegen *U. asperrimus solanderi* WHITLEY, 1939 (von der Insel Darnley vor Queensland), von von PAXTON et al. als Synonym von *U. africanus* geführt wird. Letzteres macht aber nicht allzuviel Sinn, denn wenn schon, müßte die Subspecies *solanderi* als Synonym zur pazifischen Art, also *U. asperrimus* zählen. COMPAGNO (in SMITH & HEEMSTRA, 1986) mutmaßt hingegen, daß sich mehrere Arten hinter *U. asperrimus* verbergen könnten, wählt aber diesen Namen für die südafrikanische Form. *U. rhombeus* KLUNZINGER, 1871 aus dem Roten Meer wird von DOR (1984) als Synonym zu *U. africanus* gewertet Grundsätzlich ist festzuhalten, daß die Namen *U. africanus* und *U. asperrimus* einander gleichwertig sind und im Falle einer Synonymisierung der Revisor festzulegen hat, welcher Artname Gültigkeit hat. Meines Wissens fehlt bislang eine solche Revision. Hier wird pragmatisch vorgegangen und die atlantische Population als *U. africanus* und die pazifische als *U. asperrimus* bezeichnet

Urogymnus africanus **(BLOCH & SCHNEIDER, 1801)**
Guinea, West-Afrika ist die Heimat des Typusexemplares. Die Art ist jedoch weit an der westafrikanischen Küste verbreitet Die meisten neueren Autoren halten sie für artgleich mit der folgenden. Die Fische werden etwa 90 cm lang. An der Elfenbeinküste sind Funde aus der Ebrié-Lagune bekannt (DAGET & ILTIS, 1965)

Urogymnus asperrimus **(BLOCH & SCHNEIDER, 1801)**
Diese Art vertritt die erstgenannte im Indopazifik und ist mit ihr möglicherweise artgleich. Sie erreicht etwa 1 m Scheibenbreite, wird insgesamt also gut 2 m lang. Die Tiere sind leicht an ihrer stacheligen Körperoberfläche zu erkennen, ein Giftstachel fehlt ihnen aber, genau wie der vorhergehenden Art. Nachweise aus dem Brackwasser fehlen, sind aber als wahrscheinlich anzunehmen. ANNANDALE (1909) berichtet, daß das Weibchen, das der Beschreibung seines *U. laevior* zugrunde lag (Größe leider unbekannt) beim Fang 12 Junge gebar.

Himantura **MÜLLER & HENLE, 1837**
Innerhalb dieser Gattung scheint eine gewisse Neigung zu herrschen, in Brack- und Süßwasserhabitate vorzudringen. Da aufgrund der spärlichen Materiallage und der oft fragwürdigen Artbestimmungen in der Sekundärliteratur zu vielen Arten nur spärliche Informationen vorliegen, haben wir beschlossen, alle derzeit dieser Gattung zugeordneten Arten zu berücksichtigen.

Himantura alcocki **(ANNANDALE, 1909)**
Die Beschreibung dieser Art beruht auf einem geschlechtsreifen

Hypolophus **MÜLLER & HENLE, 1837**
Monotypic genus, i.e. there is only one species:

Hypolophus sephen **(FORSSKÅL, 1775)**
Many authors assign this large, up to 1.8 metres wide and 3 metres long (including the tail!), ray to the genus *Pastinachus*. But it is unclear whether *Pastinachus* is a valid senior synonym of *Hypolophus*. The question is academic, however, and in the interests of stability *Hypolophus* is preferred here. *Hypolophus sephen* is distributed across the entire Indo-Pacific and is relatively easy to identify by virtue of the rippling band of skin along the underside of the tail. It is an active swimmer, diurnal in its habits, and often also found in fresh water (COMPAGNO & ROBERTS, 1982). On account of its size it is suitable for maintenance only in large public aquaria.

Urogymnus **MÜLLER & HENLE, 1837**
This genus appears in need of revision. The species *U. laevior* ANNANDALE, 1909, from the coast of southern India, is at present not recognised by the majority of authors, and, like *U. asperrimus krusadiensis* CHACKO, 1944 (from the Indian island of Krusadai in the Gulf of Mannar), is regarded as a synonym of *U. asperrimus*, while *U. asperrimus solanderi* WHITLEY, 1939 (from the island of Darnley off Queensland) is considered a synonym of *U. africanus* by PAXTON et al.. But the latter makes little sense, as surely the subspecies *solanderi* must be a synonym of the Pacific species, i.e. *U. asperrimus*. On the other hand COMPAGNO (in SMITH & HEEMSTRA, 1986) conjectures that the name *U. asperrimus* may conceal several species, and restricts this name to the South African form. *U. rhombeus* KLUNZINGER, 1871, from the Red Sea, is considered a synonym of *U. africanus* by DOR (1994). Basically it needs to be established whether or not *U. africanus* and *U. asperrimus* are both valid species, and in the event of synonymy, the reviser will need to decide which name remains valid. In our view such a revision is long overdue. Meanwhile, a pragmatic approach has been taken here, and the Atlantic population regarded as *U. africanus* and the Pacific as *U. asperrimus*.

Urogymnus africanus **(BLOCH & SCHNEIDER, 1801)**
Guinea, West Africa, is cited as the type locality, but the species is in fact widepread along the West African coast. The majority of recent authors regard it as synonymous with the following species. It grows to about 90 cm in length. It has been recorded from the Ebrié Lagoon on the Ivory Coast (DAGET & ILTIS, 1965).

Urogymnus asperrimus **(BLOCH & SCHNEIDER, 1801)**
This species may be synonymous with *U. africanus*, which it replaces in the Indo-Pacific. It attains a disc width of about a metre, and is in total a good 2 metres long. These creatures are easily recognisable by the spiny dorsal surface, but lack a poison spine, just like the preceding species. There are no records from brackish water, though it may be assumed the species visits such biotopes. ANNANDALE (1909) states that the female (size unknown) that formed the basis of his description of *U. laevior* was carrying 12 young when captured.

Himantura **MÜLLER & HENLE, 1837**
Members of this genus appear to have a decided inclination to migrate to brackish and freshwater habitats. Because very little information is available in the secondary literature on account of the paucity of preserved material and the often questionable identification of the species, we have decided to consider all the species currently assigned to this genus.

Himantura alcocki **(ANNANDALE, 1909)**
The description of this species is based on a sexually mature female with a disc width of 85 cm, collected off the coast of Orissa near

Weibchen von 85 cm Scheibenbreite das vor der Küste von Orissa bei Puri gesammelt wurde. Das Tier wurde am 21. Mai erbeutet und hatte vermutlich gerade geboren, woraus sich eventuell Hinweise auf die Fortpflanzungsperiode der Art ergeben. Der Rochen ist oberseits dunkel-olivbraun gefärbt und hat zahlreiche helle Punkte, auch auf der vorderen Körperhälfte, die allerdings bei konservierten Exemplaren schnell verschwinden. Der Schwanz weist keine besondere Zeichnung auf. Seine Basis ist ebenfalls hell gepunktet Die Unterseite der Körperscheibe ist hell mit einem breiten, purpurfarbenen Rand.

Himantura bleekeri **(Blyth, 1860)**
Eine aus Bengalen, Indien beschriebene Süßwasserart, die über 60 cm Scheibenbreite und eine Gesamtlänge von 2,3 m erreichen kann. Die Grundfärbung ist braun, soll individuell aber stark variieren und manche Exemplare sollen dunkle Augenflecken auf dem Rücken haben. Auch die Unterseite des Fisches ist nach Blyth (in Day, 1889) braun mit einem länglichen weißen Fleck in der Mitte des Bauches.

Himantura chaophraya **Monkolprasit & Roberts, 1990**
Eine weitere, erst in jüngster Zeit wissenschaftlich beschriebene Art aus Thailand, die gewaltige Ausmaße erreicht: die Körperscheibe des größten konservierten Tieres ist fast 2 m breit. Doch soll es in der Natur noch weit größere Tiere geben, in der Tagespresse wurde von Gewichten bis zu 600 kg berichtet! Die Haltung solcher Riesen (das Typusexemplar wurde 100 km entfernt vom Meer in reinem Süßwasser gefangen) bleibt öffentlichen Einrichtungen vorbehalten. Es ist ganz interessant, daß in einem ichthyologisch derart gut untersuchten Land wie Thailand, in dem zudem die Binnenfischerei ein wichtiger Wirtschaftszweig ist, erst 1983 ein solcher Riesenfisch bekannt wurde. Die Art führt wahrscheinlich Wanderungen durch und dürfte auch im Brackwasser zu finden sein. Möglicherweise ist sie mit *Himantura fluviatilis* identisch; die Riesenart aus Neu-Guinea (Fly-River System), Borneo (Mahakam-Becken), und Australien (Gilbert River, Queensland; South Alligator rivers, Northern Territory; Ord und Pendecost rivers, Western Australia) wird derzeit zu *H. chaophraya* gerechnet. Frischgeborene Jungtiere haben eine Breite von etwa 30 cm. Ein im Januar gefangenes Weibchen von 300 kg Gewicht gebar 4 Junge.

Himantura draco **Compagno & Heemstra, 1984**
Über die Lebensweise dieses Stechrochens, der erst vor relativ kurzer Zeit wissenschaftlich beschrieben wurde, ist nichts bekannt. Das einzige Exemplar, das den Beschreibern vorlag, war ein unreifes Männchen von 56 cm Scheibendurchmesser, das von einem Angler nahe Durban in einer Tiefe von weniger als 50 m gefangen wurde. Die Art ist am Rücken braun, die Scheibenränder heller mit dunklen Punkten. Die Körperunterseite ist weißlich mit einem breiten, dunklen Rand. Zwei weitere Exemplare wurden seither bekannt (Stehmann, 1995), darunter ein geschlechtsreifes Weibchen von 150 cm Breite, das im westlichen Indischen Ozean in etwa 30 m Tiefe nordwestlich von Madagaskar erbeutet wurde.

Himantura fai **Jordan & Seale, 1906**
Dieser Vertreter der Gattung ist ein reiner Seewasserfisch, der selbst den unmittelbaren Küstenbereich meidet Durch den sehr langen Schwanz kann die etwa 1,5 m breit werdende Art fast 5 m lang werden. Sie ist einheitlich lila-braun gefärbt und kommt im südlichen Indopazifik vor.

Himantura fava **(Annandale, 1909)**
Dieser wunderschöne Rochen wurde anhand von zwei weiblichen Exemplaren von etwa 130 cm Scheibenbreite beschrieben, die in der Bucht von Bengalen vor dem indischen Staat Orissa zusammen erbeutet wurden. Er erinnert stark an eine Variante von *H. uarnak*, doch hat die Art eine ganz andere Bezahnung. Neuere Informationen zu dem schönen Tier sind mir nicht bekannt.

Puri. The specimen was captured on 21st May and had probably already given birth, which provides some indication of the reproductive period of the species. This ray is dark olive-brown on the dorsal surface and has numerous light dots, including on the anterior part of the body, which, however, rapidly disappear in preserved specimens. The tail has no special markings, but is likewise light-spotted at its base. The underside of the disc is light with a broad purple edging.

Himantura bleekeri **(Blyth, 1860)**
A freshwater species, described from Bengal, India, which can attain a disc width of more than 60 cm and a total length of 2.3 metres. The basic coloration is brown, but can supposedly vary dramatically from individual to individual, with some specimens having dark ocelli on the back. According to Blyth (in Day, 1889) the underside is also brown, with an elongate white spot on the centre of the belly.

Himantura chaophraya **Monkolprasit & Roberts, 1990**
Another, only very recently scientifically described, species from Thailand, which attains a huge size - the disc width of the largest preserved specimen is almost 2 metres. But even larger individuals are said to occur in nature, and specimens weighing up to 600 kg have been reported in the daily press! The type specimen was caught in fresh water more than 100 km from the sea, but the maintenance of such giants remains the province of large public aquaria. It is very interesting to note that in a country as well investigated ichthyologically as Thailand, and in which freshwater fisheries constitute an important element of the economy, such a gigantic fish could remain undiscovered until 1983. It is probable that this species is migratory, and may also be found in brackish water. It may be identical with *H. fluviatilis.* At present the giant rays of New Guinea (Fly River system), Borneo (Mahakam basin), and Australia (Gilbert River, Queensland), South Alligator rivers, Northern Territory; Ord and Pendecost rivers, Western Australia) are assigned to *H. chaophraya*. Newly-born juveniles have a disc width of about 30 cm. A female weighing 30 kg, captured in January, gave birth to 4 young.

Himantura draco **Compagno & Heemstra, 1984**
Nothing is known of the ecology and ethology of this stingray, which was scientifically described only comparatively recently. The only specimen available to the authors was an immature male with a disc width of 56 cm, caught by angler near Durban at a depth of less than 50 metres. This species is brown on the dorsal surface, and the edges of the disc are lighter with dark dots. The underside of the body is whitish with a broad dark edging. Two additional specimens have subsequently been captured (Stehmann, 1995), one of them a mature female 150 cm across, caught in the western Indian Ocean to the north-west of Madagascar, at a depth of about 30 metres.

Himantura fai **Jordan & Seale, 1906**
This member of the genus is a totally marine fish, which actually shuns coastal waters. It attains a width of about 1.5 metres, and, because of its very long tail, a length of almost 5 metres. It is uniform lilac-brown and is found in the southern Indo-Pacific.

Himantura fava **(Annandale, 1909)**
This splendid ray was described from two female specimens with a disc width of about 130 cm, captured together in the Bay of Bengal off the Indian state of Orissa. The species is highly reminiscent of a variant of *H. uarnak*, but has quite different dentition. Unfortunately no more recent information on these beautiful fishes is available.

Himantura fluviatilis (Hamilton, 1822)

Wenn es in unserer vermeintlich allwissenden und aufgeklärten Zeit noch Fische gibt, die zur Legendenbildung taugen, so ist *H. fluviatilis* sicherlich einer davon. Hamilton beschrieb die Art 1822 wie folgt: „Rochen sind im Ganges sehr häufig, nicht nur in den Ästuarien sondern auch weit vom Meer entfernt; ich habe welche bei Kanpur gesehen, das ist mehr als 1000 Meilen vom Einfluß der Gezeiten entfernt. Die am häufigsten in diesen oberen Flußregionen anzutreffende Art ist aber durchaus auch in den Brackwasser-Ästuarien zu finden. Sie erinnert vom Aussehen her sehr an *Raia lymma* (Anmerkung: heute *Taeniura lymma*), im Verhalten gleicht sie *Raia aquila* (Anmerkung: heute *Myliobatis aquila*). Mit dem Stachel am Schwanz verursacht sie gefährliche Wunden. Es ist eine sehr verbreitete Art und auf den Märkten von Patna besonders häufig anzutreffen. Geschmacklich erinnert sie an den Glattrochen (*Raia batis*) (Anmerkung: heute *Raja batis*). Ich habe nie eine wissenschaftlich exakte Beschreibung der Art geliefert, weil ich immer auf eine Gelegenheit hoffte, eine Zeichnung von dem Fisch anfertigen zu können; die hat sich jedoch nie ergeben. Aus diesen Gründen kann ich keine diagnostischen Merkmale angeben."

Typen wurden von Hamilton grundsätzlich nicht hinterlegt und so kann man sich selbst seinen Teil denken, welchen Fisch er wohl gemeint haben könnte. So richtig festlegen will sich da bislang niemand und jedenfalls heutzutage scheinen die Süßwasserrochen des Ganges auch nicht mehr ganz so häufig zu sein. Ein mir (FS) befreundeter Zierfischexporteur in Kalkutta wußte gar nicht, daß es überhaupt Süßwasserrochen in Indien gibt, obwohl er ein guter Kenner der indischen Ichthyofauna ist.

Wissenschaftler, die die Fische Indiens bearbeiteten, interpretierten den *Raia fluviatilis* von Hamilton auch ganz unterschiedlich. Day (1871) hielt *Hypolophus sephen* für diese Art. In der zuletzt erschienen Übersicht indischer Süßwasserfische von Talwar & Jhingran (1991) wird die Art, wie auch hier, als *Himantura fluviatilis* behandelt. Sie soll nach deren Angaben deutlich über einen Meter Spannweite erreichen können. Bei ihrer Erstbeschreibung des gigantischen *Himantura chaophraya* sehen Monkolprasit & Roberts (1990) den *Raia fluviatilis* als nomen nudum (= „nackter Name": ohne Bezug und somit nicht verfügbar) oder nomen dubium (= „zweifelhafter Name": keiner bekannten Art zuzuordnen) und Day als „first reviser" (= „erster Revisor": die Person, die während der ersten Revision einer Gruppe festlegt, wie ein bereits vorhandener Name in Zukunft bewertet werden soll) an. Doch bringen sie auch deutlich zum Ausdruck, daß dies kein abschließendes Urteil ist. Demzufolge könnte *H. chaophraya* die Art sein, die Hamilton ursprünglich gemeint hat, doch gibt es derzeit unseres Wissens in keinem Museum der Welt auch nur ein Exemplar dieses Süßwasserrochens aus dem Ganges. Vielleicht gelingt es bald, lebende Tiere gangetischer Süßwasserrochen zu importieren, so daß in absehbarer Zeit das Rätsel um den *Raia fluviatilis* gelöst werden kann.

Himantura gerrardi (Gray, 1851)

Diese mittelgroße Art, sie soll etwa 70 cm Scheibenbreite erreichen, ist *H. uarnak* sehr ähnlich und wurde und wird wohl auch noch oft mit dieser Art verwechselt. Die hier gemachten Angaben beruhen auf der Arbeit von Annandale (1909), der sich sehr intensiv mit der individual- und altersabhängigen Farbvarianz dieses Formenkreises auseinandersetzte. Ganz junge Tiere von *H. gerrardi* sind demnach einheitlich schieferfarben auf dem Rücken und haben einen schwarz-weiß geringelten Schwanz. Die Außenkante der Brustflossen soll hell sein. Mit zunehmendem Wachstum wandelt sich die Körperfarbe in ein warmes Braun um, wobei große, cremefarbene, deutlich voneinander abgesetzte Flecken auf dem hinteren Teil der Scheibe und den Bauchflossen erscheinen. Ganz ausgewachsene Tiere sind insgesamt sehr dunkel gefärbt, wobei die cremefarbenen Flecken undeutlich werden und die Bänderung des Schwanzes verschwindet Besonders im Winter sucht diese Art Küstengewässer auf. Bekannt ist sie von der in-

Himantura fluviatilis (Hamilton, 1822)

If, in our supposedly all-knowing and enlightened age, there are still fishes surrounded by an aura of legend, then surely *H. fluviatilis* is one of them. Hamilton described the species as follows in 1822: "Skates are very common in the Ganges, not only in the estuaries, but very far removed from the sea; for I have seen them at Kanpur, more than a thousand miles above the extent of the tide. In these upper parts of the river's course, and it is also found in the estuaries, the species most common has a strong resemblance to the *Raia lymma* (note: now *Taeniura lymma*); has nearly the same manners with the *Raia aquila* (note: now *Myliobatis aquila*), and inflicts very dangerous wounds with the spine on its tail. It is, however, a very common fish, in the markets of Patna especially, and is not materially different in taste from a small skate or maiden ray, (*Raia batis*) (note: now *Raja batis*). I always deferred taking a description, until I had an opportunity of having it drawn, and that opportunity never occurred. I cannot, therefore, give its specific character."

Essentially, Hamilton never preserved any type material, so we can only guess at which species he meant. And thus no-one has yet established the true identity of this species. Moreover nowadays freshwater rays seem no longer to be so common in the Ganges. A friend in Calcutta, who is an ornamental fish exporter, did not even know that there were freshwater rays in India, although he has a good knowledge of that country's ichthyofauna.

Scientists who have worked on the fishes of India have placed quite different interpretations on Hamilton's *Raia fluviatilis*. Day (1871) equated *Hypolophus sephen* with this species.The most recent overview of the Indian freshwater ichthyofauna, by Talwar and Jhingran (1991), refers to the species as *H. fluviatilis*, as here. According to their data it can attain a breadth of more than a metre. In their original description of the enormous *Himantura chaophraya* Monkolprasit & Roberts (1990) regard *Raia fluviatilis* as a *nomen nudum* (= "bare name": i.e. without a proper description and hence not valid) or *nomen dubium* (= "doubtful name": i.e. no known species can be identified as this taxon), and Day as the "first reviser" (the person who, during the first revision of a group, decides how an already assigned name is to be treated in future). But they also make it quite clear that such a judgement is by no means irrevocable. Thus it remains possible that *H. chaophraya* is the species originally meant by Hamilton, but to the best of our knowledge there is not a single specimen of this freshwater ray from the Ganges in any museum anywhere in the world. Perhaps it will soon prove possible to import live freshwater rays from the Ganges and solve the problem of *Raia fluviatilis* in the foreseeable future.

Himantura gerrardi (Gray, 1851)

This medium-sized species, which is said to attain a disc width of about 70 cm, is very similar to *H. uarnak* and is often confused with that species. The data given here are based on the work of Annandale (1909), who explains in great detail the various individual and age-dependent variations within this group of forms. According to him very young specimens of *H. gerrardi* are uniformly slate-coloured on the back and have a black/white-ringed tail. The outer edges of the pectoral fins are light. With increasing size the base colour becomes a warm brown, and at the same time large, discrete, cream-coloured spots appear on the posterior part of the disc and on the ventral fins. Fully adult individuals are very dark all over, with the light spots becoming indistinct and the banding on the tail disappearing. In winter in particular the species visits coastal waters. It is known from the Indian coast, from Orissa to Myanmar (Burma), but a wider distribution in the Indian Ocean is probable, as Stehmann (1995) cites its occurrence off the coast of northern Mozambique.

dischen Küste von Orissa bis Burma, doch ist ein größeres Verbreitungsgebiet im Pazifik wahrscheinlich, da STEHMANN (1995) die Art z. B. vor der nördlichen Küste Mozambiques nachweisen konnte.

***Himantura granulata* (MACLEAY, 1883)**
Eine indo-westpazifische Art, die etwa 1m breit wird (bei ca. 2 m Länge, mit Schwanz) und somit, wie die meisten Arten der Gattung, für Liebhaberbecken kaum in Frage kommt. Dieser Rochen ist dunkelviolett-braun gefärbt, oft mit vielen weißen Sprenkeln. Typisch soll das weiße Schwanzende sein (DEBELIUS & KUITER, 1994). Er kommt häufig im Bereich der Mangrove vor, doch wie weit der Rochen ins Süßwasser aufsteigt, ist bislang nicht bekannt.

***Himantura imbricata* (BLOCH & SCHNEIDER, 1801)**
Eine ursprünglich von der Koromandelküste Indiens beschriebene Art, die etwa 20 cm Scheibenbreite erreicht. Die Fische sind entlang der indopazifischen Küstenregion weitverbreitet Es ist noch nicht geklärt, ob diese Charakterart des Brackwassers dauerhafte Süßwasserpopulationen ausbildet (RAINBOTH, 1996). Im Falle eines Importes der relativ kleinbleibenden Art ist jedenfalls eine Haltung in Brackwasser dringend zu empfehlen. Entsprechendes gilt für *H. walga*, falls sich diese Form als eigenständige Art herausstellen sollte.

***Himantura jenkinsii* (ANNANDALE, 1909)**
Eine scheinbar auf die Andamanensee weitgehend beschränkte Art, die etwa bis Malaysia und Thailand vordringt. Sie wird ca. 1 m breit und 2 m lang. Der Körper ist olivfarben, ein feiner blauweißer Rand umzieht die Körperscheibe. Die Tiere scheinen zumindest zeitweise gesellig zu leben. Nachweise aus dem Süßwasser fehlen bisher.

***Himantura krempfi* (CHABANAUD, 1923)**
Eine sehr hübsche, recht kleine (ca. 35 cm breite) Art, die von Phnom Penh, Kambodscha, beschrieben wurde, jedoch weit im südostasiatischen Raum verbreitet ist. Wenngleich Tiere der Art oft weit im Landesinneren im Süßwasser angetroffen werden, sollte man sich bei Kaufabsichten genau über den Fangort informieren, denn sie kommen durchaus auch in Flußmündungen vor.

***Himantura laosensis* (ROBERTS & KARNASUTA, 1987)**
Ein mittelgroßer Süßwasserrochen (um 50 cm Breite) aus dem Mekong River, Chiang Kham District, Chieng Rai Province, Thailand, dessen späte wissenschaftliche Beschreibung deutlich zeigt, wie wenig wir bis heute über Stechrochen eigentlich wissen. Leider wird die Art für normale Aquarien zu groß. In Becken ab 6 m^2 Bodenfläche dürfte sie jedoch ganz gut haltbar sein. Die exakte Verbreitung kann wegen fortlaufender Verwechslung mit anderen Arten leider derzeit noch nicht angegeben werden.

***Himantura marginata* (BLYTH, 1860)**
Eine im Hooghly-Fluß (Bengalen, Indien) lebende Art, die sehr groß werden kann: die Scheibenbreite kann bis etwa 1,8 m betragen! Es ist wenig über den Fisch bekannt. Seine Färbung soll oberseits einheitlich grau sein, die Unterseite weißlich, wobei die Körperscheibe unterseits einen dunklen Saum hat, der jedoch nicht den Kopf erreicht. Diese Beschreibung paßt exakt auf *H. chaophraya,* und *H. marginata* wurde von deren Erstbeschreibern nicht berücksichtigt. Möglicherweise ist auch *Himantura marginata* mit dem geheimnisvollen *H. fluviatilis* identisch. Verwirrend sind freilich die Größenangaben, die TALWAR und JHINGRAN (1991) machen. Ihnen zufolge soll diese Art entlang der gesamten indischen Küste sehr häufig sein, nur im Hooghly regelmäßig im Süßwasser anzutreffen sein und lediglich 34 cm Scheibenbreite erreichen. Wie bei fast allen asiatischen Süßwasserstechrochen muß man daher auch bei dieser Art leider sagen: Genaues weiß man nicht.

***Himantura microps* (ANNANDALE, 1908)**
Es handelt sich bei dieser Art um einen gewaltigen, bis 220 cm

***Himantura granulata* (MACLEAY, 1883)**
A species from the Indian Ocean and western Pacific that attains a width of about a metere (with a length of about 2 metres, including tail), and thus, like most of its genus, is out of the question for hobby aquaria. This ray is said to be dark violet-brown, often with numerous little white spots. A white tip to the tail is supposedly typical (DEBELIUS & KUITER, 1994). It is common in the mangrove zone, but it is to date unknown how far it penetrates upstream into fresh water.

***Himantura imbricata* (BLOCH & SCHNEIDER, 1801)**
A species originally described from the Coromandel coast of India, with an ultimate disc width of about 20 cm. Widespread along the coasts of the Indo-Pacific region. It remains to be clarified whether this characteristic species of brackish water also forms freshwater populations (RAINBOTH, 1996). In the event that this relatively small species is imported then maintenance in brackish water is strongly recommended. The same applies to *H. walga* currently regarded as a synonym of this species, in the event that this form proves to be a separate species.

***Himantura jenkinsii* (ANNANDALE, 1909)**
This species seems to be largely restricted to the Andaman Sea, sometimes reaching Malaysia and Thailand. It grows to about a metre wide and two long. The body is olive-coloured, with a narrow blue-white edging to the body disc. These creatures seem to be sociable, at least some of the time. No records from fresh water to date.

***Himantura krempfi* (CHABANAUD, 1923)**
A very pretty, rather small (about 35 cm across) species, described from Phnom Penh, Cambodia, but widely distributed in the southeast Asia region. Although this species often occurs in fresh water in the interior, when purchasing it ask for exact details of where it was caught, as it is also frequently found in river estuaries.

***Himantura laosensis* (ROBERTS & KARNASUTA, 1987)**
A medium-sized freshwater ray (about 50 cm across) from the Mekong River in Chiang Kham District, Chieng Rai Province, Thailand, the recentness of whose scientific description clearly indicates how little we really know about stingrays. Unfortunately the species grows too large for normal aquaria, though it should be possible to keep them in an aquarium with a bottom area of 6 square metres. Unfortunately it is not possible at present to give exact details of its distribution, because it is frequently confused with other species.

***Himantura marginata* (BLYTH, 1860)**
A potentially very large species from the Hooghly River (Bengal, India) - disc width can be as much as 1.8 metres! Little is known about this fish. Its colour is said to be uniform grey on the dorsal surface, and whitish on the underside with a dark edge to the disk which does not, however, extend onto the head. This description exactly matches that of *H. chaophraya*, and *H. marginata* was not taken into consideration by the first describers of that species. It is also possible that *H. marginata* might be identical with the mysterious *H. fluviatilis*. The basic data given by TALWAR & JHINGRAN (1991) add to the confusion - according to them this species is very common along the entire coast of India, but is found regularly in fresh water only in the Hooghly; and attains a disc width of just 34 cm. As with almost all Asian freshwater stingrays the verdict is, unfortunately, "nothing specific known".

***Himantura microps* (ANNANDALE, 1908)**
This is an immense marine ray, which can ultimately span 220 cm. Its coloration is uniform yellowish-white, with only the upper

Spannweite erreichenden Seewasserrochen. Die Färbung ist einheitlich gelblich-weiß, lediglich die Schwanzoberseite ist etwas grau gefärbt und wird nach unten hin dunkler. Die Gattungszugehörigkeit ist nicht ganz gesichert, weil die Unterseite des Schwanzes einen ganz feinen Flossensaum aufweisen soll (ANNANDALE, 1909).

***Himantura oxyrhynchus* (SAUVAGE, 1878)**

Diese aus Saigon, Vietnam, beschriebene Süßwasserart wird oft als Synonym zu *H. uarnak* gesehen (KOTTELAT, 1984), doch behandeln zahlreiche Autoren den Fisch auch als eigenständige Art, die lediglich 35 cm Scheibenbreite erreichen soll und vornehmlich im Süßwasser lebt.

***Himantura pacifica* (BEEBE & TEE-VAN, 1941)**

Diese Art wurde anhand eines Pärchens, das im flachen Wasser bei Port Parker an der pazifischen Seite von Costa Rica harpuniert wurde, beschrieben. Die Gesamtlänge (inkl. Schwanz) betrug 1,5 m (Männchen) und 1,2 m (Weibchen). Die Färbung war einheitlich braun auf der Körperoberseite und weiß am Bauch, wobei die Bauchseite eine breite dunkle Begrenzung hatte. Die Erstbeschreiber erwähnen, daß sich der Präparator den Stachel des Männchens versehentlich in die Hand rammte und über dem Schmerz fast verrückt wurde. Die Wunde wurde mit heißem Wasser und „Epsom Salz" (Magnesiumsulfat) behandelt und nach 24 Stunden waren der Schmerz und die Schwellung fast vollständig verschwunden.

***Himantura schmardae* (WERNER, 1904)**

Diese Art wurde ursprünglich von der Küste von Jamaika beschrieben, es gibt jedoch auch Funde aus Surinam (BOESEMAN, 1948) vom Coppenam Point. Die Gesamtverbreitung der Art umfaßt die pazifische Seite von Panama, Jamaika, Nord- und Südküste von Kuba und den Golf von Campeche, Mexiko. FOWLER (1931) schließlich belegt die Art für den Vessignyi River bei Brighton auf Trinidad. Somit scheint die Art sich entlang der Küste nicht zu scheuen, zumindest bis in stark ausgesüßtes Brackwasser vorzudringen. FERNANDEZ-YEPEZ & ESPINOSA (1970) belegen die Art für das Süßwasser in Venezuela. Es scheint sich um eine relativ große Art zu handeln. BOESEMANS größte Tiere wiesen zwar nur etwa 60–70 cm Gesamtlänge (also mit Schwanz) auf, waren aber wohl noch nicht vollständig geschlechtsreif. Das größte bekannte Weibchen wurde von Kuba gemeldet Es hatte eine Spannweite von 120 cm (BIGELOW & SCHROEDER, 1953).

***Himantura signifer* COMPAGNO & ROBERTS, 1982**

Dieser etwa 40 cm Breite erreichende, erst in jüngster Zeit beschriebene Rochen, kommt von Borneo, Malaysia und Thailand. Aus Thailand erreichten uns auch schon sporadisch Importe der an ihrem breiten hellen Körpersaum recht gut erkennbaren Tiere. Die Tiere gehen ins reine Süßwasser, doch kommen Importe meist aus Brackwassergebieten, weshalb ein Seesalzzusatz dringend empfohlen wird. Ich persönlich (FS) erhielt aus Kambodscha ein Pärchen, das leider schon nach einer Woche starb. Vermutlich war das aber mein Fehler (das Becken war sehr frisch), denn ein zweites Pärchen des gleichen Imports gewöhnte sich bei Aquarium Glaser sehr gut ein und lebt nun (bei Niederschrift des Manuskriptes) seit 3 Monaten in Gefangenschaft. Die Pflege erfolgt in reinem Süßwasser. Mein Männchen war angesichts seiner großen Clasper bereits geschlechtseif, die Größe lag bei etwa 20 cm Breite. Die eingewöhnten Tiere fressen bevorzugt lebende Futterfische (Moderlieschen, *Leucaspius delineatus*).

***Himantura toshi* WHITLEY, 1939**

Dieses Taxon war vom Beschreiber gar nicht als neue Art gedacht, sondern als Ersatzname für uarnak von FORSSKÅL, den er für nichtbinominal gemäß den Nomenklaturregeln erachtete. Es handelt sich jedenfalls um die gleiche Art, die nachfolgend etwas genauer beschrieben wird. WHITLEYS Exemplar stammte aus dem Clarence River Ästuar, New South Wales, Australien.

surface of the tail rather grey and becoming darker below. Its placement in this genus is not entirely certain, as the underside of the tail is said to exhibit a very narrow band of fin (ANNANDALE, 1908).

***Himantura oxyrhynchus* (SAUVAGE, 1878)**

This freshwater species, described from Saigon (now Ho Chi Minh City), Vietnam, is often regarded as a synonym of *H. uarnak* (KOTTELAT, 1984), but numerous authors regard it as a distinct species. It attains a disc width of only 35 cm and has a preference for fresh water.

***Himantura pacifica* (BEEBE & TEE-VAN, 1941)**

This species was described on the basis of a pair harpooned in shallow water near Port Parker on the Pacific coast of Costa Rica. Total length (including tail) measured 1.5 metres (male) and 1.2 metres (female). The coloration was uniform brown on the dorsal surface of the body and white with a broad dark edging on the underside. The authors mention that their assistant accidentally stabbed his hand on the spine of the male and practically went out of his mind with the pain. The wound was treated with hot water and Epsom Salts (magnesium sulphate), and after 24 hours the pain and swelling had almost completely disappeared.

***Himantura schmardae* (WERNER, 1904)**

This species was originally described from the coast of Jamaica, but has also been found at Coppenam Point in Surinam (BOESEMAN, 1948). Its overall range includes the Pacific coast of Panama, Jamaica, the northern and southern coasts of Cuba, and the Gulf of Campeche, Mexico. FOWLER (1931) reports it from the Vessignyi River near Brighton, Trinidad, so it would appear that in its travels along the coast it is not afraid to penetrate into water that is, if not fresh, at least very dilute brackish. FERNANDEZ-YEPEZ & ESPINOSA (1970) report the species from fresh water in Venezuela. It appears to be a relatively large species - although BOESEMAN'S largest specimens had a total length (with tail) of only 60-70 cm, they were not fully mature. The largest known female, from Cuba, spanned 120 cm (BIGELOW & SCHROEDER, 1953).

***Himantura signifer* COMPAGNO & ROBERTS, 1982**

This only recently described ray, which attains a width of about 40 cm, comes from Borneo, Malaysia, and Thailand, and is easily recognisable by its broad light body edging. Sporadic imports are already reaching us from Thailand. These fishes enter completely fresh water, but the imports are mainly from brackish water, for which reason the addition of marine salt is strongly recommended. One of us (FS) received a pair from Cambodia but unfortunately they died after only a week. This may, however, have been aquarist error (the tank was very recently set up), as a second pair from the same importation have settled in very well at Aquarium Glaser and, at the time of writing, have survived for a good three months in captivity. They are now being kept in completely fresh water. The author's 20 cm wide male was, judging by its large claspers, already sexually mature. The preferred food of the acclimatised specimens is live fish (moderlieschen (*Leucaspius delineatus*) are being used).

***Himantura toshi* WHITLEY, 1939**

WHITLEY described this taxon not as a new species, but as a replacement name for the uarnak of FORSSKÅL, which he regarded as not conforming to the nomenclatural rules regarding binomial names. It is thus the same species as is described in somewhat greater detail below. WHITLEY'S specimens originated from the Clarence River estuary, New South Wales, Australia.

***Himantura uarnak* (FORSSKÅL, 1775)**

Like the following species, this ray, which is widely distributed

Himantura uarnak **(FORSSKÅL, 1775)**
Der im gesamten Indopazifik weitverbreitete Rochen gehört wie der nachfolgende zu einer Gruppe leopardartig gefleckter Rochen, die äußerlich nur schwer zu unterscheiden sind. Er wird bis zu 1,5 m breit und 4,5 m lang. Die äußerst attraktiven Jungtiere dringen regelmäßig weit in Flußmündungen vor, doch muß man sich immer die mögliche Endgröße vor Augen führen und dann fragen, ob man ihre Pflege wirklich verantworten kann. Die Art ist übrigens aus dem Roten Meer durch den Suez-Kanal ins Mittelmeer eingewandert und verbreitet sich dort gegenwärtig. Es gibt verschiedene Farbvarianten, die auch gemeinsam vorkommen und oft mit eigenen wissenschaftlichen Namen belegt wurden. Es ist an dieser Stelle aber nicht möglich, eine gesicherte Synonymliste zu erstellen, weil Verwechslungen mit *H. gerrardi, H. undulata, H. favus, H. oxyrhynchus* und *H. krempfi* nicht ausgeschlossen werden können.

Himantura undulata **(BLEEKER, 1852)**
Diese, der vorigen sehr ähnliche Art kommt aus dem tropischen Westpazifik und dem östlichen Indopazifik. Für Größe und Pflege gilt das bei *H. uarnak* Gesagte.

Viele dieser Arten werden sehr groß, weshalb sie nur für wirklich große Aquarien geeignet sind. In der Pflege unterscheiden sie sich nicht von den (zweifellos eng mit ihnen verwandten) Süßwasserrochen der Familie Potamotrygonidae, weshalb wir hier auf das entsprechende AQUALOG***special*** über diese Fische verweisen. Eine Checkliste für die Familie Dasyatidae wurde nicht erstellt, weil der größte Teil der marinen Arten für dieses Buch nicht recherchiert wurde.

across the entire Indo-Pacific, belongs to a group with leopard-like spots, whose members are difficult to differentiate on the basis of external characters. It grows to about 1.5 metres wide and 4.5 metres long. The extremely attractive juveniles regularly enter river estuaries, but their potential size must always be kept in mind and it is questionable whether keeping them in captivity is responsible. The species has migrated from the Red Sea through the Suez Canal to the Mediterranean, where it is now expanding its range. There are various colour variants which sometimes occur together; some of these have been given their own scientific names. It is not possible to provide a definitive list of synonyms here, as confusion with *H. gerrardi, H. undulata, H. favus, H. oxyrhynchus*, and *H. krempfi* cannot be ruled out.

Himantura undulata **(BLEEKER, 1852)**
This species, which is very similar to the preceding one, comes from the tropical western Pacific and eastern Indo-Pacific region. Size and maintenance considerations as for *H. uarnak*.

Many of these species grow to a very large size, and hence are suited only to very large aquaria. Except for their different water chemistry requirements, their maintenance does not differ from that of the freshwater rays of the family Potamotrygonidae (to which they are undoubtedly closely related), and the AQUALOG***special*** on these fishes is recommended as reference material on this subject. A checklist of the family Dasyatidae has not been provided, as the majority of the marine species were not researched for this book.

Die Schmetterlingsrochen – Gymnuridae
The Butterfly Rays – Gymnuridae

Diese Fische sind nur sehr wenig bekannt und sie scheinen auch nicht häufig aufzutreten. Manche Arten, es gibt etwa 17, besitzen ebenfalls einen Giftstachel. Echte Süßwasserarten fehlen. In der Sekundärliteratur (z.B. WHEELER, 1977) werden die Fische als Bewohner tropischer und gemäßigt warmer Küstengewässer beschrieben, die gerne in Flußmündungen oder Gezeitenmündungen vordringen. Man erkennt die Arten dieser Familie ganz gut daran, daß ihre Körperscheibe viel breiter als lang ist und nur einen sehr kurzen Schwanz besitzt. Da die Arten wirtschaftlich nur wenig genutzt werden und Taucher, sonst die verläßlichste Quelle über solche Tiere, kaum einmal in den Brackwassergebieten der Flußmündungen tauchen, ist die Datenlage über das Auftreten von Schmetterlingsrochen in Brack- oder sogar Süßwasser sehr dürftig. Jedoch schreiben BIGELOW & SCHROEDER (1953) über *Gymnura micrura*, daß die Art sehr häufig im Brackwasser in Französisch-Guyana und Florida (Indian River) auftritt, weshalb diese Art hier etwas näher vorgestellt werden soll.

Gymnura micrura **(BLOCH & SCHNEIDER, 1801)**
Diese mittelgroße Art (Scheibenbreite bis etwa 90 cm, geschlechtsreif ab etwa 40 cm) ist auf Sandböden angewiesen. Sie kommt in flachen Küstenregionen des gesamten westlichen Nord-Atlantiks vor: von Brasilien bis zur Chesapeake Bay, nordwärts bis New York und zum südlichen Neu-England (Woods Hole); der Fund eines Schmetterlingsrochens von West-Afrika bezieht sich wahrscheinlich auf eine andere Art. Auch im Pazifik kommen eng verwandte Formen vor. *G. micrura* besitzt keinen Giftstachel. Die Breite der Tiere bei der Geburt schwankt zwischen 15 und 23 cm (6 und 9 inches). Der Magen von Tieren aus Beaufort, Nord-Carolina und Woods Hole,

These fishes are very little known and also appear to be only rarely encountered. Some species - there are about 17 in all - have a poison spine. There are no true freshwater species. In the secondary literature (e.g. WHEELER, 1977) these fishes are described as inhabitants of tropical and relatively warm coastal waters, which like to enter river estuaries and other tidal zones. The species of this genus can easily be recognised by the fact that the body disc is much wider than long and the tail very short. Because the species are of little economic importance, and divers, otherwise the most reliable source of information on such creatures, rarely venture into the brackish water zones of river estuaries, there is an extreme shortage of data on the incidence of butterfly rays in brackish, or even fresh, water. Nevertheless BIGELOW & SCHROEDER (1953) state that *Gymnura micrura* is very common in brackish water in French Guiana and Florida (Indian River), and for this reason this species is considered here in somewhat greater detail.

Gymnura micrura **(BLOCH & SCHNEIDER, 1801)**
This medium-sized species (disc width about 90 cm, but sexually mature from about 40 cm) is found over sandy substrates in shallow coastal waters across the entire western North Atlantic, from Brazil to Chesapeake Bay, northwards to New York and southern New England (Woods Hole). A butterfly ray found in West Africa was probably a different species, and there are also closely related forms in the Pacific. *G. micrura* does not possess a poison spine. Its width at birth varies from 15 to 23 cm (6 to 9 inches). Stomach contents of specimens from Beaufort, North Carolina, and Woods Hole, Massachusetts, included the remains of small fishes,

Massachusetts enthielt Reste von kleinen Fischen, Krabben, Garnelen, Muscheln und selbst kleine Hüpferlinge (Copepoden). Die Tiere scheinen demzufolge nicht sehr spezialisiert zu sein, was die Ernährung angeht. Über eine Pflege dieser Tiere in der Gefangenschaft ist uns nichts bekannt.

crabs, shrimps, mussels, and also small copepods, so these creatures do not appear to be very specialised as regards diet. No information could be found on the maintenance of these fishes in captivity.

Die Adlerrochen – Myliobatidae

The Eagle Rays – Myliobatidae

Ebenfalls mit Giftstachel ausgestattete Arten, die im Gegensatz zu den meisten Rochen eine freischwimmende Lebensweise haben, aber dennoch häufig beschalte Bodentiere fressen. Obwohl viele Arten sehr attraktiv sind, sind sie daher kaum im Aquarium zu halten. Zu dieser Gruppe gehören die Mantas, die größten Rochen der Erde mit über 6 m Spannweite. Die Angaben über das Auftreten dieser Fische in Flußmündungen sind äußerst spärlich, doch sollen die bekannten Berichte hier wiedergegeben werden.

***Myliobatis* CUVIER, 1817**
Diese Gattung enthält die Adlerrochen, die auch in europäischen Meeren vorkommen. Sieben Arten werden derzeit von den meisten Wissenschaftlern anerkannt. Eine davon ist verschiedentlich aus dem Brack- und Süßwasser gemeldet worden:

***Myliobatis goodei* GARMAN, 1885**
Ein Adlerrochen, der eine Spannweite von etwa 1 m erreicht, jedenfalls war das größte bislang bekannte Tier so groß (BIGELOW & SCHROEDER, 1953). Nach den genannten Autoren gehen wahrscheinlich alle *Myliobatis*-Funde aus dem Süß- bzw. Brackwasser, die vorher *M. aquila* zugeschrieben wurden, auf diese Art zurück. Der Rochen ist einheitlich dunkelbraun gefärbt. Reines Süßwasser scheint von der Art nicht aufgesucht zu werden, doch gibt es Belege aus dem unteren Rio de la Plata, dem unteren Rio Parana und aus Lagunen in Nord-Argentinien. Die Verbreitung der Adlerrochen ist nur unzureichend bekannt doch scheint die Art von Nord-Argentinien im Süden bis Süd-Carolina im Norden im westlichen Atlantik vorzukommen. Das Schwimmverhalten der herrlichen Tiere erinnert tatsächlich eher an einen Vogelflug, als an das Schwimmen eines Fisches. Hinzu kommt noch, daß alle Adlerrochen gelegentlich aus dem Wasser springen. Im Aquarium gehaltene Tiere sollen regelmäßig grunzende Töne von sich geben, wenn sie herausgefangen werden. Die Tiere setzen, wenn sie an der Angel sind, durchaus ihren Giftstachel ein, im Umgang mit ihnen ist also Vorsicht geboten. Daß ihre Haltung im Aquarium nur schwer gelingt, liegt eigentlich aufgrund ihrer Lebensweise auf der Hand. Sehr große Arena-Aquarien sind für die dauerhafte Pflege unumgänglich. Gefressen werden allerlei Muscheln und Krebse. Besonders gern fressen sie Austern, was die Rochen bei den Austernzüchtern allerdings sehr unbeliebt macht.

***Aetobatus* BLAINVILLE, 1816**
Aus dieser Gattung sind nur zwei Arten wissenschaftlich anerkannt, die sich in erster Linie durch ihre Körperfärbung unterscheiden. Beide sind in den tropischen und subtropischen Meeren der ganzen Welt anzutreffen und dringen nach TALWAR & JHINGRAN (1991) oft in das Brackwasser der Flußmündungen und in große Lagunen entlang der indischen Küste (z.B. Chilka Lake in Orissa) vor. Es gibt aber auch Berichte für dieses Fische aus dem Brackwasser des Senegal-Flußes und aus North Carolina (BIGELOW & SCHROEDER, 1953). Es sind große Fische mit einer Spannweite von bis zu 3 m (meist um 2 m) und einem sehr langen Schwanz. Sie sind gewandte Schwimmer, die ihre Nahrung (Bodentiere aller Art, doch

Another family of rays with a poison spine, but which in contrast to the majority of rays enjoy a free-swimming lifestyle, nevertheless often feeding on bottom-dwelling molluscs and crustaceans. Although many species are very attractive, their size and habits do not suit them to the aquarium. The group includes the mantas, the largest of all the rays, which have a "wingspan" of more than 6 metres. Data on the occurrence of eagle rays in river estuaries are very sparse, but the known reports are nevertheless cited here.

***Myliobatis* CUVIER, 1817**
The eagle ray genus, also encountered in European seas. At present most scientists recognise seven species, one of which has been occasionally reported from fresh and brackish water.

***Myliobatis goodei* GARMAN, 1885**
An eagle ray that attains a wingspan of about a metre - at least, the largest known specimen to date was that size according to BIGELOW & SCHROEDER, 1953, who are also of the opinion that all reports of *Myliobatis* in fresh and brackish water, previously attributed to *M. aquila*, were probably actually this species. This ray is uniform dark brown in colour. It does not appear to favour fresh water, although there are records from the lower Rio de la Plata, the lower Rio Parana, and coastal lagoons in northern Argentina. The distribution patterns of eagle rays are little known, but this species appears to be found in the western Atlantic, from northern Argentina in the south to North Carolina in the north. The swimming behaviour of these splendid creatures is really more like the flight of a bird than the swimming of a fish. In addition all eagle rays are known occasionally to leap from the water. Individuals kept in the aquarium are said regularly to emit grunting sounds when they are netted out. When caught on rod and line they are not slow to use their poison spine, so must be treated with respect when handled. The fact that they are not easy to keep in an aquarium relates to their natural lifestyle. Very large "arena" aquaria are indispensable. They will eat all sorts of bivalve shellfish and crustaceans, and are particularly fond of oysters, which makes them very unpopular with oyster farmers!

***Aetobatus* BLAINVILLE, 1816**
Only two species of this genus are known to science; they are differentiated mainly on the basis of their body colour. Both are encountered in tropical and subtropical seas worldwide, and, according to TALWAR & JHINGRAN (1991), often enter the brackish water of estuaries and large lagoons (e.g. Chilka Lake in Orissa) all long the Indian coast. There are also reports of these fishes from the brackish water zone of the River Senegal and from North Carolina (BIGELOW & SCHROEDER, 1953). They are large fishes with a span of up to 3 metres (usually about 2) and a very long tail. They are accomplished swimmers which, however, do not hunt in open water but feed from the bottom on bottom dwellers of all kinds, but with a preference for mussels and oysters, which makes them extremely unpopular with people living along the coast. The size of new-born juveniles appears to be very variable, between 17 and 36

bevorzugt Muscheln und Austern, was sie bei den Küstenbewohnern äußerst unbeliebt macht) jedoch nicht im freien Wasser jagen, sondern aus dem Boden herauswühlen. Die Größe der Jungtiere scheint stark zu variieren und liegt zwischen 17 und 36 cm Spannweite (BIGELOW & SCHROEDER, 1953).

Die Arten sind wie folgt zu unterscheiden:

1. Rücken dunkel mit hellen Flecken; Haut ziemlich glatt .... ***Aetobatus narinari*** **(EUPHRASEN, 1790)**
 – Rücken einfarbig, ohne Flecken; Haut im Bereich des Kopfes, des Rückens und des Schwanzes mit Dornen .... ***Aetobatus flagellum*** **(BLOCH & SCHNEIDER, 1801)**

Aetomylaeus **GARMAN, 1908**
Von den vier Arten der Gattung wird eine bei TALWAR & JHINGRAN (1991) für den Unterlauf des Ganges und Chilka Lake in Orissa angegeben:

Aetomylaeus nichofii **(BLOCH & SCHNEIDER, 1801)**
Die Art ist über weite Teile des Indopazifik verbreitet und an ihrer einzigartigen Färbung, dunkelbraun mit blaugrauen Längsbändern, leicht zu erkennen. Leider soll die Färbung im Alter verblassen. Die Art besitzt einen Giftstachel. Die Spannweite beträgt bis zu 60 cm. Es ist nicht bekannt, ob ihre Lebensweise von der anderer Adlerrochen abweicht. Die Schreibweise des Artnamens ist übrigens nicht ganz abgesichert, weil BLOCH & SCHNEIDER zwar die Schreibweise nichofii im Text verwendeten, jedoch im Korrekturteil des Buches diese Schreibweise in niehofii korrigierten. Es kann an dieser Stelle nicht entschieden werden, welche der beiden Schreibweisen Gültigkeit hat, wir haben uns für die in der Sekundärliteratur meistverwendete entschieden.

Rhinoptera **CUVIER, 1829**
Diese Gattung ist weltweit verbreitet und derzeit ist die einzige Möglichkeit, ihre 9 Arten zu unterscheiden, die Anzahl ihrer Zahnreihen und die Form der Zähne. Die Kuhnasenrochen besitzen einen Giftstachel. Jeweils eine Art des West-Atlantik und eine des Indopazifik wurden für das Brackwasser gemeldet:

Rhinoptera bonasus **(MITCHILL, 1815)**
Dieser etwa 210 cm Breite erreichende Rochen schwimmt gerne in Schulen. Die Geschlechtsreife setzt bei Spannweiten um 80 cm ein. Die Art ist im westlichen Atlantik vom Süden Neu-Englands bis etwa zur Mitte Brasiliens verbreitet, im östlichen vor allem vor Afrikas Küsten (Mauretanien-Guinea). Brackwasser scheint er nicht zu scheuen (http://www.geocities.com/CapeCanaveral/5826), doch handelt es sich um eine primär die Küste bewohnende Art. Im Monterey Bay Aquarium wurde die Art 1,5 Jahre erfolgreich gehalten (in Seewasser, versteht sich). Bei der Geburt haben die Tiere eine Spannweite um die 40 cm. Im Gegensatz zur nachfolgenden Art scheint dieser Kuhnasenrochen bevorzugt hartschalige Nahrung zu sich zu nehmen, wie Muscheln und Krebstiere (BIGELOW & SCHROEDER, 1953), was der Ernährungsweise der Adlerrochen entspricht.

Rhinoptera javanica **MÜLLER & HENLE, 1841**
Diese Art wird etwa 150 cm breit und ist dafür bekannt, gerne den Mangrovebereich aufzusuchen. Sie ist im südlichen Indischen Ozean verbreitet Oft wird sie in großen Schulen beobachtet Erstaunlicherweise soll je Weibchen immer nur ein Jungtier geboren werden. Als Nahrung dienen kleinere Fische und Tintenfische, die aktiv erjagt werden (DEBELIUS & KUITER, 1994).

cm across (BIGELOW & SCHROEDER, 1953).

Key to the species:

1. Dorsum dark with light spots; skin rather smooth .... ***Aetobatus narinari*** **(EUPHRASEN, 1790)**

2. Dorsum monochrome, without spots; Skin on the head, dorsum, and tail regions with spines .... ***Aetobatus flagellum*** **(BLOCH & SCHNEIDER, 1801)**

Aetomylaeus **Garman, 1908**
One of the four species in this genus is reported by TALWAR & JHINGRAN (1991) from the lower reaches of the Ganges and Chilka Lake in Orissa, India.

Aetomylaeus nichofii **(BLOCH & SCHNEIDER, 1801)**
This species is distributed over a large part of the Indo-Pacific and easily recognised by virtue of its unique coloration, dark brown with blue-green longitudinal banding. Unfortunately the colours fade with age. This species possesses a poison spine and its span measures up to 60 cm. It is not known whether its ecology differs from that of the other rays. The spelling of the specific name is also uncertain, as while BLOCH & SCHNEIDER use the form "nichofii" in the text, they correct this to "niehofii" in the errata section of the book . It has not been possible to establish which of the two spellings is actually correct, so that most commonly used in the secondary literature has been adopted here.

Rhinoptera **CUVIER, 1829**
This genus has a worldwide distribution. At present the only method of differentiating its nine species is by the number of rows of teeth and the form of the latter. These rays have a poison spine. One species is sometimes reported from brackish water in the west Atlantic and Indo-Pacific regions:

Rhinoptera bonasus **(MITCHILL, 1815)**
This ray, which attains a width of about 210 cm, likes to swim in schools. Sexual maturity is attained at a span of about 80 cm. The species is found in the western Atlantic from southern New England to the central Brazilian coast, and in the eastern Atlantic mainly off the coast of Africa (Mauretania-Guinea). It is primarily coastal, but seems not to shun brackish water (http://www.geocities.com/CapeCanaveral/5826). It has been kept successfully in the Monterey Bay Aquarium (apparently in sea water) for a year and a half. At birth these rays have a span of about 40 cm. By contrast with the following species it seems to prefer hard-shelled prey such as bivalves and crustaceans (BIGELOW & SCHROEDER, 1953), which is reminiscent of the *Myliobatis* species' diet.

Rhinoptera javanica **MÜLLER & HENLE, 1841**
This species attains a width of about 150 cm and is noted for visiting mangrove zones. Its distribution is the southern Indian Ocean, where it is often seen in large schools. Surprisingly females are said to produce only one juvenile at at time. The diet consists of small fishes and cephalopods, which are actively pursued (DEBELIUS & KUITER, 1994).

Die Rundstechrochen – Urolophidae
The Stingarees – Urolophidae

Die Rundstechrochen besitzen ebenfalls einen Giftstachel. Sie sind auf die Küstengebiete der warmen Regionen beschränkt. Für die Seewasser-Aquaristik werden hin und wieder einige Arten angeboten, die meist zu den kleinerbleibenden Mitgliedern der Familie gehören. Merkwürdigerweise gibt es keine Belege aus dem Süßwasser, obwohl diese Rochen (man erkennt sie leicht daran, daß sie im Gegensatz zu den Stechrochen (Dasyatidae) eine Schwanzflosse haben) wahrscheinlich zu den engsten Verwandten der Südamerikanischen Süßwasserstechrochen gehören.

The stingarees are restricted to warm coastal regions worldwide, and possess a poison spine. A number of species are now and then imported for the marine aquarium hobby, and these are usually the smaller members of the family. Surprisingly there have been no reports from fresh water, even though they are probably the closest relatives of the South American freshwater stingrays. They can easily be differentiated from the true stingrays (Dasyatidae), as, unlike the latter, they have a caudal fin.

Die Südamerikanischen Süßwasserstechrochen – Potamotrygonidae
The South American Freshwater Stingrays – Potamotrygonidae

Diese Familie enthält ausschließlich in reinem Süßwasser lebende Arten und ist auf das tropische Südamerika beschränkt. Zu den Besonderheiten der Arten in dieser Familie gehört die ungeheure Variabilität der Zeichnung. Jedes einzelne Tier ist individuell gezeichnet, gemustert und gefärbt. Aus Aquariennachzuchten weiß man, daß dieses individuelle Zeichnungsmuster lebenslang erhalten bleibt. Für die Systematik der Rochen wirft das selbstverständlich Probleme auf. Viele Arten wurden anhand einzelner oder weniger Exemplare wissenschaftlich beschrieben, bei vielen Arten wurde als einziges Unterscheidungmerkmal zu anderen Arten die Färbung angegeben. Erschwerend kommt noch hinzu, daß die Rochen als große Fische nur schwer zu konservieren sind. Oft sind die Präparate unvollständig, wichtige taxonomische Merkmale schlicht nicht vorhanden.

Im Jahre 1985 verfaßte der Ichthyologe Ricardo de Souza Rosa seine Doktorarbeit zu dem Thema „A Systematic Revision of the South American Freshwater Stingrays (Chondrichthyes: Potamotrygonidae)“ (= Eine systematische Revision der Süßwasser-Stechrochen Südamerikas). Diese Doktorarbeit gilt, im wissenschaftlichen Sinne, als nicht publiziert und somit als „nicht verfügbar“ nach den geltenden Nomenklaturregeln. Die Arbeit wurde auch niemals „richtig“ publiziert. Sie ist jedoch die einzige, einigermaße aktuelle Übersichtsarbeit zu dieser wissenschaftlich hochkomplizierten Gruppe von Fischen und dient daher als Grundlage dieses AQUALOGs.

Rosa untersuchte sämtliches Typenmaterial nach und kam dabei zu interessanten Schlüssen. Wir konnten ihm dennoch nicht in allen Punkten folgen. Leider sind die Reproduktionen der Fotos der Typen in seiner Arbeit miserabel. In vielen Fällen kann man gar nichts erkennen. Dort wo aber die Abbildungen erkennbar waren, waren sie eine wichtige Entscheidungshilfe und wurden in die Bewertung mit einbezogen.

Weitere Kriterien für die hier vorgenommenen Artbestimmungen waren die Originalbeschreibungen der einzelnen Arten (sofern sie verfügbar waren) und unsere subjektive Einschätzung bezüglich der Veränderlichkeiten innerhalb einer Art aufgrund unserer Beobachtungen an den meistimportierten Arten von Süßwasserstechrochen. Es muß jedoch ganz klar gesagt werden, daß es mehr als wahrscheinlich ist, daß einige Artbestimmungen und -zuwei-

The members of this family live exclusively in fresh water and are restricted to South America. One of the peculiarities of the species that make up this family is the immense variability of their markings. Each individual fish is uniquely coloured and patterned. From aquarium-bred specimens it is known that the individual pattern is retained life-long. Obviously all this presents problems as regards the systematics of these rays. Many species were scientifically described from single specimens or just a few individuals, and in many cases the only character cited to differentiate them from other species was the coloration. The situation is made worse by the fact that rays, being large fishes, are not easy to preserve. Often the preserved specimens are incomplete and important texonomic characters completely missing.

In 1985 the ichthyologist Ricardo de Souza Rosa attained his doctorate on the topic "A Systematic Revision of the South Americn Freshwater Stingrays (Chondrichthys: Potamotrygonidae)". This thesis is, taxonomically speaking, "unpublished" and because it was never "properly" published its contents are "inadmissible" under the rules governing taxonomy. It is, however, the only halfway recent overview of this scientifically-speaking highly complex group of fishes, and therefore has been used as the basis of this AQUALOG.

Rosa investigated all the existing type material and thereby came to some interesting conclusions, although some of the points he makes are difficult to follow. Unfortunately, in the available photocopy of his work the photos of the types are very unclear, and in some cases no detail can be seen. But where they are clear they are an important aid to differentiation and have been used in the preparation of the current evaluation.

Additional criteria used here for species identification include the original descriptions of the individual species (where available), and subjective evaluation of the variation within a species on the basis of observation of the most commonly imported species of freshwater stingrays. But it must be clearly stated that it is more than probable that some of the species identifications and attributions given here are incorrect. Only a comprehensive revision of the group can provide definitive answers. Until then the most important characters for species determination must be taken to be :

sungen, die wir vorgenommen haben, falsch sind. Nur eine umfassende Revision der Gruppe kann viele Fragen endgültig klären. Als bis dahin wichtigste Kriterien zur Artunterscheidung müssen angenommen werden:

- Grundmuster der Körperoberseite (nicht sehr bedeutsam, weil hochvariabel);
- Zeichnung des Schwanzes, und zwar sowohl seitlich, als auch in Aufsicht (oft sehr hilfreich und weit weniger variabel, als die der Körperoberseite);
- Art der Bedornung der Schwanzoberseite vor dem Giftstachel (sehr wichtig!);
- Art der Ausprägung des Schwanzes und der Schwanzflosse hinter dem Giftstachel (sehr wichtig!);
- Größe und Position der Augen (wichtig, aber altersabhängig variabel);

Von den derzeit 36 mit den Potamotrygonidae in Verbindung zu bringenden wissenschaftlichen Artnamen sind 4 derzeit nicht zu beurteilen, 2 nomina nuda (also Namen ohne verwertbare Merkmalsbeschreibung und somit nicht anwendbar), 7 Synonyme (fide Rosa, 1985) und 1 Emendation (eine ungerechtfertigte Abänderung der ursprünglichen Schreibweise). Somit bleiben 22 Arten übrig, zu denen noch eine ganz sicher unbeschriebene Art kommt (nämlich der als China oder Coly ray bezeichnete Rochen) und 4 Arten der Gattung *Potamotrygon*, die sich nicht zuordnen ließen (*P.* sp. „Marmor", *P.* sp. „Orange", *P.* sp. „Chocolate", *P.* sp. „Pearl"). Zwei Arten aus dem *P.-motoro*-Formenkreis konnten zwar als vermutlich eigenständige Arten identifiziert werden, jedoch nicht mit Sicherheit einem Namen zugeordnet werden. Aus der Gattung *Potamotrygon* kommt noch eine Art, die *P. dumerilii* nahesteht, aber nicht sicher identifiziert werden konnte, hinzu. Schließlich gibt es aus der Gattung *Plesiotrygon* eine noch unbeschriebene Zwergart, die derzeit als „Blacktailed antenna ray" bezeichnet wird. So verwirrend diese Aufzählung auch erscheinen mag, sie ist notwendig, um die Gründe für die große Unsicherheit bei der Identifizierung der Arten zu erläutern. Mit dieser Unsicherheit lebt die Biologie nun schon seit langer Zeit und nahezu alle Identifizierungen von Süßwasser-Stechrochen in der Sekundär- und Tertiärliteratur sind falsch oder zumindest mit großen Fragezeichen zu versehen. Als wäre nicht alles schon schwierig genug, kommt noch hinzu, daß manche Arten (z. B. *P. motoro*) Lokalvarianten ausbilden und andere, weit verbreitete Arten auch noch miteinander hybridisieren. Leider befand sich unter dem mir vorliegenden Material kein Bild, das sich sicher mit den Arten *P. magdalenae* (obwohl aus Kolumbien regelmäßig Rochen für die Aquaristik exportiert werden) und *P. schuemacheri* (bisher nur vom Holotyp her bekannt) identifizieren ließ. Es ist jedoch möglich, daß sich unter den in diesem Buch als *P. signata* bezeichneten Tieren Exemplare der erstgenannten und unter den als *P. castexi* bezeichneten Morphen mit einem netzartigen Muster auf dem Rücken Exemplare der letztgenannten Art befinden.

Schlüssel zu den Gattungen:

1. Augen groß und deutlich vorstehend; Schwanz oberseits mit einem Flossensaum .... ***Potamotrygon* Garman, 1877**
– Augen klein, nur wenig über die Körperoberfläche erhaben. Schwanz oberseits immer ohne Flossensaum **2**

2. Körperscheibe an der Vorderkante eingebuchtet; Spritzlöcher mit einem Randtentakel .... ***Paratrygon* Duméril, 1865**
– Schnauze gewinkelt; Spritzlöcher ohne Randtentakel .... ***Plesiotrygon* Rosa, Castello & Thorson, 1987**
– Körperscheibe vorne glatt gerundet; Spritzlöcher ohne Randtentakel (sowohl die Gattung wie auch die Art(en) sind bislang wissenschaftlich unbeschrieben)........... **Potamotrygonidae gen. sp.**

***Potamotrygon* Garman, 1877**

Ein Schlüssel zu den Arten ist wegen der Komplexität der zu der

- Basic pattern of the dorsal body surface (not very significant, as highly variable);
- The markings on the tail - in lateral as well as dorsal view (often very helpful and less variable than the dorsal body surface);
- Form of the spines on the upper surface of the tail anterior to the poison spine (very important!);
- Form of the tail and caudal fin posterior to the poison spine (likewise very important!);
- Size and position of the eyes (important, but varies according to age).

Of the 36 scientific species names currently associated with the Potamotrygonidae, 4 cannot at present be evaluated, 2 are *nomina nuda* (i.e. names without a proper description of characteristics, and hence unusable), 7 are synonyms (*fide* Rosa, 1985), and one is an emendation (an unjustified alteration of the original spelling). This leaves 22 species, to which must be added a species which is quite definitely undescribed (the so-called china ray or coly ray) and 4 species of the genus *Potamotrygon* which it has not been possible to assign (*P.* sp. "Marble", *P.* sp."Orange", *P.* sp."Chocolate", and *P.* sp."Pearl"). Two forms from the *P. motoro* group have also been identified as probably distinct species, but it has not been possible to assign them to any existing taxon. And in addition the genus *Potamotrygon* contains one more species, very similar to *P. dumerilii*, which it has not been possible to identify with certainty.

Finally, the genus *Plesiotrygon* includes an as yet scientifically undescribed dwarf species, which for the time being has been termed the "black-tailed antenna ray".

Confusing as the above enumeration may seem, it is necessary in order to explain the reasons for the great degree of uncertainty as regards the identificaton of the species. Science has lived with this uncertainty for a long time now, and practically all the identifications of freshwater stingrays in the secondary and tertiary literature are incorrect, or at least deserving of a large question mark. And as if this were not already problem enough, in addition some species (e.g. *P. motoro*) form local variants, while other widely distributed species interbreed. Unfortunately the material to hand does not include any illustration that might permit positive identification of the species *P. magdalenae* (even though rays are regularly imported from its native Colombia) and *P. schuemacheri* (to date known only from the holotype). But it is possible that some of the individuals labelled as *P. signata* in this book are actually the former species, while the specimens with a reticulated dorsal pattern herein designated morphs of *P. castexi* may turn out to be the latter.

Key to the genera:

1. Eyes large and clearly prominent; tail with a band of fin on its upper side ....***Potamotrygon* Garman, 1877**
- Eyes small, only slightly raised above the upper surface of the head; tail always without any band of fin on its upper side **2**

2. Anterior edge of body disc concave; spiracula with a "tentacle" ....***Paratrygon* Duméril, 1865**
- Snout pointed; spiracula without a "tentacle" ....***Plesiotrygon* Rosa, Castello & Thorson, 1987**
- Anterior edge of body disc smoothly rounded; spiracula without a "tentacle" ....**Potamotrygonidae gen. sp.** (undescribed genus to which belongs the also undescribed species known as the china or coly ray).

***Potamotrygon* Garman, 1877**

It is not practical or even useful to provide a key to the species here

Bestimmung notwendigen Merkmale nicht sinnvoll und würde unverhältnismäßig viel Platz fordern. Daher wird im folgenden versucht, die einzelnen Arten durch die Aufzählung der Merkmalskombinationen bestimmbar zu machen.

Potamotrygon brachyura (Günther, 1880)
Dieser selten eingeführte Rochen stammt aus dem Einzugsbereich des Paraguay und unteren Paraná (locus typicus: Buenos Aires). Er ist sehr leicht an der folgenden Merkmalskombination zu erkennen: kleine Augen; der Schwanz ist deutlich kürzer als die Körperscheibe. Die Art ist erstaunlich konstant in ihrem Erscheinungsbild. Alle bisher publizierten Abbildungen zeigen ein Tier mit einem bienenwabenähnlichen Zeichnungsmuster auf dem Rücken. *P. brumi* Devicenci & Teague, 1942 aus dem Rio Uruguay gilt als Synonym der Art. Die Endgröße liegt bei etwa 90 cm Scheibenbreite.

Potamotrygon castexi Castello & Yagolkowski, 1969
Eine ungeheuer variantenreiche Art, bei der das Farbmuster allein zur Bestimmung nicht ausreicht. Es handelt sich um einen großwüchsigen Rochen von bis zu 60 cm Scheibenbreite. Der kräftige Schwanz ist deutlich länger als die Breite der Körperscheibe. Die Oberseite des Schwanzes ist entweder unregelmäßig gesprenkelt (helle Punkte auf dunklem Grund) oder zeigt ein unregelmäßiges Muster aus dunklen Linien auf hellem Grund. Die untere Hälfte des Schwanzes erscheint in der Seitenansicht senkrecht gestreift. Um die Körperscheibe verläuft ein heller Saum. Verwechslungsmöglichkeiten dieser Art, die aus dem Paraná, Argentinien beschrieben wurde, aber hauptsächlich aus Peru zu uns kommt, bestehen vor allem mit *P. reticulatus* (Morphen mit Netzmuster) und *P. signata* (Morphen mit Punkten); Erstere Art besitzt jedoch seitlich am Schwanz immer nur einen waagerechten Streifen, letzterer Art fehlt der helle Saum um die Körperscheibe. Zumindest der Unterschied zu der hier als *P. signata* angesprochenen Form ist jedoch sehr subtil und bedarf weiterer Überprüfung. Auf den ersten Blick ähnlich können auch Morphen von *P. menchacai* erscheinen, doch besitzt diese Art immer einen über die gesamte Höhe des Schwanzes tigerartig gestreiften Schwanz, während bei *P. castexi* sich die Zeichnung auf die untere Schwanzhälfte beschränkt. Nach Rosa (1985) hybridisiert die Art im südlichen Teil ihres Areals (unterer Paraná und Paraguay) mit *P. falkneri* und soll mit dieser Art, sowie mit *P. scobina* und mit *P. signata* einen Artenkreis bilden.

Potamotrygon constellata (Vaillant, 1880)
Wenn es sich bei *P. constellata*, wie er hier im Buch bestimmt wurde, wirklich um diese Art handelt, ist es ein erfreulich leicht erkennbarer Stechrochen. Die Jungtiere erscheinen in der Körpergrundfarbe schön weißlich. Auf dem Rücken befinden sich hellere Flecken, die von einem dunklen Linienmuster unterschiedlicher Intensität eingerahmt werden. Auffällig ist der relativ kurze Schwanz, der etwa in der Länge der Breite der (fast kreisrunden) Körperscheibe entspricht. Bereits bei Jungtieren fällt der sehr rauhe Rücken auf und die geradezu riesig wirkenden Dornen auf der vorderen Schwanzhälfte. Bei erwachsenen Tieren bilden sich entlang der Scheibenränder große, kreisrunde Erhebungen, bei denen es sich um besonders ausgeprägte Hautzähne handelt. Die Art wird etwa 45 cm breit und stammt aus Kolumbien und Brasilien (locus typicus: Calderao, Amazonas, Brasilien). *P. circularis* Garman, 1913 gilt (teilweise, das Typenmaterial besteht aus verschiedenen Arten) als Synonym.

Potamotrygon dumerilii (Castelnau, 1855)
Eine schwierig anzusprechende Art, die aus dem Rio Araguaia erstbeschrieben wurde. Auf einer hellgraubraunen bis kräftig rotbraunen Grundfarbe finden sich helle Punkte, die meist von dunklen Zeichnungselementen begleitet werden. Manchmal sind um diese hellen Flecken aber auch kleinere helle Punkte rosettenartig

because of the complexity of the combinations of the various characters. Instead the particular combination of characters for each individual species has been set out below as an aid to identification.

Potamotrygon brachyura (Günther, 1880)
This seldom imported species comes from the drainage of the Paraguay and lower Paraná (*locus typicus* Buenos Aires). It is very easily recognised by the following combination of characteristics: relatively small eyes; tail distinctly shorter than body disc. The species is astonishingly constant in appearance. All illustrations published to date show a honeycomb pattern on the back. *P. brumi* Devicenci & Teague, 1942, from the Rio Uruguay, is considered a synonym of this species. Ultimate disc width is about 90 cm.

Potamotrygon castexi Castello & Yagolkowski, 1969
An immensely variant-rich species, in which colour pattern alone is insufficient for identification purposes. One of the larger species, with a disc width of up to 60 cm. The powerful tail is clearly longer than the width of the body disc. The upper surface of the tail is either irregularly spotted (light dots on a dark background) or exhibits an irregular pattern of dark lines on a light background. The lower half of the tail appears vertically barred in lateral view. A light edging encircles the body disc.
This species, described from the Paraná in Argentina but imported to Europe largely from Peru, can be confused above all with *P. reticulata* (populations with a reticulated pattern) and *P. signata* (morphs with spots); but the former has only a single horizontal stripe on the side of the tail, while the latter lacks the light edging to the disc, though in practice the distinction between this species and the form herein identified as *P. signata* is very subtle and requires further confirmation. At first glance morphs of *P. menchacai* may appear similar, but that species always has tiger-like stripes the full height of the tail, while in *P. castexi* the markings are restricted to its lower half.
According to Rosa (1985), in the southern part of its range (lower Paraná and Paraguay) this species hybridises with *P. falkneri*, and hence may form a species group together with that species as well as with *P. scobina* and *P. signata*.

Potamotrygon constellata (Vaillant, 1880)
Whether or not the species identified as *P. constellata* in this book actually is that species, it is a pleasantly easy ray to identify. The base colour of the body in juveniles is a lovely whitish hue, with lighter spots on the back ringed by a pattern of dark lines of variable intensity. The relatively short tail, about as long as the width of the almost circular disc, is striking. Even in young specimens the very rough back is noticeable, as are the huge-looking spines on the anterior half of the tail.
In adult specimens large circular prominences develop along the edge of the disc, and these are in fact particularly well-developed denticles. The species, which attains a width of about 45 cm, comes from Colombia and Brazil (*locus typicus*: Calderao, Amazonas, Brazil). *P. circularis* Garman, 1913 (in part - the type material includes a number of different species) is regarded as a synonym.

Potamotrygon dumerilii (Castelnau, 1855)
A difficult to determine species, originally described from the Rio Araguaia. Coloration consists of a light grey-brown to bright red-brown background with light spots, generally accompanied by dark markings. Sometimes, however, the spots are accompanied by rosette-like groups of smaller white spots. The main difference between this and the identically marked *P. humerosa* is that in *P. dumerilii* the tail is longer and more powerfully-built, but at the same time has appreciably smaller and fewer spines. Moreover the back is distinctly smoother than in *P. humerosa*. But it is very

angeordnet Der Hauptunterschied zu der genauso gezeichneten Art *P. humerosa* besteht darin, daß der Schwanz bei *P. dumerilii* kräftiger und länger ist, jedoch eine wesentlich schwächere Bedornung aufweist. Außerdem ist der Rücken deutlich glatter als bei der Art *P. humerosa*. Es ist jedoch im Einzelfall äußerst schwierig, diesen Rochen sicher anzusprechen. Die Art ist vom Rio Araguaia in Brasilien, vom Paraguay und unteren Paraná bekannt und erreicht eine Breite von etwa 40 cm.

Potamotrygon* sp. aff. *dumerilii
Ein Rochen, der in seiner gesamten Merkmalsausprägung sehr an *P. dumerilii* erinnert, jedoch ein so ungewöhnliches Farbkleid trägt, daß er hier extra geführt wird. Das mag manchem Leser wegen der sonst hier recht weit gefassten Farbvarianten inkonsequent erscheinen, doch sind alle in diesem Buch ansonsten als Farbvarianten oder Morphen geführten Tiere einer Art immer durch Übergangsformen miteinander verbunden, was für diesen Rochen im Vergleich zu *P. dumerilii* nicht gilt. Möglicherweise handelt es sich aber dennoch lediglich um ein aberrant gezeichnetes Exemplar dieser Art.

***Potamotrygon falkneri* Castex & Maciel in Castex, 1963**
Diese Art ist durch kleine gelbe Punkte einheitlicher Größe auf hellbraunem Untergrund gekennzeichnet Wenngleich bereits die in der Erstbeschreibung gezeigten Exemplare eine große Varianz in der Größe der Flecken zeigen, sind sie dennoch im Grundmuster ganz gut zu erkennen. Es bestehen Verwechslungsmöglichkeiten mit der hier als *P. signata* bezeichneten Art, die jedoch immer Flecken unterschiedlicher Größe hat und/oder im Körperumriß deutlich anders ausieht. Beide Arten sind im Bildteil nebeneinander gezeigt, so daß die Unterschiede leicht erkennbar sind. *P. falkneri* wurde aus dem Rio Paraná erstbeschrieben und erreicht um 50 cm Breite. Die Art ist von Argentinien über Zentral-Paraguay und West-Brasilien verbreitet Rosa (1985) synonymisierte *P. menchacai* mit *P. falkneri*. Der in seiner Arbeit abgebildete Holotyp von *P. menchacai* zeigt ohne Zweifel den Fisch, der als „Tiger ray" in der Aquaristik bekannt ist. Diese Art hat u. E. mit *P. falkneri* nicht viel zu tun und wird daher hier separat geführt. Weiteres s. dort.

***Potamotrygon garrapa* (Jardine in Schomburgk, 1843)**
Dieser aus dem Rio Branco in Brasilien beschriebene Rochen galt lange als nicht zuordenbar. Er steht in der Merkmalsausprägung zwischen *P. motoro* und *P. henlei*. Die Grundfärbung entspricht den beiden genannten Arten, also Augenflecken (Ocelli) auf dem Körper. Jedoch ist die Oberseite des Schwanzes wie bei *P. motoro* nur mit einer Reihe von Dornen besetzt, während das Zeichungsmuster des Schwanzes wie bei *P. henlei* aus unregelmäßig verteilten Ocelli besteht. Ob es sich dabei wirklich um eine eigenständige Art, oder um einen Hybriden handelt, kann nur die Zukunft zeigen. Tatsache ist jedoch, daß es Stechrochen gibt, die sich zwanglos als *P. garrapa* identifizieren lassen.

***Potamotrygon henlei* (Castelnau, 1855)**
Dieser Stechrochen ist ziemlich leicht zu erkennen, was auch daran liegt, daß die sehr attraktive Art regelmäßig für die Aquaristik importiert wird und man daher über die individuelle Varianz gut Bescheid weiß. Die Grundfärbung variiert zwischen hellgraubraun und tiefschwarz. Je nachdem, wie hell die Grundfärbung ist, erscheinen die gelben bis weißen Flecken auf dem Rücken dunkel gerandet oder auch nicht, d. h. helle Tiere erinnern sehr an *P. motoro*, mit denen sie auch demzufolge leicht zu verwechseln sind. *P. motoro* besitzt jedoch niemals unregelmäßig über den Schwanz verteilte Ocelli (Augenflecken), sondern hat immer ein regelmäßiges, seitlich am Schwanz angeordnetes Muster, das meist aus senkrechten hellen und dunklen Streifen besteht. Ganz sicher geht man jedoch, wenn man die Bedornung der Schwanzoberseite betrachtet Bei *P. motoro* ist der Schwanz oberseits immer nur einreihig bedornt, bei *P. henlei* immer

difficult to make a positive identification in individual cases. The species is known from the Rio Araguaia in Brazil, as well as the Paraguay and lower Paraná, and attains a width of about 40 cm.

Potamotrygon* sp. aff. *dumerilii
A ray that is very similar to *P. dumerilii* in all its morphological characters, but which has such an unusual coloration that it is here catalogued separately. Some readers may find this inconsistent, given the wide range of colour variants included here; but all the other forms designated as colour variants or morphs of a species in this book are linked by transitional forms, which is not the case with this species and *P. dumerilii*. Even so it may turn out to be just an aberrantly patterned individual of that species.

***Potamotrygon falkneri* Castex & Maciel in Castex, 1963**
This species is characterised by small yellow dots of uniform size on a light brown background. Although the specimens illustrated in the original description exhibit a large individual variation in the size of the spots, the basic pattern is readily recognisable.
There is a possibility of confusion with the species herein assigned to *P. signata*, which, however, always has spots of variable size and/or a quite different body outline. The two species are illustrated together in the pictorial section, so that the differences will be immediately apparent. *P. falkneri* was originally described from the Rio Paraná and attains a width of about 50 cm. Its overall distribution is from Argentina across central Paraguay and estern Brazil.
Rosa (1985) synonymised *P. menchacai* with *P. falkneri*, but the holotype of the former pictured in his work is without doubt the species known in the aquarium hobby as the "Tiger Ray". In our view that fish has nothing to do with *P. falkneri* and the two species are therefore treated separately. See also below under *P. menchacai*.

***Potamotrygon garrapa* (Jardine in Schomburgk, 1843)**
This ray, described from the Rio Branco in Brazil, remained undetermined for a long time. Its morphological characters place it between *P. motoro* and *P. henlei*, and the base coloration, and the ocelli on the body, are reminiscent of both species. However, the upper side of the tail has only a single row of spines as in *P. motoro*, while the tail pattern consists of irregularly distributed ocelli as in *P. henlei*. Whether it is in fact a good species, or a hybrid, only the future can reveal. The fact remains however, that stingrays exist that can without hesitation be identified as *P. garrapa*.

***Potamotrygon henlei* (Castelnau, 1855)**
This stingray is fairly easy to recognise because this very attractive species has been regularly imported for the aquarium trade and thus everyone is familiar with the variability from individual to indivdual. The base colour varies from light grey-brown and deep black. Depending on the shade of the base colour, the yellow to white spots on the back may or may not appear to be ringed with darker colour; that is to say, light-coloured individuals closely resemble *P. motoro*, with which, in consequence, they are easily confused.
However, *P. motoro* never has ocelli irregularly distributed over the tail, but always has a regular pattern on the sides of the tail, generally consisting of light and dark vertical bars. But one can be quite sure by looking at the spines on the upper surface of the tail: in *P. motoro* there is only a single row of spines, while in *P. henlei* there are multiple rows.
For differentiation for *P. garrapa* see under that species. At the other end of the scale it can sometimes be difficult to distinguish very dark specimens from *P. leopoldi*, as in such individuals the darker edging of the ocelli is generally not visible. In such cases the pattern of the ocelli is useful: in *P. henlei* it extends to the outermost edge of the disc and continues on its underside; *P.*

mehrreihig. Zur Abgrenzung gegen *P. garrapa* s. dort. Hingegen kann es manchmal schwierig sein, sehr dunkle Exemplare gegen *P. leopoldi* abzugrenzen. Die dunkle Umrandung der Ocelli ist bei solchen Tieren meist nicht erkennbar. Hier gilt: Bei *P. henlei* reicht die Musterung aus Ocelli immer bis an den äußersten Scheibenrand und setzt sich auch auf die Unterseite der Körperscheibe fort. *P. leopoldi* neigt dagegen zu einen Reduzierung des Fleckenmusters (es gibt auch rein schwarze Tiere). Bei ihm reichen die Flecken nur selten bis an den Scheibenrand. Details der Schwanzbedornung und der Körperform stimmen freilich mit *P. henlei* überein, so daß es fraglich scheint, ob derart geringe Farbunterschiede ausreichen, zwei Arten zu führen. Doch kann das hier nicht entschieden werden. *P. henlei* ist im Bundesstaat Pará verbreitet, das Typusmaterial wurde im Rio Tocantins gesammelt. Er erreicht um 30 cm Breite, bleibt aber meist kleiner.

Potamotrygon histrix (Müller & Henle in Orbignyi, 1834)
Dieser dem Namen nach bekannteste Stechrochen Südamerikas ist gleichzeitig auch die zuerst beschriebene Art dieses Formenkreises. Der locus typicus war Buenos Aires und nach Rosa (1985) kommt die Art auch nur im unteren Paraná vor. Zur Geschichte des Holotyps und warum man besser „histrix" statt „hystrix" schreiben sollte, siehe Rosa (1985). Freilich stimmen die meist aus Brasilien als *P. histrix* eingeführten Rochen gut mit der Originalabbildung überein (s. hierzu auch bei *P. yepezi*), so daß die Artbezeichnung einigermaßen gesichert erscheint und die Art wohl doch eine weitere Verbreitung hat, als Rosa annahm. Die Art ist ungeachtet einer großen Farbvarianz leicht am Zeichnungsmuster und der Körperform zu erkennen und eigentlich nur mit der hier als *P.* sp. „Marmor" bezeichneten Art zu verwechseln. Letztere unterscheidet sich von *P. histrix* in erster Linie durch den sehr viel flacheren Körperbau. *P. histrix*, wie er hier verstanden wird, ist einer der hochrückigsten Potamotrygoniden überhaupt und wird in dieser Hinsicht nur noch von *P. constellata* übertroffen. Die Art soll ca. 50 cm Breite erreichen können.

Potamotrygon humerosa Garman, 1913
Eine sehr schwer anzusprechende, weil hochvariable Art. Im Grundmuster gleicht sie der hier als *P. dumerilii* bestimmten Art und hat auch viel Ähnlichkeit mit manchen Farbmorphen der hier als *P. orbignyi, P. yepezi* und *P. scobina* bezeichneten Arten. Im wesentlichen ist es die rauhe Körperoberseite, die charakteristische Schwanzzeichnung und die kräftige Bedornung der Schwanzoberseite, die in Kombination betrachtet, eine Entscheidung erst ermöglichen. Das Grundmuster der aus dem Amazonas im Bundesstaat Pará, Brasilien (nahe Monte Alegre) beschriebenen Art, besteht aus hellen, kreisrunden Flecken, um die sich ein zusammenhängendes oder aufgelöstes Muster aus schwarzen Zeichnungselementen legt. *P. dumerilii* und *P. orbignyi* sind schwächer bedornt, *P. yepezi* läßt die hellen Punkte nur undeutlich erkennen und bei *P. scobina* sind die hellen Punkte meist (ähnlich wie bei *P. motoro*) als Ocelli ausgebildet Bei flüchtiger Betrachtung ist auch eine Verwechslung mit manchen der hier als *P. schroederi* bezeichneten Farbmophen möglich, die jedoch immer ein dunkles Zeichnungselement innerhalb der hellen Flecken haben und somit ganz gut zu erkennen sind. Rosa gibt als Artkriterium das Zeichnungsmuster zwischen den Augen an, was in vielen Fällen hilfreich sein kann. *P. humerosa* wird nicht sehr groß, in den wissenschaftlichen Sammlungen aufbewahrte Tiere haben eine Breite von max. 30 cm.

Potamotrygon leopoldi Castex & Castello, 1970
Der neben *P. garrapa* und *P. henlei* dritte der sogenannten „Schwarzen Rochen". Zur Unterscheidung s. bitte dort. Der Fisch scheint im Gebiet des Rio Xingú endemisch zu sein, also nur in diesem Flußsystem vorzukommen. Die Endgröße liegt bei etwa 45 cm Breite.

Potamotrygon magdalenae (Dumeril ex Valenciennes, 1865)
Diese Art, die aus dem Rio Magdalena in Kolumbien beschrieben

leopoldi, on the other hand, tends to have a reduced pattern (there are completely black individuals), and the spots rarely extend to the edge of the disc and never onto its underside. However, details of the body form and caudal spines agree with those of *P. henlei*, so that it would appear debatable whether this slight difference in coloration is sufficient to justify two species. But that cannot be decided here. P. henlei is distributed in the Brazilian state of Pará, and the type material was collected in the Rio Tocantins. It can attain a width of about 30 cm, but generally remains smaller.

Potamotrygon histrix (Müller & Henle in Orbignyi, 1834)
This, the best known name among the stingrays of South America, was also the very first species in the group to be described. The *locus typicus* was Buenos Aires, and, according to Rosa (1985) the species is found only in the lower Paraná . For the history of the holotype and why it is better to use the spelling *histrix* instead of *hystrix*, see Rosa (1985). In practice the rays imported as *P. histrix,* which are largely from Brazil, tally well with the original illustration (see also under P. yepezi), so that the identification seems reasonably certain and the species perhaps has a wider distribution than Rosa assumed. Despite considerable colour variability the species is easily recognisable by virtue of its coloration and body form and can be confused only with the species herein designated *P.* sp."Marble". The latter is distinguished from *P. histrix* chiefly by its very much shallower body form. *P. histrix,* as understood here, is one of the most high-backed potamotrygonids, surpassed in this respect only by *P. constellata*. The species is said to attain a width of about 50 cm.

Potamotrygon humerosa Garman, 1913
A very difficult species to address, because of its high variability. Its basic pattern resembles that of the species herein identified as *P. dumerilii* and also has much in common with some colour morphs of the rays herein labelled *P. orbignyi, P. yepezi,* and *P. scobina*. In practice it is only the combination of a rough upper body surface, characteristic tail markings, and stout spines on the upper side of the tail, that make differentiation possible. The species, which was described from the Amazonas in the state of Pará, Brazil (near Monte Alegre), has a basic pattern of light-coloured circular spots, surrounded by a continuous or broken pattern of black markings. *P. orbignyi* and *P. dumerilii* have fewer and less robust spines; in *P. yepezi* the spots are indistinct; and in *P. scobina* the light spots are generally ocellated (much as in *P. motoro*). On cursory examination confusion is also possible with some of the colour morphs of the species herein identified as *P. schroederi*, which, however, always has a dark marking within each light spot and is thus easily recognised. Rosa cites the pattern between the eyes as characteristic of the species, and in many cases this can be helpful. *P. humerosa* does not grow very large; specimens in scientific collections have a maximum width of 30 cm.

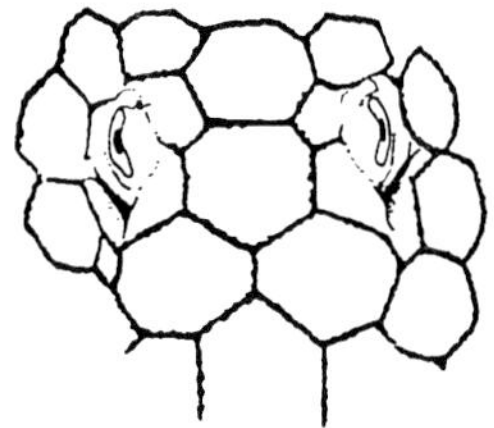

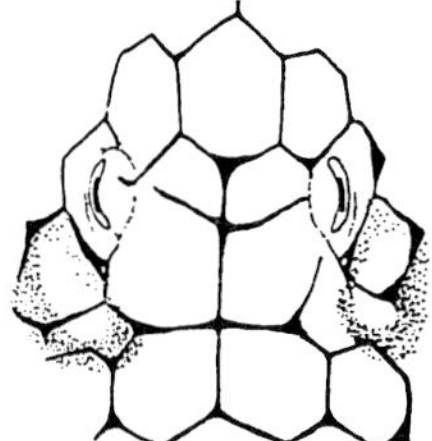

Fig. 22: Netzzeichnung zwischen den Augen / Reticulate pattern of the interorbital region: *P. humerosa* (links/left); *P. orbignyi* (rechts/right).
after: Rosa (1985)

Potamotrygon leopoldi Castex & Castello, 1970
The third of the so-called "black rays", the other two being *P. garrapa* and *P. henlei* (see those species for differentiation). This species seems to be endemic to the Rio Xingu basin, i.e. found only

wurde und neben diesem Fluß noch den Rio Atrato besiedelt, ähnelt wohl sehr stark *P. falkneri, P. signata* und *P. castexi*. Sie soll auf braunem Untergrund kleine gelbe Punkte haben, die kleiner als der Augendurchmesser sind und zum Scheibenrand hin an Größe abnehmen. Leider befand sich unter den vielen für diesen Band ausgewerteten Fotos keines, das einwandfrei *P. magdalenae* zeigen würde. Die Art erreicht eine Breite von etwa 30 cm, bleibt also relativ klein und wäre daher für die Aquaristik sicherlich interessant.

Potamotrygon menchacai **ACHENBACH, 1967**
Dieser Rochen wurde aus dem Rio Colastiné, Santa Fe, Argentinen erstbeschrieben. ROSA synonymisiert ihn mit *P. falkneri*, doch glauben wir in dem in seiner Arbeit abgebildeten Holotypen von *P. menchacai* den Fisch zu erkennen, der als „Tiger ray" für die Aquaristik importiert wird. Erwachsene Exemplare sind eigentlich nur mit Morphen von *P. castexi* mit Netzmuster zu verwechseln, doch unterscheiden sie sich von diesen deutlich durch die Schwanzform und -zeichnung, die bei *P. menchacai* immer aus einer kontrastreichen senkrechten Streifung besteht. Jungtiere sind hingegen ganz anders gefärbt und sehen etwas wie *P. reticulatus* aus, sind von diesen aber ebenfalls leicht durch die Schwanzzeichnung zu unterscheiden. Der Holotyp von *P. menchacai* hat eine Breite von 29 cm.

Potamotrygon motoro **(NATTERER in MÜLLER & HENLE, 1841)**
Der Pfauenaugen-Stechrochen ist sicherlich der am häufigsten in Gefangenschaft gepflegte und gezüchtete Süßwasser-Stechrochen. Zur Unterscheidung von ähnlichen Arten s. bitte auch bei *P. henlei*. Da es sich um einen ungeheuer variantenreichen Rochen handelt, ist eine allgemeine Beschreibung nicht möglich. Der locus typicus war der Rio Cuiabá, Bundesstaat Mato Grosso in Brasilien. Es gibt zwei morphologisch von *P. motoro* unterscheidbare Arten, die jedoch im Wesentlichen das gleiche Zeichnungmuster haben. Die erste hat eine rundere Körperscheibe, eine kürzere Schnauze und eine glattere Körperoberfläche als *P. motoro*. Sie stammt aus Peru. Ihre Zeichnung weicht im Detail von den meisten *P. motoro* dadurch ab, daß die Ocelli auf dem ganzen Körper (mit Ausnahme des äußersten Scheibenrandes) in etwa gleich groß sind und außerdem deutlich kleiner als man dies von *P. motoro* im allgemeinen kennt. Bei *P. motoro* sind hingegen im typischen Falle die Flecken auf der Rückenmitte am größten und nehmen von dort zum Scheibenrand hin kontinuierlich in der Größe ab. Diese Art, hier als *P.* sp. aff. *motoro*, Species A, bezeichnet, ist identisch mit der von ROSA als *Potamotrygon* sp. A bezeichneten Art. Hingegen ist die von Rosa als *Potamotrygon* sp. B bezeichnete Form aus Surinam u. E. identisch mit der besonders farbenprächtgen Variante von *P. motoro*, die im Handel gelegentlich als „Ornament" (Codenummer: S66101) bezeichnet wird. Wir können dort keine arttrennenden Kriterien erkennen. Die zweite, morphologisch von *P. motoro* zu trennende Form hingegen, hier als *P.* sp. aff. *motoro*, Species B, bezeichnet, zeichnet sich durch einen längeren, weniger kräftigen Schwanz und eine deutlich geringere Bedornung der Schwanzoberseite aus. Diese Art ist farblich nicht von *P. motoro* zu unterscheiden und kommt möglicherweise mit ihm auch sympatrisch vor, da in Importen von *P. motoro* oft beide Arten vertreten sind. Die hier geschilderten Unterschiede sind nicht geschlechts- oder altersabhängig. Schließlich muß *P. motoro* noch gegen *P. ocellata* abgegrenzt werden. Der Hauptunterschied zwischen beiden Arten liegt in der Form der Ocelli auf dem Rücken. Während bei *P. motoro* die Ocelli üblicherweise kreisrund sind, sind sie bei *P. ocellata* unregelmäßig geformt (meist nierenförmig). Weiteres s. bei *P. ocellata*. *Potamotrygon motoro* und wohl auch die anderen Arten erreichen Breiten von bis zu 60 cm.

Potamotrygon ocellata **(ENGELHARDT, 1912)**
Dieser Rochen, von der Ilha Mexicana im Amazonas beschrieben, ist fast mit *P. motoro* identisch. Er unterscheidet sich lediglich durch die Form der Ocelli (s. o.) und deren Färbung, die statt orange meist

in that river system. Ultimate size is about 45 cm across.

Potamotrygon magdalenae **(DUMERIL ex VALENCIENNES, 1865)**
This species, which was described from the Rio Magdalena in Colombia and is also found in the Rio Atrato, is very similar to *P. falkneri, P. signata*, and *P. castexi*. It is said to have small yellow spots, smaller than eye diameter, on a brown background; these spots decrease in size towards the edge of the disc.
Unfortunately none of the very many photos evaluated for this book shows anything that can be unreservedly identified as *P. magdalenae*. The species is relatively small, attaining a width of about 30 cm, and is thus certainly of interest for the aquarium hobby.

Potamotrygon menchacai **ACHENBACH, 1967**
This ray was originally described from the Rio Colastiné, Santa Fe, Argentina. ROSA synonymises it with P. falkneri, but the holotype of *P. menchacai* depicted in his work looks very like the fish that is imported as the "Tiger Ray" for the aquarium hobby.
Adult specimens can in reality be confused only with reticulated morphs of *P. castexi*, but are readily differentiated from them through the form and markings of the tail; in *P. menchacai* the latter invariably consists of a contrast-rich vertical barring. By contrast juveniles are quite differently coloured and look rather like *P. reticulata*, but can again easily be differentiated by the tail pattern. The holotype of *P. menchacai* has a width of 29 cm.

Potamotrygon motoro **(NATTERER in MÜLLER & HENLE, 1841)**
The motoro or peacock-eye stingray is without doubt the species of freshwater stingray most commonly maintained and bred in captivity. Because this ray is immensely variable it is not possible to give a generalised description. The locus typicus is the Rio Cuiabá in the state of Mato Grosso, Brazil. There are two probably undescribed species with the same pattern but which can be differentiated by morphological characters.
The first has a rounder body disc, shorter snout, and smoother dorsal body surface than *P. motoro*; it comes from Peru. Moreover its markings differ in detail from most *P. motoro* in that the ocelli are much the same size all over the body (except on the extreme edge of the disc) and are also noticeably smaller than those usually seen in *P. motoro*. By contrast in *P. motoro* the ocelli on the centre of the body are typically the largest, diminishing continuously in size towards the edge of the disc. This species, here termed *P.* sp.aff. *motoro* "Species A", is identical with that termed *Potamotrygon* sp. A by ROSA.
On the other hand Rosa's *Potamotrygon* sp. B, from Surinam, appears to be identical with the particularly colourful variant of *P. motoro* occasionally sold as "Ornament" (Code Number S66101) in the trade; no differentiating characters can be discerned.
By contrast the second species that can be morphologically differentiated from *P. motoro*, here termed *P.* sp.aff. *motoro* "Species B" can be distinguished by its longer, less powerful tail and fewer and smaller denticles on the upper surface of the tail. This species cannot be differentiated from *P. motoro* on the basis of coloration.
The two species may be sympatric as they are often found together in importations of *P. motoro*. The differences outlined here are not dependent on age or sex.
Finally, differentiation from *P. ocellata*: the main difference here is the form of the ocelli on the back. While in *P. motoro* these ocelli are usually circular, in *P. ocellata* they are irregular in form (mostly kidney-shaped). See also below under *P. ocellata*, and for differentiation from other similar species please see above under *P. henlei*.

Potamotrygon ocellata **(ENGELHARDT, 1912)**
This species, described from the Ilha Mexicana in the Amazonas, is

dunkler rot bis rostbraun sind. Diese Unterschiede würden u. E. nicht ausreichen, um von einer eigenen Art zu sprechen, gäbe es nicht Befunde aus der Gefangenschaft, daß die Tiere nicht mit „normalen" *P. motoro* zu kreuzen sind. Das ist bei der bekannten Neigung der Potamotrygoniden, sich in der Natur zu kreuzen, ein ziemlich starkes Indiz zumindest für einen in der Arttrennung sich befindenden Prozeß. Der Holotyp hatte eine Breite von etwa 20 cm, war also wohl noch nicht ausgewachsen.

***Potamotrygon orbignyi* (Castelnau, 1855)**

Es handelt sich bei dieser ursprünglich aus dem Rio Tocantins beschriebenen Art um den Süßwasser-Rochen mit der wohl erstaunlichsten Farbvarianz. Von einfarbig hell-sandfarbenen Tieren bis zu knallorangefarbenen Tieren mit schwarzem Netzmuster sind zahlreiche Übergänge bekannt. Eigentlich kann man die Art am besten gefühlsmäßig ansprechen, wenn man schon einmal einige Exemplare lebend zu Gesicht bekommen hatte. Artcharakteristisch ist die sehr flache Körperscheibe mit der sehr zarten Haut, die die durchscheinenden Myomeren meist gut erkennen läßt. Der Rücken ist kaum, die Schwanzoberseite in der Regel nur schwach bedornt (Achtung: individuelle Ausnahmen sind möglich!). Der Schwanz ist lang (etwas über Scheibenbreite) und unabhängig von der Färbung der Körperscheibe immer gleich gezeichnet: Im Bereich vor dem Giftstachel ist die untere Schwanzhälfte abwechselnd braun und weiß senkrecht gebändert. Im Gegensatz zu der teilweise recht ähnlichen Art *P. reticulata* (die von Rosa mit *P. orbignyi* synonymisiert wurde), erscheint der Schwanz bei unverletzten Exemplaren gerade abgeschitten oder sanft gerundet, während bei *P. reticulata* der Schwanz in einer langen, feinen Spitze ausläuft. Der oder die Giftstachel sind bei *P. orbignyi* wesentlich kräftiger und größer als bei *P. reticulata*. *P. orbignyi* besitzt hinter dem Giftstachel zusätzlich zu dem auf der Oberseite befindlichen auch einen schmalen unteren Schwanz-Flossensaum, während bei *P. reticulata* nur ein oberer, in Form eines ungleichschenkligen Dreiecks geformter (der spitze Winkel zeigt dabei nach hinten) Flossensaum vorhanden ist. Schließlich zeigt *P. reticulata* immer eine charakteristische Zeichnung auf der unteren Hälfte des Schwanzes, nämlich einen hellen waagerechten Strich. In der Aufsicht besitzt *P. reticulata* immer einen um die Körperscheibe laufenden, hellen Saum, der bei *P. orbignyi* üblicherweise fehlt. Zur Unterscheidung von *P. brachyura, P. dumerilii* und *P. humerosa* s. bitte dort. Die Art erreicht eine Breite von etwa 30 cm.

***Potamotrygon reticulata* (Günther, 1880)**

Diese aus Surinam beschriebene und oft in größeren Stückzahlen importierte Art wurde zu Unrecht (immer vorausgesetzt, die Arten wurden von uns richtig bestimmt) mit *P. orbignyi* synonymisiert. Zur Unterscheidung s. bitte dort. Dieser Rochen bleibt relativ klein und scheint mit 30 cm Breite ausgewachsen oder zumindest geschlechtsreif zu sein.

***Potamotrygon schroederi* Fernandez-Yepez, 1957**

Ein aus Venezuela (Boca Apurito, Rio Apure) beschriebener Rochen, der verblüffend unterschiedlich gezeichnet sein kann. Manche Exemplare sehen aus, als hätten sie kleine Blümchen auf dem Rücken, andere zeigen ein grobes Netzmuster um unregelmäßig geformte, helle Flecken. Wären diese Extreme nicht durch alle denkbaren Übergangsformen verbunden, so würde man ohne zu zögern von verschiedenen Arten sprechen. Verwechslungen sind vor allem mit *P. humerosa* und *P. dumerilii* möglich, bei der Beschreibung dieser Rochen wurden die Unterschiede aufgezeigt. Sehr ähnlich erscheint auch die Morphe von *P. yepezi*, die von Castex und Castello (1970) als *P. magdalenae* bestimmt wurde. *P. yepezi* und *P. schroederi* unterscheiden sich nach gegenwärtigem Wissensstand immer in der Schwanzzeichnung, die bei *P. schroederi* deutlich gebändert erscheint, während *P. yepezi* hier ein unregemäßiges, nicht näher definierbares Muster zeigt. Zweifellos müssen aber beide

almost identical with *P. motoro*. It can be distinguished from that species only by the form of the ocelli (see above) and their colour, which is generally dark red to rusty brown in contrast to *P. motoro*, where it is more or less orange.

These differences alone are probably not sufficient to justify regarding *P. ocellata* as a separate species, but there are no records of these rays breeding with "normal" *P. motoro* in captivity, and, given the known tendency of potamotrygonids to hybridise in nature, this would seem to be a strong indication that speciation is at least in progress. The holotype has a width of about 20 cm, and was thus not yet full grown.

***Potamotrygon orbignyi* (Castelnau, 1855)**

This freshwater stingray species, originally described from the Rio Tocantins, exhibits a quite astonishing degree of variation in coloration, from a uniform light sandy colour to bright orange with black reticulation, and numerous intermediate forms in between. One really needs to see a few live specimens "face to face" in order to get a feel for this species.

Characteristic of the species is the very shallow body disc and very delicate skin, through which the musculature is usually visible. There are virtually no spines on the back, and only a few small ones on the upper surface of the tail (but beware, exceptions do occur!). The tail is long (somewhat longer than disc width) and always bears the same markings regardless of the colour of the body disc: in the region of the poison spine the lower half of the tail exhibits alternating brown and white vertical bars.

In contrast to the sometimes very similar *P.reticulata* (which Rosa synonymises with *P. orbignyi*), in undamaged specimens the tail is truncate or gently rounded, while in *P. reticulata* it is prolonged into a long narrow point. In addition the poison spine in *P. orbignyi* is appreciably larger and more robust than in *P. reticulata*; in *P. orbignyi* there is a narrow band of fin on the underside of the tail, posterior to the poison spine, in addition to that on the upper surface, while in *P. reticulata* only the upper fin is present, in the form of an irregular triangle with its apex pointing rearwards; finally, *P. reticulata* always exhibits a characteristic marking on the lower half of the tail, namely a light horizontal stripe.

Viewed from above, *P. reticulata* always has a light edging all around the body disc, usually absent in *P. orbignyi*. For differentiation from *P. brachyura, P. dumerilii*, and *P. humerosa*, please see under those species. *P.orbignyi* attains a width of about 30 cm.

***Potamotrygon reticulata* (Günther, 1880)**

This species, described from Surinam and often imported in large numbers, has been wrongly synonymised with *P. orbignyi* (always assuming the species have been correctly identified for this book). Please see under the latter species for differentiation. This species remains relatively small and appears to be full-grown, or at least sexually mature, at a width of 30 cm.

***Potamotrygon schroederi* Fernandez-Yepez, 1957**

Originally described from Venezuela (Boca Apurito, Rio Apure), this ray can be bewilderingly variable in its markings. Some specimens look as if they have little flowers on their backs, while others exhibit a coarse reticulated pattern enclosing irregularly-shaped light spots. Were it not that these extremes are linked by every imaginable intermediate form, then one would without hesitation designate them different species.

This species can be confused with others, above all *P. humerosa* and *P. dumerilii* - the differences are catalogued under those two species.

One of the morphs of *P. yepezi* (which, incidentally, Castex & Castello (1970) identified as *P. magdalenae*, an opinion not shared here) also looks very similar, but *P. schroederi* and *P. yepezi* can always be distinguished, according to current wisdom, by their tail

Rochenarten in künftigen systematischen Arbeiten noch einmal gegeneinander vergleichend bearbeitet werden. *P. schroederi* erreicht eine Breite von etwa 40 cm.

Potamotrygon schuemacheri **Castex, 1964**
Dieser Rochen, aus dem Rio Colastiné Sur in Argentinien beschrieben, ist bisher nur nach dem Holotypen bekannt. Dieses Exemplar weist ein netzartiges dunkles Muster auf, das sich um gelbbraune Zwischenräume mit einem dunklen Zentrum rankt. Eine Beschreibung, die auf zahlreiche Rochenarten zutreffen könnte und nicht sehr aussagekräftig ist. Der Schwanz und das Gebiß des Holotypen fehlen. Da die Illustration des Holotypen in Rosa (1985) in unserer Ausgabe rein schwarz ist, können wir uns aus eigener Anschauung kein Urteil über diese Art erlauben. Das Exemplar hat eine Breite von etwa 20 cm.

Potamotrygon scobina **Garman, 1913**
P. scobina wurde aus dem Rio Tocantins bei Cametá, im Bundesstaat Pará, Brasilien beschrieben. Die Art erinnert von der Zeichnung her etwas an *P. motoro*, d. h. sie besitzt gelegentlich Ocelli, doch ist sie von *P. motoro* leicht an der Bedornung der Schwanzoberseite zu unterscheiden, die bei *P. scobina* immer mehrreihig, bei *P. motoro* immer einreihig ist. Zur Unterscheidung von *P. scobina* zu *P. humerosa* und *P. orbignyi*, mit denen die Art auf den ersten Blick leicht verwechselt weden kann, s. dort. Grundsätzlich ist *P. scobina*, wie er hier verstanden wird, ein recht konstant gezeichneter, flach gebauter Rochen mit graubrauner oder schokoladenbrauner bis grünlicher Grundfärbung und hellen, großen Flecken. Die Art erreicht eine Breite von etwa 30 cm.

Potamotrygon signata **Garman, 1913**
Ein Stechrochen, der aus dem Rio Parnaíba bei São Gonçalo im Bundesstaat Piauí in Brasilien beschrieben wurde. Die Art erinnert von der Form her sehr an *P. castexi* und von der Färbung her an *P. falkneri*. Die hier zur Unterscheidung herangezogenen Kriterien s. dort. Rosa erwähnt die große Variabilität in der Färbung. Die diesem Autor vorliegende 5 Exemplare waren alle nicht breiter als 32 cm.

Potamotrygon **sp. aff. *motoro*, spezies A**
s. *P. motoro*

Potamotrygon **sp. aff. *motoro*, spezies B**
s. *P. motoro*

Potamotrygon **sp. „Chocolate"**
Ein ganz ungewöhnlich gefärbter Rochen, der keiner bisher beschriebenen Arten zuzuordnen ist. Vielleicht handelt es sich um eine Mutante von *P. motoro*, doch erscheint es wahrscheinlicher, daß dieser Rochen einer neuen, noch unbeschriebenen Art angehört.

Potamotrygon **sp. „Marmor"**
s. *P. histrix*

Potamotrygon **sp. „Orange"**
Ein einzigartig gefärbter Rochen, der keiner bisher beschriebenen Arten zuzuordnen ist. Bislang soll nur das hier gezeigte Exemplar bekannt geworden sein.

Potamotrygon **sp. „Pearl"**
Dieser Rochen wurde kurz vor Drucklegung des Buches erstmals in einem Einzelexemplar aus Brasilien importiert. Das wunderschöne Tier hatte einen Scheibendurchmesser von etwa 20 cm. Im Gegensatz zu allen anderen bisher von uns beobachteten Süßwasserstechrochen zeigte es sich sehr lichtscheu und reagierte überhaupt sehr schreckhaft. Die Eingewöhnung gelang jedoch problemlos. Bislang ist nur das hier gezeigte Exemplar bekannt geworden.

markings - distinctly barred in *P. schroederi*, but irregular and random in *P. yepezi*. But there is no doubt that these two species need to be closely compared in any future systematic revision. *P. schroederi* attains a width of about 40 cm.

Potamotrygon schuemacheri **Castex, 1964**
This ray, which was described from the Rio Colastiné Sur in Argentina, is to date known only from the holotype, which exhibits a dark reticulated pattern on a yellow-brown background, with a dark centre to each of the light patches. A description which fits many ray species and is not very helpful. The tail and teeth of the holotype are missing. As the illustration in the available photocopy of Rosa (1985) is completely black, it is not possible to make any additional inferences. The holotype has a width of about 20 cm.

Potamotrygon scobina **Garman, 1913**
P. scobina was described from the Rio Tocantins near Cametá in the state of Pará, Brazil. Its pattern is somewhat reminiscent of *P. motoro* - i.e. it sometimes has ocelli - but it is easily differentiated from that species by the spines on the upper surface of the tail - a single row in *P. motoro*, and invariably multiple rows in *P. scobina*. For differentiation from *P. humerosa* and *P.orbignyi*, with which *P. scobina* can be confused at first glance, see under those species. Essentially *P. scobina*, as understood here, is a rather consistently patterned, shallow-bodied ray with a grey- or chocolate-brown to greenish base colour and large light spots. The species attains a width of about 30 cm.

Potamotrygon signata **Garman, 1913**
A stingray species that was described from the Rio Parnaíba at São Gonçalo in the state of Piauí, Brazil. The species is very reminiscent of *P. castexi* as regards body form, and of *P. falkneri* in coloration. See under those species for the differentiation criteria used herein. Rosa mentions considerable variation in the coloration. None of the five specimens he examined was more than 32 cm across.

Potamotrygon **sp. aff. *motoro*, spezies A**

See under *P. motoro*.

Potamotrygon **sp. aff. *motoro*, spezies B**

See under *P. motoro*.

Potamotrygon **sp. "Chocolate"**
A very unusually coloured ray, known to us only from photos and which cannot be assigned to any of the species scientifically described to date. Possibly a sport of *P. motoro*, but it seems more likely that this ray belongs to a new, as yet undescribed, species.

Potamotrygon **sp. "Marble"**

See under *P. histrix*

Potamotrygon **sp. "Orange"**
A uniquely coloured ray, again known to us only from photos and which cannot be assigned to any of the species scientifically described so far. The specimen pictured in this book is the only one known to date.

Potamotrygon **sp. "Pearl"**
This species was imported for the first time shortly before the print date for this book, in the form of a single specimen from Brazil. This beautiful creature has a disc diameter of about 20 cm. In contrast to other freshwater stingrays seen previously this species seems very light-shy and in general very nervous. Nevertheless

Potamotrygon yepezi **CASTEX & CASTELLO, 1970**
Diese aus dem Rio Palmar, Venezuela, beschriebene Art war bereits Bestandteil der (aus verschiedenen Arten bestehenden) Typenserie von *P. histrix*. Es gibt Exemplare, die unverwechselbar gezeichnet sind, nämlich mit schwarzen, komma-artigen Strichen und Schnörkeln auf hellem Grund, doch auch solche, die ein eher rosettenartiges Muster aufweisen. Diese können leicht mit *P. schroederi, P. humerosa* und *P. dumerilii* verwechselt werden. Die Unterschiede sind bei den genannten Arten aufgeführt, doch werden aberrant gefärbte Exemplare von *P. yepezi* immer zu den sehr schwer bestimmbaren Rochen gehören, zumal das Verbreitungsgebiet kaum erforscht ist. Nach ROSA ist die Art im Maracaibo-Becken endemisch. Sie erreicht eine Breite von etwa 40 cm.

Plesiotrygon **Rosa, CASTELLO, & THORSON, 1987**
Plesiotrygon iwamae **ROSA, CASTELLO & THORSON, 1987**
Dieser Rochen wurde aus dem Rio Solimoes oberhalb von Tefé in Brasilien beschrieben. Die Art ist (fast) unverwechselbar, da sie sehr kleine Augen, einen sehr langen Schwanz (mehr als doppelte Scheibenlänge) und keinerlei Flossensäume auf der Oberseite des Schwanzes hat. Verwechslungsmöglichkeiten bestehen nur mit der nachfolgend aufgezählten, wissenschaftlich noch nicht beschriebenen Art, von der sich *P. iwamae* aber durch seine Zeichnung, sie besteht aus hellen kreisrunden Flecken, deutlich unterscheidet Der Rochen wird sehr groß und erreicht über 90 cm Breite.

Plesiotrygon **sp. „Blacktailed antenna ray"**
Dieser Rochen, der sich zwanglos in Gattung *Plesiotrygon* einreihen läßt, erinnert in der Zeichnung stark an *Potamotrygon reticulata*. Von dieser Art unterscheidet er sich deutlich durch den viel längeren Schwanz ohne obere Flossensäume und die viel kleineren Augen. Es handelt sich um eine Zwergart, die 20 cm Breite kaum überschreitet

Paratrygon **DUMÉRIL, 1865**
Paratrygon aiereba **(MÜLLER & HENLE, 1841)**
Eine unverwechselbare Art, die an ihrer einmaligen Körperform auf den ersten Blick erkennbar ist. Die Herkunft des Holotypen ist schlicht mit „Brasilien" angegeben. Die Art bildet ein paar Farbmorphen aus, die teilweise auch mit eigenen Händlernamen belegt wurden (Ceja ray, Manzana ray), doch sind die Farbunterschiede dieser kryptisch gezeichneten Art insgesamt eher unbedeutend im Vergleich zu anderen Rochen. Die Art erreicht eine Breite von mindestens 100 cm.

Potamotrygonidae gen. sp.
Der als China bzw. Coly ray importierte Riesenrochen (er erreicht wahrscheinlich eine Breite von weit über 100 cm, man munkelt bis 300 cm) gehört keiner bekannten Art und Gattung an. Im Falle einer Revision wird für ihn eine neue Gattung und ein neuer Artname geprägt werden müssen. Importiert werden die Tiere aus Peru, nähere Angaben liegen nicht vor.

R-Nummern und P-Nummern
Um die vielen Varianten der Süßwasserstechrochen differenzieren zu können, kreierte der Zierfischhandel R- (für Rochen/rays) und P- (für *Potamotrygon*) Nummern. Während die R-Nummern bis heute nie publiziert wurden, brachte Richard A. ROSS 1998 die P-Nummern in Form eines Kataloges heraus. Sie sind hier mit den Originalbildern von S. 142-150 aufgeführt, während die R-Nummern unter den einzelnen Bildern im Hauptteil des Buches stehen.

acclimatisation proved problem-free. The individual pictured in this book is the only specimen known to date.

Potamotrygon yepezi **CASTEX & CASTELLO, 1970**
This species, described from the Rio Palmar in Venezuela, formed part of the type material of *P. histrix* (whose type series included more than one species). There are specimens whose markings are unmistakable, consisting of black comma-like streaks and squiggles on a light background, but there are also individuals with a rather rosette-like pattern which can easily be confused with *P. schroederi, P. humerosa*, and *P. dumerilii*. The differences are outlined under those species, but abberantly coloured specimens of *P. yepezi* are invariably difficult to assign, moreover the species' distribution remains virtually unexplored. According to ROSA the species is endemic to the Maracaibo basin. It attains a width of about 40 cm.

Plesiotrygon **ROSA, CASTELLO, & THORSON, 1987**
Plesiotrygon iwamae **ROSA, CASTELLO & THORSON, 1987**
This ray was described from the Rio Solimoes upstream of Tefé, in Brazil. The species is (almost) unmistakable, as it has very small eyes, a very long (more than double disc length) tail, and no trace of a band of fin on the upper surface of the tail. The only possibility of confusion is with the next species, not yet scientifically described, but which can easily be distinguished from *P. iwamae* by its markings, which consist of light circular spots. *P. iwamae* grows very large, attaining a width of more than 90 cm.

Plesiotrygon **sp. „Blacktailed antenna ray"**
This ray, which is without doubt a member of the genus *Plesiotrygon*, is very reminiscent of *Potamotrygon reticulata* in its markings, but is easily distinguished from that species by its much longer tail with no upper band of fin, and by its much smaller eyes. It is a dwarf species, barely exceeding 20 cm in width.

Paratrygon **DUMÉRIL, 1865**
Paratrygon aiereba **(MÜLLER & HENLE, 1841)**
An unmistakable species, recognisable at first glance by its unique body form. The source of the holotype is given simply as "Brazil". This species has a few colour morphs, some of which have been given trade names (Ceja ray, Manzana ray), but the colour variations in this cryptically patterned fish are relatively insignificant compared to those of other rays. It attains a width of at least 100 cm.

Potamotrygonidae gen. sp.
The giant ray imported as the china or coly ray cannot be assigned to any known species or genus. In the event of a revision of the group then a new genus will need to be erected for this at present undescribed species. This ray probably attains a width of more than a metre, and up to 3 metres has been rumoured. The species is imported from Peru, but no further details are known.

R numbers and P numbers
In order to differentiate all the different variants of the freshwater stingrays, the ornamental fish industry has created R (for Rays) and P (for *Potamotrygon*) numbers. While the R numbers have not been published previously, Richard A. ROSS published a catalogue of the P numbers in 1998. They are re-catalogued here, together with the original photos, on pages 142-150, while the R-numbers are used in the captions to the individual photos in the main part of the book.

Checkliste Potamotrygonidae
Checklist Potamotrygonidae

Originalzitat / original name	*locus typicus, type locality or stated range*	*aktuell / present status*
Trygon aiereba Müller & Henle, 1841	Brazil	*Paratrygon aiereba*
Potamotrygon alba Castex & Macier, 1963	Ascuncion, Paraguay	Synonym zu / of *Potamotrygon motoro*
Trygon brachyurus Günther, 1880	Buenos Aires, Argentina	*Potamotrygon brachyura*
Potamotrygon brumi Devincenci in Devincenci & Teague, 1942	Isla Queguay Grande, Uruguay River, Uruguay	Synonym zu / of *Potamotrygon brachyura*
Potamotrygon castexi Castello & Yagolkowski, 1969	Rio Paraná, Rosario, Argentina	valide / valid
Potamotrygon circularis Garman, 1913	Teffé and Coari, Brazil	Synonym zu / of *Potamotrygon constellata* (part.) und / and *Potamotrygon motoro* (part.)
Toeniura constellata Vaillant, 1880	Calderon, upper Amazon, Brazil	*Potamotrygon constellata*
Trygon (Taenura) d´orbignyi Castelnau, 1855	Rio Tocantins, Brazil	*Potamotrygon orbignyi*
Trygon (Taenura) dumerilii Castelnau, 1855	Rio Araguaia, Brazil	*Potamotrygon dumerilii*
Potamotrygon falkneri Castex & Maciel in Castex, 1963	Rio Paraná, Paraná, Argentina	valide / valid
Trygon garrapa Jardine in Schomburgk, 1843	Rio Branco, Brazil	hier als / here as *Potamotrygon garrapa*
Trygon (Taenura) henlei Castelnau, 1855	Rio Tocantins, Brazil	*Potamotrygon henlei*
Potamotrygon humerosus Garman, 1913	Monte Alegre, Rio Amazonas, Pará, Brazil	*Potamotrygon humerosa*
Trygon histrix Müller & Henle in Orbigny, 1834	Buenos Aires, Argentina	*Potamotrygon histrix*
Trygon hystrix Müller & Henle, 1841	Buenos Aires, Argentina	Emendation zu / of *Potamotygon histrix*
Plesiotrygon iwamae Rosa, Castello & Thorson, 1987	Rio Salimoes above Tefé, Amazonas, Brazil	valide / valid
Potamotrygon labratoris Castex, 1963	Santa Fe, Argentina	*nomen nudum* oder/ or Synonym zu / of *Potamotrygon motoro*
Potamotrygon laticeps Garman, 1913	Teffé and Obidos, Brazil	Synonym zu / of *Potamotrygon motoro*
Potamotrygon leopoldi Castex & Castello, 1970	Xingú, Mato Grosso, Brazil	hier als / here as *Potamotygon leopoldi*
Taeniura magdalenae Duméril (ex Valenciennes), 1865	Rio Magdalena, Colombia	*Potamotrygon magdalenae*
Taeniura motoro Müller & Henle (ex Natterer), 1841	Rio Cuiabá, Mato Grosso, Brazil	*Potamotrygon motoro*
Trygon (Taenura) mulleri Castelnau, 1855	Rio Crixas, Rio Araguaia, Brazil	Synonym zu / of *Potamotrygon motoro*
Potamotrygon pauckei Castex, 1963	Rio Paraná, near City of Santa Fe, Argentina	*nomen nudum* oder / or Synonym zu / of *Potamotrygon motoro*
Trygon reticulatus Günther, 1880	Suriname	*Potamotrygon reticulata*
Trygon hystrix ocellata Engelhardt, 1912	Southern coast of Ilha Mexicana, Brazil	*Potamotrygon ocellata*
Pastinachus humboldtii Roulin in Duméril, 1865	Rio Meta, Colombia	*incerdae sedis*, hier keine Zuordnung / not assigned here
Raja orbicularis Schneider, 1801	Northeastern coast of Brazil	*nomen dubium* (wahrscheinlich ein Dasyatide), basiert auf "Aiereba" von Marcgrave (1648) / (probably a dayatid), based on the "Aiereba" of Marcgrave (1648)
Raja ajereba Walbaum, 1792	Northeastern coast of Brazil	*nomen dubium* (wahrscheinlich ein Dasyatide), basiert auf "Aiereba" von Marcgrave (1648) / (probably a dayatid), based on the "Aiereba" of Marcgrave (1648)
Elipesurus spinicauda Jardine & Schomburgk in Schomburgk, 1843	Rio Branco, Brazil	*incerdae sedis*, hier keine Zuordnung / not assigned here
Potamotrygon schroederi Fernandez-Yepez, 1957	Boca Apurito, Rio Apure, Venezuela	valide / valid
Potamotrygon schuemacheri Castex, 1964	Rio Colastiné Sur, Santa Fe, Argentina	valide / valid
Potamotrygon scobina Garman, 1913	Cametá, Rio Tocantins, Pará, Brazil	valide / valid
Potamotrygon signatus Garman, 1913	Sao Goncalo, Rio Paranaíba, Piauí, Brazil	*Potamotrygon signata*
Trygon strogylopterus Jardine in Schomburgk, 1843	Rio Branco, Brazil	Synonym zu/of *Paratrygon aiereba*
Disceus thayeri Garman, 1913	Rio Pará and Manaus, Brazil	Synonym zu/of *Paratrygon aiereba*
Potamotrygon yepezi Castex & Castello, 1970	Rio Palmar, Maracaibo drainage, Venezuela	valide / valid

Symbole

Um der weltweiten Sprachenvielfalt gerecht zu werden, haben wir bewußt auf ausführlichere Texte verzichtet und ersetzen diese durch leicht einprägsame internationale Symbole, mit deren Hilfe jeder die Eigenschaften und Pflegebedingungen der Fische erkennen kann.
Die angegebenen Pflegesymbole beziehen sich auf die Haltungsbedingungen im Aquarium, nicht auf die Werte im Herkunftsland oder Biotop.

Ursprung

ersehen Sie ganz leicht an dem Buchstaben vor der Code-Nummer

A = Afrika **E** = Europa N = Nordamerika
S = Lateinamerika **X** = Asien + Australien

Alter

die letzte Zahl der Code-Nummer steht immer für das Alter des fotografierten Fisches:

1 = small (Baby / Jugendfärbung)
2 = medium (Jungfisch/juvenil/Verkaufsgröße)
3 = large (halbwüchsig/gute Verkaufsgröße)
4 = XL (ausgewachsen/adult)
5 = XXL (Zucht-Tier/breeder)
6 = show (Schau-Tier/show-fish)

Herkunft

W = Wild-Form **B** = Nachzucht/bred
Z = Zucht-Form/breeding-form
X = Kreuzungs-Form/cross-bred

Größe

... cm = ungefähre Größe, die dieser Fisch ausgewachsen (adult) erreichen kann.

Geschlecht

♂ männlich ♀ weiblich ♂♀ Paar

Temperatur

18–22°C (64–72°F) (Zimmertemperatur)
22–25°C (72–77°F) (tropische Fische)
24–29°C (75–85°F) (Discus etc.)
10–22°C (50–72°F) kalt (Nordamerika/Europa)

pH-Wert

pH 6,5–7,2 keine besonderen Ansprüche (neutral)
pH 5,8–6,5 liebt weiches und leicht saures Wasser
pH 7,5–8,5 liebt hartes und alkalisches Wasser

Beleuchtung

hell, viel Licht / Sonne
nicht zu hell
fast dunkel

Futter:

Allesfresser, Trockenfutter, keine besonderen Ansprüche
Futter-Spezialist, Lebendfutter, Gefrierfutter
Fisch-Räuber, Futterfische füttern
Pflanzenfresser, Pflanzenkost zufüttern

Schwimmverhalten

keine besonderen Eigenschaften
im oberen Bereich/Oberflächen-Fisch
im unteren Bereich/Boden-Fisch

Aquarium-Einrichtung

nur Bodengrund und Steine etc.
Steine/Wurzeln/Höhlen
Pflanzen-Aquarium + Steine/Wurzeln

Verhalten/Vermehrung

Paarweise oder im Trio halten
Schwarmfisch, nicht unter 10 Exemplaren halten
Eierleger
Lebendgebärer
Maulbrüter
Höhlenbrüter
Schaumnestbauer
Algenvertilger/Scheibenputzer (Wurzeln+Spinat)
leichte Pflege (für entsprechende Gesellschaftsbecken)
schwierig zu halten, vorher Fachliteratur beachten
Vorsicht, extrem schwierig, nur für erfahrene Spezialisten
die Eier benötigen eine spezielle Behandlung
§ geschützte Art, (WA), „CITES" Sondergenehmigung nötig
~L~ amphibisch (benötigt Landteil)
<Bw> Brackwasser (Wasser + Salzzusatz)
~Sw~ Meerwasser (ständig im Meer lebend)
<~Sw~ juvenil im Meer (später auch im Brack- oder Süßwasser)
~Sw~> juvenil im Süßwasser (später auch im Meer)
<~Sw~> sowohl im Meer als auch im Süßwasser (wechselt!)

Mindest-Becken	Länge	Inhalt
SS sehr klein / super small	20–40 cm	5–20 l
S klein / small	40–80 cm	40–80 l
m mittel / medium	60–100 cm	80–200 l
L groß / large	100–200 cm	200–400 l
XL sehr groß / XL	200–400 cm	400–3 000 l
XXL extrem groß / XXL	über 400 cm	über 3 000 l
		(Schauaquarien)

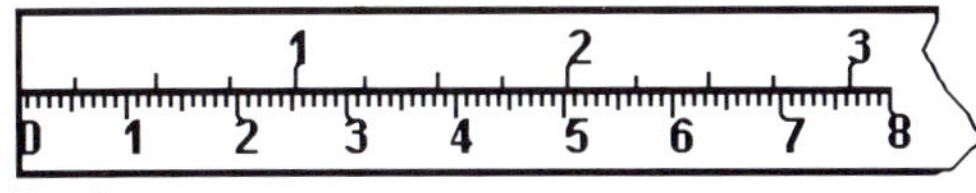

Symbols

Considering the great variety of languages wordwide, we have intentionally decided against detailed textual descriptions, replacing them by international symbols. This way, one can easily obtain the most important facts about the species and its care.
These care symbols always relate to the conditions in the aquarium, not the ones of the country of origin or biotopes.

continent of origin

simply check the letter in front of the code number

A = Africa **E** = Europe N = North America
S = Latin America **X** = Asia + Australia

age

the last figure of the code always stands for the age of the fish

1 = very small (fry/small juvenile)
2 = small (juvenile/saleable size)
3 = medium (sub-adult/good saleable size)
4 = large (adult/breeding size)
5 = extra large (fully-grown adult)
6 = exceptionally large (show specimen)

origin

W = wild-caught **B** = tank-bred
Z = cultivated form ("man-made" variety)
X = hybrid form

size

... cm = approximate size these fish can reach as adults

sex

♂ male ♀ female ♂♀ pair

temperature

18–22°C (64–72°F) (room temperature)
22–25°C (72–77°F) (many tropical fish)
24–29°C (75–85°F) (Discus etc.)
10–22°C (50–72°F) (cold/temperate; e.g. North America/Europe)

pH-value

pH 6,5–7,2 no special requirement (neutral)
pH 5,8–6,5 prefers soft, lightly acidic water
pH 7,5–8,5 prefers hard, alkaline water

lighting

bright, plenty of light / sun
not too bright
very dim

food

omnivorous: dry food, no special requirements
special diet: live food, frozen food
piscivore: feeds on (live) fish
herbivore: requires vegetable food

swimming level

mid-water/all levels
upper layer/surface dweller
lower level/bottom dweller

aquarium decor

just rocks and substrate
rocks and wood, caves
planted aquarium + rocks and wood

behaviour/reproduction

keep a pair or a trio
shoaling fish, do not keep less than 10
egglayer
livebearer/viviparous
mouthbrooder
cave brooder
bubblenest builder
algae eater /glass cleaner (bogwood + green food)
non-aggressive fish, easy to keep (mixed aquarium)
difficult to keep, read specialist literature beforehand
warning, extremely difficult, for experienced specialists only
the eggs need a special care
§ protected species, (WA), special license required ("CITES")
~L~ amphibic (needs land part)
<Bw> brackish water (water + additive salt)
~Sw~ marine (lives in the sea)
<~Sw~ juvenil in the sea (later as well in brackish water or fresh water)
~Sw~> juvenil in fresh water (later as well in the sea)
<~Sw~> as well in the sea and in fresh water (changes!)

minimum tank		length	capacity
SS	super-small	20–40 cm	5–20 l
S	small	40–80 cm	40–80 l
m	medium	60–100 cm	80–200 l
L	large	100–200 cm	200–400 l
XL	XL	200–400 cm	400–3 000 l
XXL	XXL	over 400 cm	over 3 000 l
			(display aquarium)

inches
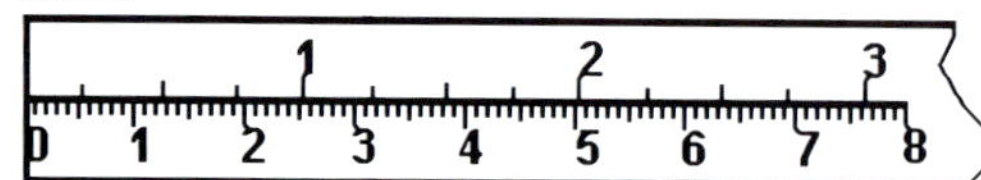

centimetres

Gruppe 1 / group 1: Motoro-artige Rochen / Stingrays of the motoro-type

S66101-3 Die Rochen dieser Gruppe zeigen folgende Merkmale: Der Rücken ist bedeckt mit dunkel umrandeten Augenflecken (Ocelli); niemals Ocelli auf dem Schwanz.
These stingrays show the following combination of markings: the back is covered with light spots ringed by a dark circle (ocelli); ocelli never extend distally on the tail.
photo: E. Schraml / Archiv A.C.S.

S66101-3 *Potamotrygon motoro* (MÜLLER & HENLE ex NATTERER, 1841); Handelsname / trade name: **Pfauenaugen-Stechrochen / Motoro Stingray / R 001**
Herkunft / Origin: Dieses Exemplar wurde aus Peru importiert / This specimen was imported from Peru.
W, 50 cm

photo: E. Schraml / Archiv A.C.S.

S66101-3 *Potamotrygon motoro* (MÜLLER & HENLE ex NATTERER, 1841); Handelsname / trade name: **Pfauenaugen-Stechrochen / Motoro Stingray / R 001**
Herkunft / Origin: Dieses Exemplar wurde aus Peru importiert / This specimen was imported from Peru.
W, 50 cm

photo: E. Schraml / Archiv A.C.S.

S66035-3 *Potamotrygon motoro* (MÜLLER & HENLE ex NATTERER, 1841); Handelsname / trade name: **Pfauenaugen-Stechrochen / Motoro Stingray / R 002**
Herkunft / Origin: Dieses Exemplar unbekannt / unknown for this specimen.
Brazil, Peru, Colombia, W, 50 cm

photo: Archiv A.C.S.

S66035-1 *Potamotrygon motoro* (MÜLLER & HENLE ex NATTERER, 1841); Handelsname / trade name: **Pfauenaugen-Stechrochen / Motoro Stingray / R 002**
Herkunft / Origin: Dieses Exemplar unbekannt / unknown for this specimen.
Brazil, Peru, Colombia, W, 50 cm

photo: Nakano / Archiv A.C.S.

Rochen-Biotop am oberen Orinoco, Inirida, Raudales von Mavicure, Kolumbien.
Stingray biotope, upper Orinoco, Inirida, Raudales of Mavicure, Colombia.

photo: U. Werner

S66036-4 *Potamotrygon motoro* (Müller & Henle ex Natterer, 1841); Handelsname / trade name: **Pfauenaugen-Stechrochen / Motoro Stingray / R 003**
Herkunft / Origin: Dieses Exemplar stammt vom oberen Orinoco-Einzug / This specimen was caught in the upper Orinoco-area.
W, 50 cm

photo: U. Werner

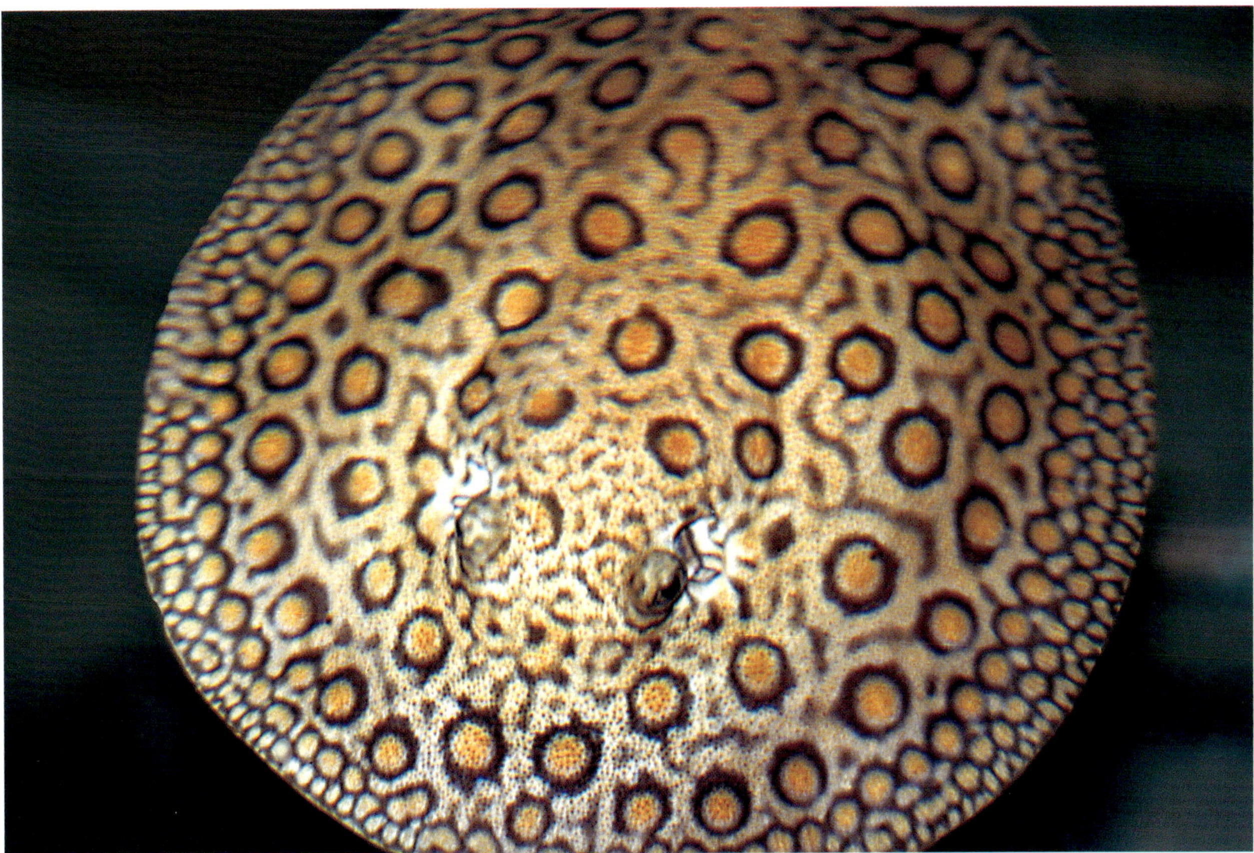

S66223-4 *Potamotrygon motoro* (MÜLLER & HENLE ex NATTERER, 1841); Handelsname / trade name: **Pfauenaugen-Stechrochen / Motoro Stingray / R 005**
Herkunft / Origin: Dieses Exemplar stammt aus dem Orinoco/ This specimen originates from the Orinoco.
Colombia, W, 50 cm

photo: H.-F. Schmidt-Knatz

S66224-4 *Potamotrygon motoro* (MÜLLER & HENLE ex NATTERER, 1841); Handelsname / trade name: **Pfauenaugen-Stechrochen / Motoro Stingray / R 006**
Herkunft / Origin: Dieses Exemplar stammt aus dem Orinoco/ This specimen originates from the Orinoco.
Colombia, W, 50 cm

photo: H.-F. Schmidt-Knatz

S66222-4 *Potamotrygon motoro* (Müller & Henle ex Natterer, 1841)
Pfauenaugen-Stechrochen / Motoro Stingray / R 004
Brazil, Peru, Colombia, W, 50 cm
photo: H.-F. Schmidt-Knatz

S66108-2 *Potamotrygon motoro* (Müller & Henle ex Natterer, 1841)
Pfauenaugen-Stechrochen / Motoro Stingray / R 013
Peru (this specimen), W, 50 cm
photo: E. Schraml / Archiv A.C.S.

S66225-3 *Potamotrygon motoro* (Müller & Henle ex Natterer, 1841)
Pfauenaugen-Stechrochen / Motoro Stingray / R 007
Brazil, Peru, Colombia, W, 50 cm
photo: H.-F. Schmidt-Knatz

S66100-5 *Potamotrygon motoro* (Müller & Henle ex Natterer, 1841)
Pfauenaugen-Stechrochen / Motoro Stingray / R 031
Brazil, Peru, Colombia, W, 50 cm
♂
photo: Nakano / Archiv A.C.S.

S66109-2 *Potamotrygon motoro* (Müller & Henle ex Natterer, 1841)
Pfauenaugen-Stechrochen / Motoro Stingray / R 012
Peru (this specimen), W, 50 cm
photo: E. Schraml / Archiv A.C.S.

S66109-2 *Potamotrygon motoro* (Müller & Henle ex Natterer, 1841)
Pfauenaugen-Stechrochen / Motoro Stingray / R 012
Peru (this specimen), W, 50 cm
photo: E. Schraml / Archiv A.C.S.

S66087-2 *Potamotrygon motoro* (Müller & Henle ex Natterer, 1841)
Pfauenaugen-Stechrochen / Motoro Stingray / R 016
Brazil, Peru, Colombia, W, 50 cm
photo: Nakano / Archiv A.C.S.

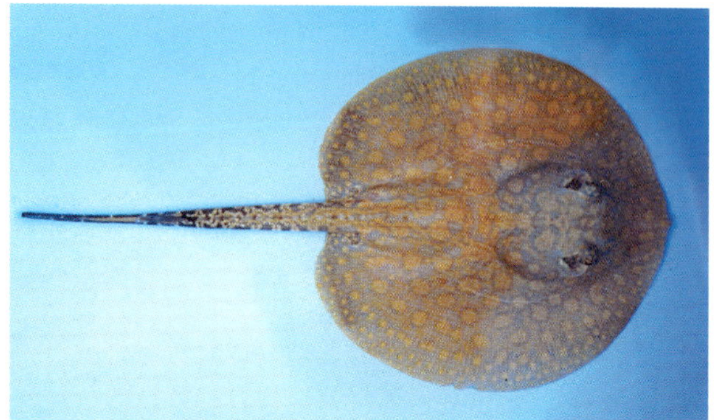

S66211-2 *Potamotrygon motoro* (Müller & Henle ex Natterer, 1841)
Pfauenaugen-Stechrochen / Motoro Stingray / R 017
Brazil, Peru, Colombia, W, 50 cm
photo: M. Kottelat

S66220-2 *Potamotrygon motoro* (Müller & Henle ex Natterer, 1841); Handelsname / trade name: **Pfauenaugen-Stechrochen / Motoro Stingray / R 008**
Herkunft / Origin: Dieses Exemplar stammt aus dem Rio Itaituba / This specimen originates from the Rio Itaituba.
Brazil, W, 50 cm

photo: F. Schäfer

S66221-2 *Potamotrygon motoro* (Müller & Henle ex Natterer, 1841); Handelsname / trade name: **Pfauenaugen-Stechrochen / Motoro Stingray / R 009**
Herkunft / Origin: Dieses Exemplar stammt aus dem Rio Itaituba / This specimen originates from the Rio Itaituba.
Brazil, W, 50 cm

photo: F. Schäfer

S66226-3 *Potamotrygon motoro* (Müller & Henle ex Natterer, 1841); Handelsname / trade name: **Pfauenaugen-Stechrochen / Motoro Stingray / R 010**
Herkunft / Origin: Dieses Exemplar stammt von der Insel Marajó (Pará) / This specimen originates from the island of Marajó (Pará).
Brazil, W, 50 cm

photo: R. Stawikowski

S66208-3 *Potamotrygon motoro* (Müller & Henle ex Natterer, 1841); Handelsname / trade name: **Pfauenaugen-Stechrochen / Motoro Stingray / R 011**
Herkunft / Origin: Dieses Exemplar stammt von der Insel Marajó (Pará) / This specimen originates from the island of Marajó (Pará).
Brazil, W, 50 cm

photo: R. Stawikowski

S66210-5 *Potamotrygon motoro* (Müller & Henle ex Natterer, 1841); Handelsname / trade name: **Pfauenaugen-Stechrochen / Motoro Stingray / R 015**
Herkunft / Origin: Dieses Exemplar stammt aus dem Rio Cupari, einem rechtsseitigen Weißwasserfluß des Rio Tapajós (Pará) / This specimen originates from the Rio Cupari, a right-bank whitewater tributary of the Rio Tapajós (Pará), Brazil, W, 50 cm.

photo: R. Stawikowski

S66210-5 *Potamotrygon motoro* (Müller & Henle ex Natterer, 1841); Handelsname / trade name: **Pfauenaugen-Stechrochen / Motoro Stingray / R 015**
Herkunft / Origin: Dieses Exemplar stammt aus dem Rio Cupari, einem rechtsseitigen Weißwasserfluß des Rio Tapajós (Pará) / This specimen originates from the Rio Cupari, a right-bank whitewater tributary of the Rio Tapajós (Pará), Brazil, W, 50 cm.

photo: R. Stawikowski

Restwassertümpel am Rio Negro, unmittelbar an der Mündung des Rio Branco (Roraima, Brasilien). Unter den gefangenen, vom Austrocknungstod bedrohten, Fischen befanden sich auch etliche junge *P. motoro*. / Residual pool on the Rio Negro, close to the mouth of the Rio Branco (Roraima State, Brazil). There is a single juvenile *P. motoro* beneath the trapped fishes endangered by the drying up of the pool.

photo: R. Stawikowski

S66209-2 *Potamotrygon motoro* (MÜLLER & HENLE ex NATTERER, 1841); Handelsname / trade name: **Pfauenaugen-Stechrochen / Motoro Stingray / R 014**
Herkunft / Origin: Dieses Exemplar wurde aus Peru importiert / This specimen was imported from Peru.
W, 50 cm

photo: F. Schäfer

S66104-2 *Potamotrygon* sp. aff. *motoro*, species A; Handelsname / trade name: **Glatter Kurzschnauzen-Motoro / Smooth Shortnose Motoro / R 018**
Herkunft / Origin: Dieses Exemplar wurde aus Peru importiert / This specimen was imported from Peru.
W, 50 cm

photo: F. Schäfer

S66212-4 *Potamotrygon* sp. aff. *motoro,* species A; Handelsname / trade name: **Glatter Kurzschnauzen-Motoro / Smooth Shortnose Motoro / R 019**
Herkunft / Origin: Dieses Exemplar wurde aus Pucallpa, Peru importiert / This specimen was imported from Pucallpa, Peru.
W, 50 cm

photo: H.-F. Schmidt-Knatz

S66212-4 *Potamotrygon* sp. aff. *motoro,* species A; Handelsname / trade name: **Glatter Kurzschnauzen-Motoro / Smooth Shortnose Motoro / R 019**
Herkunft / Origin: Dieses Exemplar wurde aus Pucallpa, Peru importiert / This specimen was imported from Pucallpa, Peru.
W, 50 cm

photo: H.-F. Schmidt-Knatz

S66104-3 *Potamotrygon* sp. aff. *motoro,* species A; Handelsname / trade name: **Glatter Kurzschnauzen-Motoro / Smooth Shortnose Motoro / R 018**
Herkunft / Origin: Dieses Exemplar wurde aus Peru importiert / This specimen was imported from Peru.
W, 50 cm

photo: E. Schraml / Archiv A.C.S.

S66104-3 *Potamotrygon* sp. aff. *motoro,* species A; Handelsname / trade name: **Glatter Kurzschnauzen-Motoro / Smooth Shortnose Motoro / R 018**
Herkunft / Origin: Dieses Exemplar wurde aus Peru importiert / This specimen was imported from Peru.
W, 50 cm

photo: E. Schraml / Archiv A.C.S.

S66104-4 *Potamotrygon* sp. aff. *motoro,* species A; Handelsname / trade name: **Glatter Kurzschnauzen-Motoro / Smooth Shortnose Motoro / R 018**
Herkunft / Origin: Dieses Exemplar unbekannt / Unknown for this specimen.
W, 50 cm

photo: R. Ross

S66213-2 *Potamotrygon* sp. aff. *motoro,* species B; Handelsname / trade name: **Langschwanz-Motoro / Longtailed Motoro / R 020**
Herkunft / Origin: Dieses Exemplar wurde aus Peru importiert / This specimen was imported from Peru.
W, 50 cm

photo: F. Schäfer

S66214-1 *Potamotrygon* sp. aff. *motoro*, species B
Langschwanz-Motoro / Longtailed Motoro R 021
Peru, W, 50 cm

photo: E. Schraml

S66107-2 *Potamotrygon* sp. aff. *motoro*, species B
Langschwanz-Motoro / Longtailed Motoro R 022
Peru, W, 50 cm

photo: E. Schraml / Archiv A.C.S.

S66105-2 *Potamotrygon* sp. aff. *motoro*, species B
Langschwanz-Motoro / Longtailed Motoro R 023
Peru, W, 50 cm

photo: E. Schraml / Archiv A.C.S.

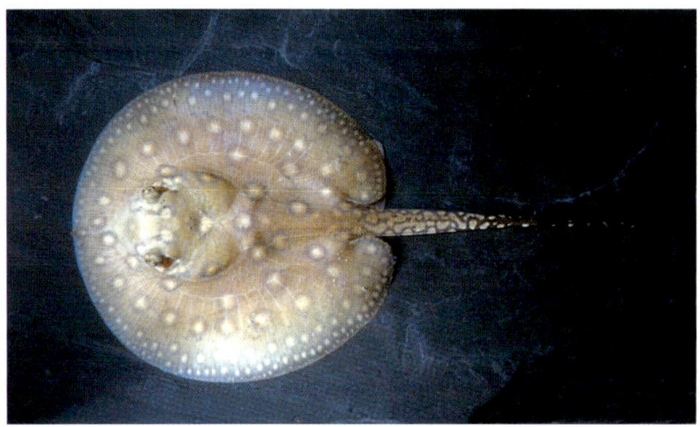

S66105-2 *Potamotrygon* sp. aff. *motoro*, species B
Langschwanz-Motoro / Longtailed Motoro R 023
Peru, W, 50 cm

photo: E. Schraml / Archiv A.C.S.

S66045-2 *Potamotrygon* sp. aff. *motoro*, species B
Langschwanz-Motoro / Longtailed Motoro R 024
Peru, W, 50 cm

photo: Nakano / Archiv A.C.S.

S66215-4 *Potamotrygon* sp. aff. *motoro*, species B
Langschwanz-Motoro / Longtailed Motoro R 025
Peru, W, 50 cm

photo: R. Ross

S66213-2 *Potamotrygon* sp. aff. *motoro*, species B
Langschwanz-Motoro / Longtailed Motoro R 020
Peru, W, 50 cm

photo: F. Schäfer

S66098-2 *Potamotrygon* sp. aff. *motoro*, species B
Langschwanz-Motoro / Longtailed Motoro R 030
Peru, W, 50 cm

photo: Nakano / Archiv A.C.S.

S66216-2 *Potamotrygon ocellata* (ENGELHARDT, 1912); Handelsname / trade name: **Nierenflecken-Motoro / Kidney-spot Motoro R 026**
Herkunft / Origin: Dieses Exemplar wurde aus Brasilien via Recife importiert / This specimen was imported from Brazil via Recife
W, 50 cm

photo: F. Schäfer

S66216-2 *Potamotrygon ocellata* (ENGELHARDT, 1912); Handelsname / trade name: **Nierenflecken-Motoro / Kidney-spot Motoro R 026**
Herkunft / Origin: Dieses Exemplar wurde aus Brasilien via Recife importiert / This specimen was imported from Brazil via Recife
W, 50 cm

photo: F. Schäfer

S66217-5 *Potamotrygon ocellata* (ENGELHARDT, 1912); Handelsname / trade name: **Nierenflecken-Motoro / Kidney-spot Motoro R 027**
Herkunft / Origin: Diese Exemplare unbekannt / Unknown for these specimens.
Brazil, Paar / Pair, W, 50 cm

photo: A. Camoens

S66218-4 *Potamotrygon schroederi* FERNANDEZ-YEPEZ, 1957; Handelsname / trade name: **Kolumbianischer Rochen / Colombian ray R 028 (P 4)**
Eine sehr variable Art! S. auch S. 86 und P-Nummern Register / An extremely variable species. Please see also p. 86 and P-number catalogue
Colombia, W, 50 cm
Artgleich mit / same species as: **R 151, P40, P45**

photo: R. Ross

S66219-4 *Potamotrygon* sp. (unbestimmte Art / undetermined species); Handelsname / trade name: **Schokoladen-Rochen/Chocolate ray R 029 (P 43)**
Möglicherweise nur eine Farbvariante von *P. motoro* / Probably a colour variant of *P. motoro* (s. auch P-Nummern Register / see also P-number catalogue)
Brazil, W, 50 cm

photo: R. Ross

S66101-1 *Potamotrygon* sp. (neugeborenes Jungtier / newborn juvenile); Jungtiere sind oft unbestimmbar. Wahrscheinlich handelt es sich um ein Baby von *P. motoro* / It is often impossible to determine juveniles. This is in all probability a baby *P. motoro*.
Herkunft unbekannt / origin unknown, W, 50 cm (?).

photo: Nakano / Archiv A.C.S.

S66104-1 *Potamotrygon* sp. (neugeborenes Jungtier / newborn juvenile); Jungtiere sind oft unbestimmbar. Wahrscheinlich handelt es sich um ein Baby von *P.* sp. aff. *motoro,* species A / It is often impossible to determine juveniles. This is in all probability a baby *P.* sp. aff. *motoro,* species A. Herkunft unbekannt / origin unknown, W, 50 cm (?).

photo: Nakano / Archiv A.C.S.

S66213-1 *Potamotrygon* sp. (neugeborenes Jungtier / newborn juvenile); Jungtiere sind oft unbestimmbar. Wahrscheinlich handelt es sich um ein Baby von *P.* sp. aff. *motoro,* species B / It is often impossible to determine juveniles. This is in all probability a baby *P.* sp. aff. *motoro,* species B. Herkunft unbekannt / origin unknown, W, 50 cm (?).

photo: Nakano / Archiv A.C.S.

S66010-3 Die Rochen dieser Gruppe zeigen folgende Merkmale: Der Rücken ist braun oder schwarz und bedeckt mit dunkel umrandeten Augenflecken (Ocelli); die Ocelli sind auch auf dem Schwanz vorhanden
These stingrays show the following combination of markings: the back is brown or black and covered with light spots ringed by a dark circle (ocelli); the ocelli extend distally on the tail.

photo: F. Schäfer

S65983-4 *Potamotrygon garrapa* (JARDINE in SCHOMBURGK, 1843); Handelsname / trade name: **Garrapa Stingray R 032**
Herkunft / Origin: Rio Branco, Brazil
W, 50 cm

after: Schomburgk, 1843. Plate courtesy of H. Hieronimus

S66002-3 *Potamotrygon garrapa* (JARDINE in SCHOMBURGK, 1843); Handelsname / trade name: **Garrapa Stingray R 033**
Herkunft / Origin: Dieses Exemplar unbekannt / Unknown for this specimen.
Brazil, W, 50 cm

photo: Nakano / Archiv A.C.S.

S66096-4 *Potamotrygon* cf. *garrapa* (JARDINE in SCHOMBURGK, 1843); Handelsname / trade name: **Garrapa Stingray R 035**
Herkunft / Origin: Dieses Exemplar unbekannt / Unknown for this specimen.
Brazil, W, 50 cm

photo: Nakano / Archiv A.C.S.

S66099-4 *Potamotrygon* cf. *garrapa* (JARDINE in SCHOMBURGK, 1843); Handelsname / trade name: **Garrapa Stingray R 034**
Herkunft / Origin: Dieses Exemplar von Marajó, Pará, Brasilien / This specimen is from Marajó, Pará, Brazil
W, 50 cm

photo: R. Stawikowski

S66000-4 *Potamotrygon henlei* (Castelnau, 1855); Handelsname / trade name: **Schwarzer Rochen / Black Ray R 036 (P 12)**
Herkunft / Origin: Dieses Exemplar vom mittleren Rio Tapajós, Pará, Brasilien / This specimen is from the middle course of the Rio Tapajós, Pará, Brazil, W, 30-40 cm

photo: R. Stawikowski

S66000-4 *Potamotrygon henlei* (Castelnau, 1855); Handelsname / trade name: **Schwarzer Rochen / Black Ray R 036 (P 12)**
Herkunft / Origin: Dieses Exemplar vom mittleren Rio Tapajós, Pará, Brasilien / This specimen is from the middle course of the Rio Tapajós, Pará, Brazil, W, 30-40 cm

photo: R. Stawikowski

S66135-4 *Potamotrygon henlei* (Castelnau, 1855); Handelsname / trade name: **Schwarzer Rochen / Black Ray R 037 (P 12)**
Herkunft / Origin: Dieses Exemplar unbekannt / Unknown for this specimen.
Brazil, W, 30-40 cm

photo: Nakano / Archiv A.C.S.

S66001-4 *Potamotrygon henlei* (Castelnau, 1855); Handelsname / trade name: **Schwarzer Rochen / Black Ray R 038 (P 12)**
Herkunft / Origin: Dieses Exemplar unbekannt / Unknown for this specimen.
Brazil, W, 30-40 cm

photo: R. Ross

Fundort von *Potamotrygon henlei* am Rio Tocantins, Brasilien.
A locality for *Potamotrygon henlei*, Rio Tocantins, Brazil.

photo: U. Werner

S66009-5 *Potamotrygon henlei* (CASTELNAU, 1855); Handelsname / trade name: **Schwarzer Rochen / Black Ray R 039 (P 12)**
Herkunft / Origin: Dieses Exemplar vom Einzug des Rio Tocantins / Rio Araguaia bei Maraba, Brasilien / This specimen is from the drainage of the Rio Tocantins / Rio Araguaia near Maraba, Brazil, W, 30-40 cm

photo: U. Werner

S66010-3 *Potamotrygon henlei* (CASTELNAU, 1855); Handelsname / trade name: **Schwarzer Rochen / Black Ray R 040 (P 12)**
Herkunft / Origin: Dieses Exemplar unbekannt / Unknown for this specimen.
Brazil, W, 30-40 cm

photo: F. Schäfer

S66011-4 *Potamotrygon henlei* (CASTELNAU, 1855); Handelsname / trade name: **Schwarzer Rochen / Black Ray R 041 (P 12)**
Herkunft / Origin: Dieses Exemplar unbekannt / Unknown for this specimen.
Brazil, W, 30-40 cm

photo: M. Kottelat

S66012-2 *Potamotrygon henlei* (Castelnau, 1855); Handelsname / trade name: **Schwarzer Rochen / Black Ray R 042 (P 12)**
Herkunft / Origin: Dieses Exemplar unbekannt / Unknown for this specimen.
Brazil, W, 30-40 cm

photo: E. Schraml /Archiv A.C.S.

S66012-2 *Potamotrygon henlei* (Castelnau, 1855); Handelsname / trade name: **Schwarzer Rochen / Black Ray R 042 (P 12)**
Herkunft / Origin: Dieses Exemplar unbekannt / Unknown for this specimen.
Brazil, W, 30-40 cm

photo: E. Schraml /Archiv A.C.S.

S66014-4 *Potamotrygon henlei* (Castelnau, 1855)
Schwarzer Rochen / Black Ray R 044 (P 12)
Brazil, W, 30-40 cm

photo: H.-G. Evers

S66014-4 *Potamotrygon henlei* (Castelnau, 1855)
Schwarzer Rochen / Black Ray R 044 (P 12)
Brazil, W, 30-40 cm

photo: H.-F. Schmidt-Knatz

S66016-4 *Potamotrygon henlei* (Castelnau, 1855) „Small Spots"
Schwarzer Rochen / Black Ray R 150 (P 12)
Brazil (this variant: Rio Itaituba), W, 30-40 cm

photo: F. Schäfer

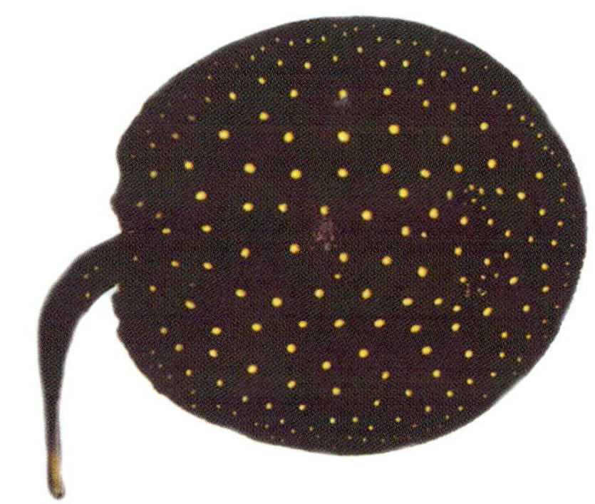

S66016-4 *Potamotrygon henlei* (Castelnau, 1855) „Small Spots"
Schwarzer Rochen / Black Ray R 150 (P 12)
Brazil (this variant: Rio Itaituba), W, 30-40 cm

photo: F. Schäfer

S66015-3 *Potamotrygon leopoldi* Castex & Castello, 1970
Schwarzer-, Eclipse-Rochen/Black-, Eclipse-Ray R 049 (P13)
Rio Xingú (known only from that river), Brazil, W, 30-40 cm

photo: F. Teigler / Archiv A.C.S.

S66021-3 *Potamotrygon leopoldi* Castex & Castello, 1970
Schwarzer-, Eclipse-Rochen/Black-, Eclipse-Ray R 050 (P13)
Rio Xingú (known only from that river), Brazil, W, 30-40 cm

photo: F. Teigler / Archiv A.C.S.

S66018-2 *Potamotrygon leopoldi* Castex & Castello, 1970
Schwarzer-, Eclipse-Rochen/Black-, Eclipse-Ray R 046 (P13)
Rio Xingú (known only from that river), Brazil, W, 30-40 cm

photo: M. Kottelat

S66015-4 *Potamotrygon leopoldi* Castex & Castello, 1970
Schwarzer-, Eclipse-Rochen/Black-, Eclipse-Ray R 049 (P13)
Rio Xingú (known only from that river), Brazil, W, 30-40 cm

photo: E. Schraml

Fundort von *P. leopoldi* am Rio Xingú.
A locality for *P. leopoldi*, Rio Xingú.

photo: U. Werner

S66019-3 *Potamotrygon leopoldi* Castex & Castello, 1970; Handelsname / trade name: **Schwarzer-, Eclipse-Rochen / Black or Eclipse ray R 047 (P 13)**
Herkunft / Origin: Endemisch im Rio Xingú (kommt nur dort vor) / endemic to the Rio Xingú (known only from that river)
Brazil, W, 30-40 cm

photo: U. Werner

S66019-3 *Potamotrygon leopoldi* Castex & Castello, 1970; Handelsname / trade name: **Schwarzer-, Eclipse-Rochen / Black or Eclipse ray R 047 (P 13)**
Herkunft / Origin: Endemisch im Rio Xingú (kommt nur dort vor) / endemic to the Rio Xingú (known only from that river)
Brazil, W, 30-40 cm

photo: U. Werner

S66020-3 *Potamotrygon leopoldi* Castex & Castello, 1970; Handelsname / trade name: **Schwarzer-, Eclipse-Rochen / Black or Eclipse ray R 048 (P 13)**
Herkunft / Origin: Endemisch im Rio Xingú (kommt nur dort vor) / endemic to the Rio Xingú (known only from that river)
Brazil, W, 30-40 cm

photo: Nakano / Archiv A.C.S.

S66136-3 *Potamotrygon leopoldi* CASTEX & CASTELLO, 1970; Handelsname / trade name: **Schwarzer-, Eclipse-Rochen / Black or Eclipse ray R 045 (P 13)**
Herkunft / Origin: Endemisch im Rio Xingú (kommt nur dort vor) / endemic to the Rio Xingú (known only from that river)
Brazil, W, 30-40 cm

photo: Nakano / Archiv A.C.S.

S66021-3 *Potamotrygon leopoldi* CASTEX & CASTELLO, 1970; Handelsname / trade name: **Schwarzer-, Eclipse-Rochen / Black or Eclipse ray R 050 (P13)**
Herkunft / Origin: Endemisch im Rio Xingú (kommt nur dort vor) / endemic to the Rio Xingú (known only from that river)
Brazil, W, 30-40 cm

photo: F. Schäfer

Gruppe 3 : Die übrigen großäugigen Rochen / group 3: The remaining large-eyed rays

Die Rochen dieser Gruppe sind meist braun in der Grundfärbung und zeigen ein Mamormuster oder Netzmuster unterschiedlicher Ausprägung auf dem Rücken; werden meist als Reticulatus, Hystrix- oder Laticeps-Rochen gehandelt. Die Rochen oben kommen aus dem Rio Tocantins. / These stingrays are usually brown in colour and exhibit a marbled or reticulated pattern; they are usually sold as reticulatus, hystrix, or laticeps rays in the trade. The rays in the picture above originate from the Rio Tocantins.

photo: H.-F. Schmidt-Knatz

Darstellung von *Potamotrygon histrix* aus SCHOMBURGK, 1843. Es handelt sich dabei um zwei verschiedene Arten, rechts vermutlich *P. yepezi*, links der „echte" *P. histrix*.
Plate of *Potamotrygon histrix* from SCHOMBURGK, 1843. Two different species are depicted: that on the right is probably *P. yepezi*, and that on the left the "real" *P. histrix*.

after: Schomburgk, 1843. Plate courtesy of H. Hieronimus

S66003-1 *Potamotrygon histrix* (MÜLLER & HENLE in ORBIGNY, 1834);
Gemeiner Stechrochen / Common Stingray R 052
Brazil, W, 50 cm **(P 06)**
photo: Nakano / Archiv A.C.S.

S66003-1 *Potamotrygon histrix* (MÜLLER & HENLE in ORBIGNY, 1834);
Gemeiner Stechrochen / Common Stingray R 052
Brazil, W, 50 cm **(P 06)**
photo: Nakano / Archiv A.C.S.

S66003-1 *Potamotrygon histrix* (MÜLLER & HENLE in ORBIGNY, 1834);
Gemeiner Stechrochen / Common Stingray R 052
Brazil, W, 50 cm **(P 06)**
photo: Nakano / Archiv A.C.S.

S66007-2 *Potamotrygon histrix* (MÜLLER & HENLE in ORBIGNY, 1834);
Gemeiner Stechrochen / Common Stingray R 053
Brazil, W, 50 cm **(P 06)**
photo: F. Schäfer

S66007-2 *Potamotrygon histrix* (MÜLLER & HENLE in ORBIGNY, 1834);
Gemeiner Stechrochen / Common Stingray R 053
Brazil, W, 50 cm **(P 06)**
photo: F. Schäfer

S66007-2 *Potamotrygon histrix* (MÜLLER & HENLE in ORBIGNY, 1834);
Gemeiner Stechrochen / Common Stingray R 053
Brazil, W, 50 cm **(P 06)**
photo: F. Schäfer

S66007-2 *Potamotrygon histrix* (MÜLLER & HENLE in ORBIGNY, 1834);
Gemeiner Stechrochen / Common Stingray R 053
Brazil, W, 50 cm **(P 06)**
photo: F. Schäfer

S66007-2 *Potamotrygon histrix* (MÜLLER & HENLE in ORBIGNY, 1834);
Gemeiner Stechrochen / Common Stingray R 053
Brazil, W, 50 cm **(P 06)**
photo: F. Schäfer

S66022-5 *Potamotrygon histrix* (Müller & Henle in Orbigny, 1834); Handelsname/trade name: **Gemeiner Stechrochen / Common Stingray R 051**
Herkunft / Origin: Dieses Exemplar unbekannt / Unknown for this specimen. **(P 06)**
Argentina (t.t., fide Rosa, 1985, restricted to that country), Brazil (imported aquarium specimen originate from there), W, 50 cm

photo: U. Werner

S66022-5 *Potamotrygon histrix* (Müller & Henle in Orbigny, 1834); Handelsname/trade name: **Gemeiner Stechrochen / Common Stingray R 051**
Herkunft / Origin: Dieses Exemplar unbekannt / Unknown for this specimen. **(P 06)**
Argentina (l.t., fide Rosa, 1985, restricted to that country), Brazil (imported aquarium specimens originate from there), W, 50 cm

photo: U. Werner

Sandbank am Rio Uaupés, einem großen Zufluß des Rio Negro im Norden von Brasilien. Hier wurde der unten abgebildete *Potamotrygon schroederi* gefangen.
Sandbank in the Rio Uaupés, a large tributary of the Rio Negro in northern Brazil. The *Potamotrygon schroederi* pictured below was caught here.

photo: I. Seidel

S59160-4 *Potamotrygon schroederi* Fernandez-Yepez, 1957; Handelsname / trade name: **Schroeders Stechrochen / Schroeder´s Stingray R 151** (= gleiche Art wie/ same species as **R 028, P 4, P40, P45**). Eine sehr variable Art! S. auch S. 67 und P-Nummern Register / An extremely variable species. Please see also p. 67 and P-number catalogue. Herkunft / Origin: Dieses Exemplar Rio Uaupés, Nordbrasilien / This specimen Rio Uaupés, N-Brazil, W, 40 cm.

photo: I. Seidel

S59161-4 *Potamotrygon castexi* CASTELLO & YAGOLKOWSKI, 1969; Handelsname / trade name: **Motelo-Rochen / Motelo ray R 152**
Herkunft / Origin: Dieses Exemplar Rio Chinipo, ca. 10 km südlich des Ortes Chicosa, Peru, Depto. Junin / This specimen Rio Chinipo, about 10 km south of the small town of Chicosa, Peru, Depto. Junin , W, 60 cm.
Siehe P-Nummern-Register für weitere Varianten / see P-number catalogue for further variants. **photo:** W. Staeck

S65978-3 *Potamotrygon castexi* CASTELLO & YAGOLKOWSKI, 1969; Handelsname / trade name: **Motelo-Rochen / Motelo ray R 054 (P36)**
Herkunft / Origin: Dieses Exemplar wurde über Peru importiert / This specimen was imported from Peru
W, 60 cm siehe P-Nummern-Register für weitere Varianten / see P-number catalogue for further variants
photo: R. Ross

S65974-3 *Potamotrygon castexi* CASTELLO & YAGOLKOWSKI, 1969; Handelsname / trade name: **Tigrinus ray / Tigrillo R 055 (P31)**
Herkunft / Origin: Dieses Exemplar wurde von Marajó, Pará, Brasilien importiert / This specimen was imported from Marajó, Pará, Brazil, W, 60 cm siehe P-Nummern-Register für weitere Varianten / see P-number catalogue for further variants

photo: R. Stawikowski

S65974-4 *Potamotrygon castexi* CASTELLO & YAGOLKOWSKI, 1969; Handelsname / trade name: **Tigrinus ray / Tigrillo R 055 (P31)**
Herkunft / Origin: Dieses Exemplar wurde von Marajó, Pará, Brasilien importiert / This specimen was imported from Marajó, Pará, Brazil, W, 60 cm siehe P-Nummern-Register für weitere Varianten / see P-number catalogue for further variants

photo: R. Stawikowski

S65973-1 *Potamotrygon castexi* CASTELLO & YAGOLKOWSKI, 1969; Handelsname / trade name: **Tigrinus ray / Tigrillo R 056 (P32)**
Herkunft / Origin: Dieses Exemplar wurde über Peru importiert / This specimen was imported from Peru
W, 60 cm siehe P-Nummern-Register für weitere Varianten / see P-number catalogue for further variants

photo: R. Ross

S65972-3 *Potamotrygon castexi* CASTELLO & YAGOLKOWSKI, 1969; Handelsname / trade name: **Tigrinus ray / Tigrillo R 057 (P31)**
Herkunft / Origin: Dieses Exemplar wurde über Peru importiert / This specimen has been imported from Peru
W, 60 cm siehe P-Nummern-Register für weitere Varianten / see P-number catalogue for further variants

photo: R. Ross

Stromschnelle am Rio Xingú, Brasilien, Fundort von Rochen der Gattung *Potamotrygon*.
Rapids in the Rio Xingú, Brazil, a habitat of rays of the genus *Potamotrygon*.

photo: U. Werner

S66103-2 *Potamotrygon yepezi* Castex & Castello, 1970; Handelsname / trade name: **Stechrochen / Stingray R 058**
Herkunft / Origin: Dieses Exemplar wurde aus Paraguay importiert / This specimen was imported from Paraguay
W, 35 cm

photo: E. Schraml / Archiv A.C.S.

S66103-2 *Potamotrygon yepezi* Castex & Castello, 1970; Handelsname / trade name: **Stechrochen / Stingray R 058**
Herkunft / Origin: Dieses Exemplar wurde aus Paraguay importiert / This specimen was imported from Paraguay
W, 35 cm

photo: E. Schraml / Archiv A.C.S.

S66228-3 *Potamotrygon yepezi* Castex & Castello, 1970; Handelsname / trade name: **Stechrochen / Stingray R 059**
Herkunft / Origin: Dieses Exemplar wurde im unteren Rio Tefé, Brasilien, gefangen / This specimen was caught in the lower Rio Tefé, Brazil
W, 35 cm

photo: R. Stawikowski

S66205-2 *Potamotrygon* cf. *yepezi* Castex & Castello, 1970; Handelsname / trade name: **Stechrochen / Stingray R 060**
Herkunft / Origin: Dieses Exemplar unbekannt / Unknown for this specimen.
Venezuela (fide Rosa, 1985, endemic to the Maracaibo drainage), Brazil (aquarium specimens), W, 35 cm

photo: Nakano / Archiv A.C.S.

S66006-2 *Potamotrygon humerosa* GARMAN, 1913; Handelsname / trade name: **Stechrochen / Stingray R 061**
Herkunft / Origin: Dieses Exemplar stammt aus dem Rio Itaituba, Brasilien / This specimen originates from the Rio Itaituba, Brazil
W, 30 cm

photo: F. Schäfer

S66023-2 *Potamotrygon humerosa* GARMAN, 1913; Handelsname / trade name: **Stechrochen / Stingray R 062**
Herkunft / Origin: Dieses Exemplar unbekannt / Unknown for this specimen.
Northern Brazil, lower Amazon drainage from Rio Tapajós to Rio Pará, W, 30 cm

photo: M. Kottelat

S66024-4 *Potamotrygon humerosa* GARMAN, 1913; Handelsname / trade name: **Stechrochen / Stingray R 063**
Herkunft / Origin: Dieses Exemplar wurde im Rio Xingú, Brasilien, gefangen / This specimen was caught in the Rio Xingú, Brazil
W, 30 cm

photo: U. Werner

S66195-4 *Potamotrygon humerosa* GARMAN, 1913; Handelsname / trade name: **Stechrochen / Stingray R 064**
Herkunft / Origin: Dieses Exemplar unbekannt / Unknown for this specimen.
Northern Brazil, lower Amazon drainage from Rio Tapajós to Rio Pará, W, 30 cm

photo: Nakano / Archiv A.C.S.

S66026-4 *Potamotrygon humerosa* GARMAN, 1913; Handelsname / trade name: **Stechrochen / Stingray R 065**
Herkunft / Origin: Dieses Exemplar wurde im Rio Tapajós, Brasilien, gefangen / This specimen was caught in the Rio Tapajós, Brazil
W, 30 cm

photo: F. Warzel

S66027-3 *Potamotrygon humerosa* GARMAN, 1913; Handelsname / trade name: **Stechrochen / Stingray R 066**
Herkunft / Origin: Dieses Exemplar wurde im Rio Trombetas, Brasilien, gefangen / This specimen was caught in the Rio Trombetas, Brazil
W, 30 cm

photo: U. Werner

S66028-4 *Potamotrygon humerosa* GARMAN, 1913; Handelsname / trade name: **Stechrochen / Stingray R 067**
Herkunft / Origin: Dieses Exemplar unbekannt / Unknown for this specimen. Man beachte die arttypische Schwanzbedornung / Note the species-specific denticles on the tail. Northern Brazil, lower Amazon drainage from Rio Tapajós to Rio Pará, W, 30 cm

photo: F. Schäfer

S65981-4 *Potamotrygon* sp. aff. *dumerilii;* Handelsname / trade name: **Blumenmuster-Rochen / Flower ray R 068 (P 47)**
Herkunft / Origin: Dieses Exemplar stammt aus Peru / This specimen originates from Peru
W, 35 cm

photo: R. Ross

Sandpool mit felsiger Stromschnelle am Rio Maçangana, ein Rochenbiotop im Madeira-Einzug, Brasilien.
Sandy pool and rocky rapids in the Rio Maçangana, a ray biotope in the Rio Madeira drainage, Brazil.

photo: U. Werner

S65984-5 *Potamotrygon dumerilii* (Castelnau, 1855); Handelsname / trade name: **Blumenmuster-Rochen / Flower ray R 069**
Herkunft / Origin: Dieses Exemplar stammt aus dem Rio Madeira-Einzug / This specimen originates from the Rio Madeira drainage
Brazil, W, 35 cm

photo: U. Werner

S65985-3 *Potamotrygon dumerilii* (CASTELNAU, 1855); Handelsname / trade name: **Stechrochen / Stingray R 070**
Herkunft / Origin: Dieses Exemplar stammt von Cachoeira Porteira, Rio Trombetas, Brasilien / This specimen originates from Cachoeira Porteira, Rio Trombetas, Brazil, W, 35 cm

photo: U. Werner

S65984-5 *Potamotrygon dumerilii* (CASTELNAU, 1855); Handelsname / trade name: **Blumenmuster-Rochen / Flower ray R 069**
Herkunft / Origin: Dieses Exemplar stammt aus dem Rio Madeira-Einzug / This specimen originates from the Rio Madeira drainage Brazil, W, 35 cm

photo: U. Werner

S65986-4 *Potamotrygon dumerilii* (Castelnau, 1855); Handelsname / trade name: **Blumenmuster-Rochen / Flower ray R 071 (P 09)**
Herkunft / Origin: Dieses Exemplar stammt aus Brasilien / This specimen originates from Brazil
Brazil, W, 35 cm

photo: L. Chao

S65987-4 *Potamotrygon dumerilii* (Castelnau, 1855); Handelsname / trade name: **Blumenmuster-Rochen / Flower ray R 072 (P 42)**
Herkunft / Origin: Dieses Exemplar stammt aus Brasilien / This specimen originates from Brazil
Brazil, W, 35 cm

photo: L. Chao

S66004-4 *Potamotrygon orbignyi* (Castelnau, 1855); Handelsname / trade name: **Stechrochen / Stingray R 073**
Herkunft / Origin: Dieses Exemplar unbekannt, äußerst variable Art / Unknown for this specimen; an extremly variable species.
Venezuela (Orinoco drainage), Colombia, Guianas, Surinam, Brazil (to the lower Amazon), W, 35 cm

photo: Archiv A.C.S.

S66106-2 *Potamotrygon orbignyi* (Castelnau, 1855) (möglicherweise ein Hybrid, s. S66029/ see also S66029); Handelsname / trade name: **Stechrochen / Stingray R 074**
Herkunft / Origin: Dieses Exemplar stammt aus Peru, äußerst variable Art /
This specimen is from Peru; an extremly variable species. W, 35 cm.

photo: E. Schraml / Archiv A.C.S.

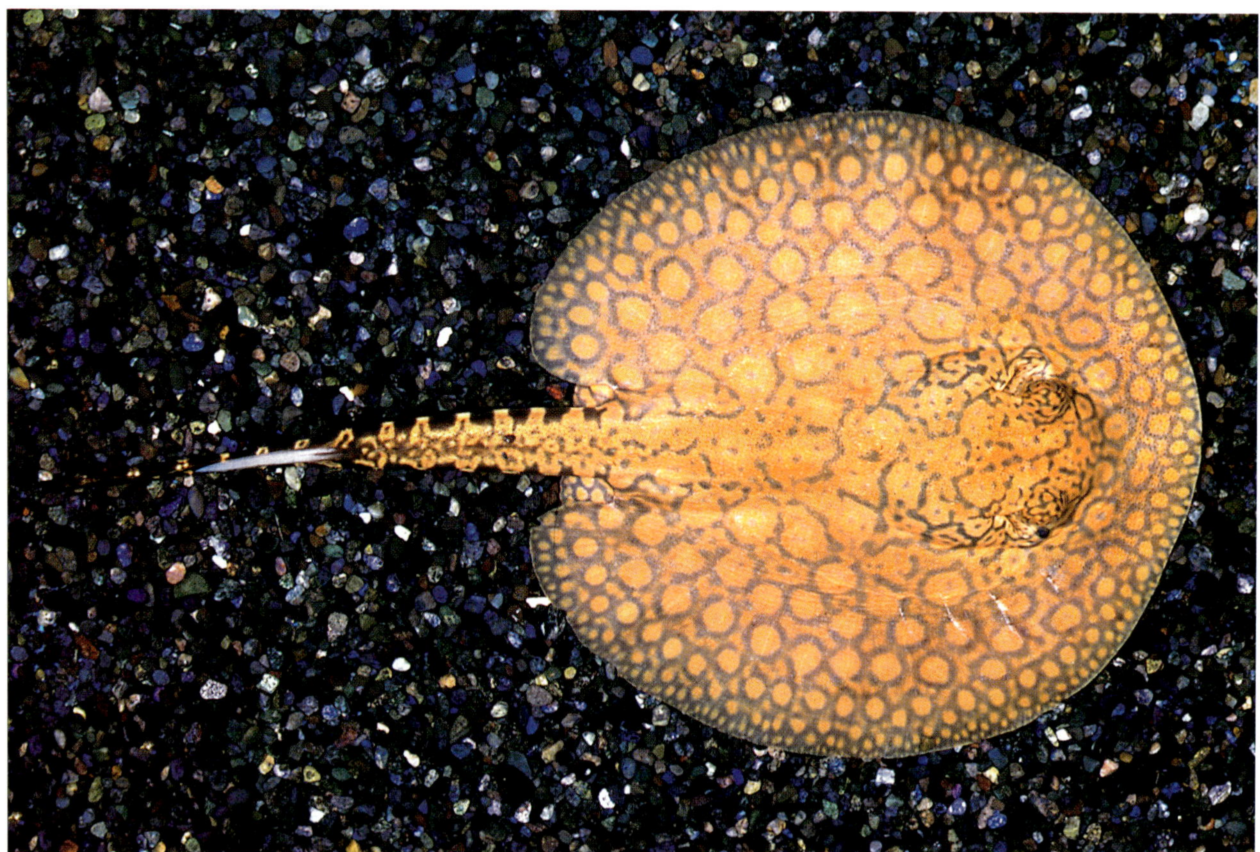

S65988-1 *Potamotrygon orbignyi* (CASTELNAU, 1855); Handelsname / trade name: **Stechrochen / Stingray R 075**
Herkunft / Origin: Dieses Exemplar unbekannt, äußerst variable Art / Unknown for this specimen; an extremly variable species.
Venezuela (Orinoco drainage), Colombia, Guianas, Surinam, Brazil (to the lower Amazon), W, 35 cm

photo: Nakano / Archiv A.C.S.

S65989-3 *Potamotrygon orbignyi* (CASTELNAU, 1855); Handelsname / trade name: **Stechrochen / Stingray R 076**
Herkunft / Origin: Dieses Exemplar unbekannt, äußerst variable Art / Unknown for this specimen; an extremly variable species
Venezuela (Orinoco drainage), Colombia, Guianas, Surinam, Brazil (to the lower Amazon), W, 35 cm

photo: R. Ross

S65990-2 *Potamotrygon orbignyi* (CASTELNAU, 1855); Handelsname / trade name: **Stechrochen / Stingray R 077**
Herkunft / Origin: Dieses Exemplar stammt aus Brasilien, äußerst variable Art / This specimen is from Brazil; an extremly variable species
W, 35 cm; dieses und das Tier im unteren Bild stammen vom gleichen Fundort/ this specimen and the specimen depicted below were caught together
photo: F. Schäfer

S65991-2 *Potamotrygon orbignyi* (CASTELNAU, 1855); Handelsname / trade name: **Stechrochen / Stingray R 078**
Herkunft / Origin: Dieses Exemplar stammt aus Brasilien, äußerst variable Art / This specimen is from Brazil; an extremly variable species
W, 35 cm; dieses und das Tier im oberen Bild stammen vom gleichen Fundort/ this specimen and the specimen depicted above were caught together
photo: F. Schäfer

S66029-2 Hybride zwischen *P. orbignyi* und *P. reticulata*; **R 079** das Tier zeigt intermediäres Zeichnungsmuster und Schwanzmerkmale. Es stammt vom gleichen Fundort wie die beiden auf S. 103 abgebildeten *P. orbignyi* / Hybrid between *P. orbignyi* and *P. reticulata*. It exhibits intermediate characters as regards pattern and tail morphology. It was caught together with the two *P. orbignyi* depicted on p. 103. W, 35 cm.

photo: F. Schäfer

S66029-2 Hybride zwischen *P. orbignyi* und *P. reticulata*; **R 079** das Tier zeigt intermediäres Zeichnungsmuster und Schwanzmerkmale. Es stammt vom gleichen Fundort wie die beiden auf S. 103 abgebildeten *P. orbignyi* / Hybrid between *P. orbignyi* and *P. reticulata*. It exhibits intermediate characters as regards pattern and tail morphology. It was caught together with the two *P. orbignyi* depicted on p. 103. W, 35 cm.

photo: F. Schäfer

S66048-3 *Potamotrygon orbignyi* (Castelnau, 1855); Handelsname / trade name: **Stechrochen / Stingray R 081**
Herkunft / Origin: Dieses Exemplar unbekannt, äußerst variable Art / Unknown for this specimen; an extremly variable species
Venezuela (Orinoco drainage), Colombia, Guianas, Surinam, Brazil (to the lower Amazon), W, 35 cm

photo: U. Werner

S66048-3 *Potamotrygon orbignyi* (Castelnau, 1855); Handelsname / trade name: **Stechrochen / Stingray R 081**
Herkunft / Origin: Dieses Exemplar unbekannt, äußerst variable Art / Unknown for this specimen; an extremly variable species
Venezuela (Orinoco drainage), Colombia, Guianas, Surinam, Brazil (to the lower Amazon), W, 35 cm

photo: U. Werner

S65992-4 *Potamotrygon orbignyi* (CASTELNAU, 1855); Handelsname / trade name: **Stechrochen / Stingray R 082**
Herkunft / Origin: Dieses Exemplar stammt aus Marajó, Pará, Brasilien / This specimen is from Marajó, Pará, Brazil, W, 35 cm; dieses und das Tier im unteren Bild stammen vom gleichen Fundort/ this specimen and the specimen depicted below were caught together.

photo: R. Stawikowski

S65992-3 *Potamotrygon orbignyi* (CASTELNAU, 1855); Handelsname / trade name: **Stechrochen / Stingray R 082**
Herkunft / Origin: Dieses Exemplar stammt aus Marajó, Pará, Brasilien / This specimen is from Marajó, Pará, Brazil, W, 35 cm; dieses und das Tier im oberen Bild stammen vom gleichen Fundort/ this specimen and the specimen depicted above were caught together.

photo: R. Stawikowski

S66111-2 *Potamotrygon reticulata* (GÜNTHER, 1880); Handelsname / trade name: **Longtail-Stechrochen / Stingray R 088**
Herkunft / Origin: Dieses Exemplar Roraima, Brasilien, äußerst variable Art / This specimen is from Roraima, Brazil, extremly variable species
W, 35 cm

photo: E. Schraml / Archiv A.C.S.

S66111-2 *Potamotrygon reticulata* (GÜNTHER, 1880); Handelsname / trade name: **Longtail-Stechrochen / Stingray R 088**
Herkunft / Origin: Dieses Exemplar Roraima, Brasilien, äußerst variable Art / This specimen is from Roraima, Brazil, extremly variable species
W, 35 cm

photo: E. Schraml / Archiv A.C.S.

S66110-1 *Potamotrygon reticulata* (GÜNTHER, 1880)
Longtail-Stechrochen / Stingray R 087
Roraima (Brazil), (this specimen), W, 35 cm
photo: E. Schraml / Archiv A.C.S.

S66110-1 *Potamotrygon reticulata* (GÜNTHER, 1880)
Longtail-Stechrochen / Stingray R 087
Roraima (Brazil), (this specimen), W, 35 cm
photo: E. Schraml / Archiv A.C.S.

S66086-2 *Potamotrygon reticulata* (GÜNTHER, 1880)
Longtail-Stechrochen / Stingray R 083
Colombia, Suriname, Brazil, W, 35 cm
photo: Nakano/Archiv A.C.S.

S66088-2 *Potamotrygon reticulata* (GÜNTHER, 1880)
Longtail-Stechrochen / Stingray R 084
Colombia, Suriname, Brazil, W, 35 cm
photo: E. Sosna

S66089-2 *Potamotrygon reticulata* (GÜNTHER, 1880)
Longtail-Stechrochen / Stingray R 085
Colombia, Suriname, Brazil, W, 35 cm
photo: Nakano / Archiv A.C.S.

S66090-2 *Potamotrygon reticulata* (GÜNTHER, 1880)
Longtail-Stechrochen / Stingray R 086
Colombia (this specimen), W, 35 cm
photo: F. Schäfer

S66112-2 *Potamotrygon reticulata* (GÜNTHER, 1880)
Longtail-Stechrochen / Stingray R 089
Colombia, Suriname, Brazil, W, 35 cm
photo: H.-F. Schmidt-Knatz

S66065-3 *Potamotrygon reticulata* (GÜNTHER, 1880)
Longtail-Stechrochen / Stingray R 090
Colombia, Suriname, Brazil, W, 35 cm
photo: Archiv A.C.S.

S65980-5 *Potamotrygon constellata* (Vaillant, 1880); **R 091.** Die Mumie dieses Rochens wurde am unteren Tapajós, Pará, Brasilien, gefunden. Man beachte die großen, kreisförmigen Dentikel, die typisch für diese Art sind / This mummified stingray was found on the shore of the lower Rio Tapajós, Pará, Brazil. Note the enlarged round denticles that are species-specific for *P. constellata*.

photo: R. Stawikowski

S65980-5 *Potamotrygon constellata* (Vaillant, 1880); **R 091.** Die Mumie dieses Rochens wurde am unteren Tapajós, Pará, Brasilien, gefunden. Man beachte die großen, kreisförmigen Dentikel, die typisch für diese Art sind / This mummified stingray was found on the shore of the lower Rio Tapajós, Pará, Brazil. Note the enlarged round denticles that are species-specific for *P. constellata*.

photo: R. Stawikowski

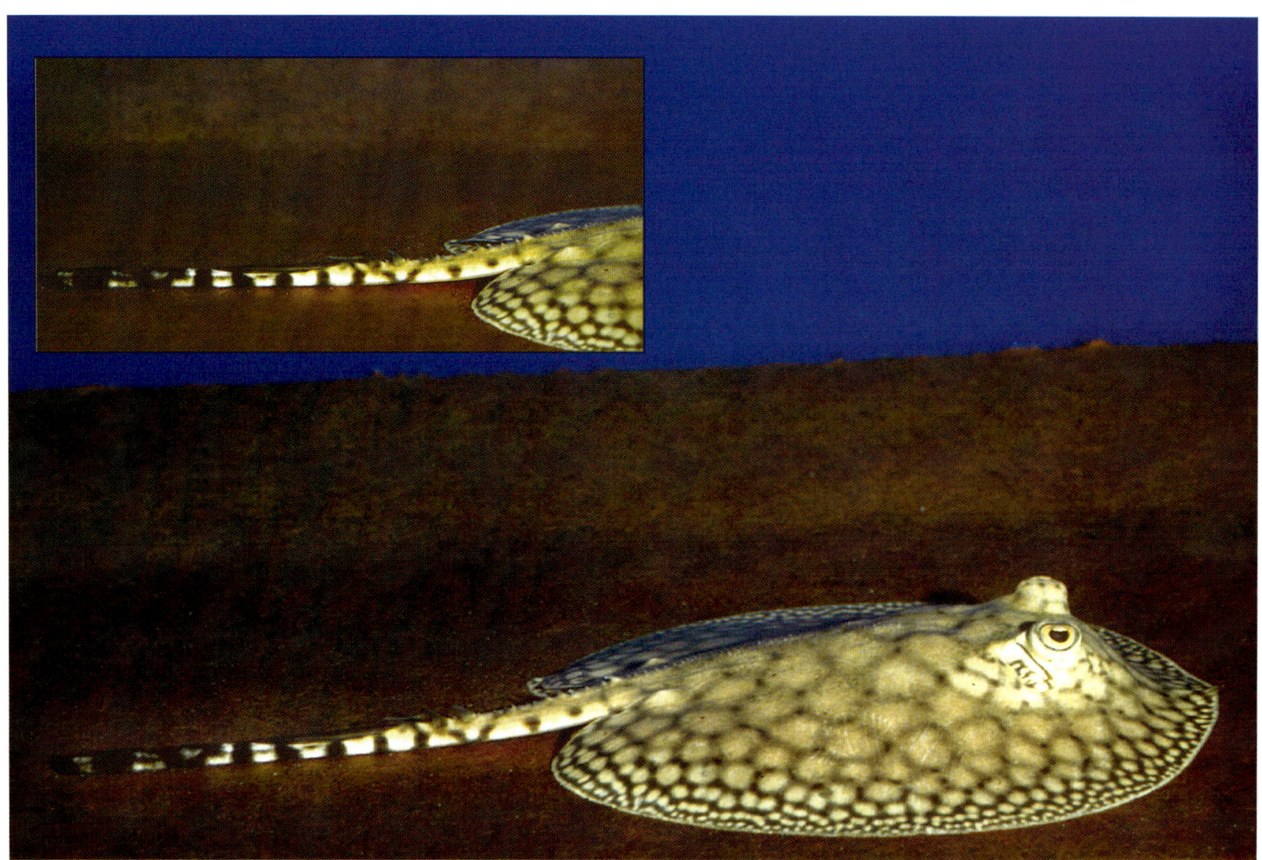

S65993-2 *Potamotrygon constellata* (VAILLANT, 1880); Handelsname / trade name: **Stechrochen / Stingray R 092**
Herkunft / Origin: Dieses Exemplar wurde aus Recife, Brasilien, importiert / This specimen was imported from Recife, Brazil
W, 45 cm

photo: F. Schäfer

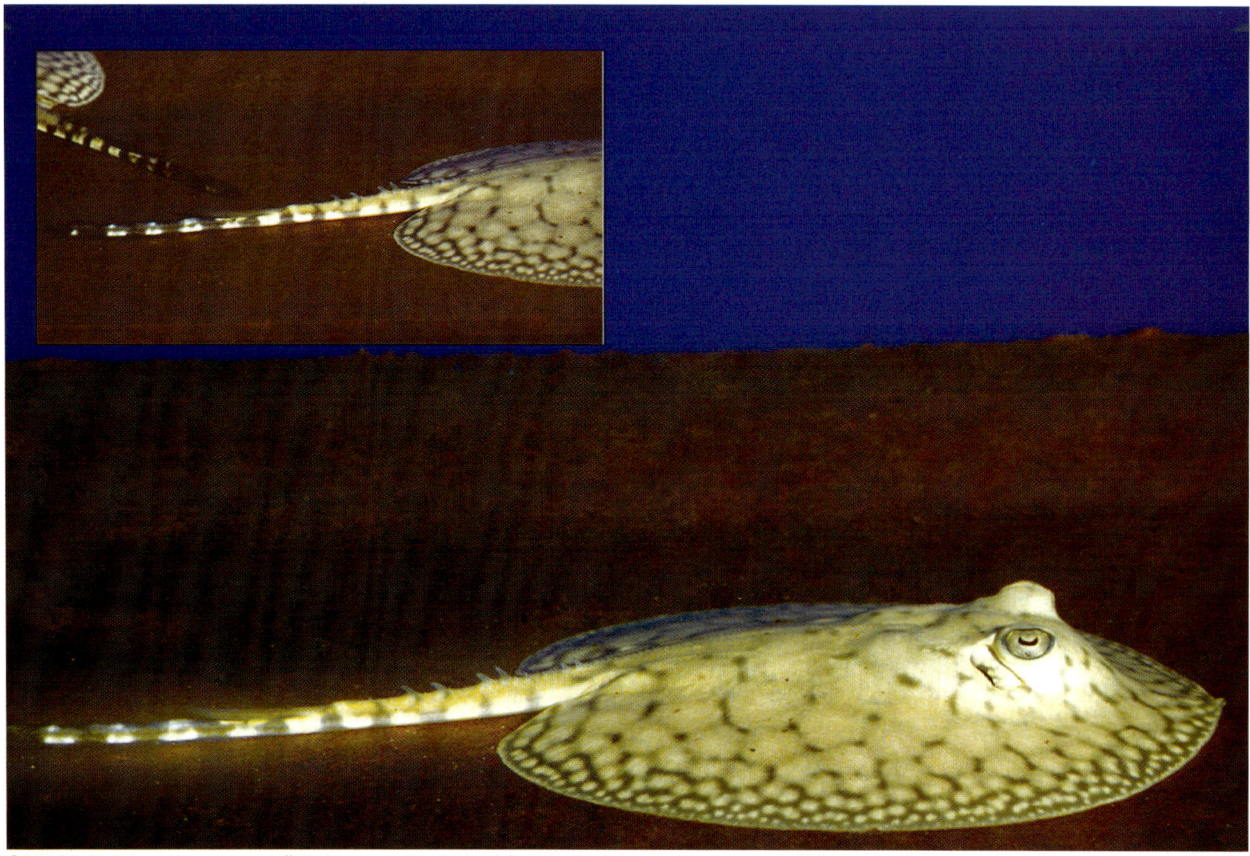

S65993-2 *Potamotrygon constellata* (VAILLANT, 1880); Handelsname / trade name: **Stechrochen / Stingray R 092**
Herkunft / Origin: Dieses Exemplar wurde aus Recife, Brasilien, importiert / This specimen was imported from Recife, Brazil
W, 45 cm

photo: F. Schäfer

S66113-4 *Potamotrygon* sp. (unbeschriebene Art); Handelsname / trade name: **Marmor-Rochen / Marbled ray R 093 (P08, P19-21, P23-24)**
Herkunft / Origin: Dieses Exemplar wurde über Recife, Brasilien, importiert / This specimen was exported from Recife,Brazil
W, 30 cm, auch bekannt als „Mantilla-Rochen" / also known as the "Mantilla ray"

photo: F. Schäfer

S66114-4 *Potamotrygon* sp. (unbeschriebene Art); Handelsname / trade name: **Marmor-Rochen / Marbled ray R 094 (P08, P19-21, P23-24)**
Herkunft / Origin: Dieses Exemplar wurde über Recife, Brasilien, importiert / This specimen was exported from Recife,Brazil
W, 30 cm, auch bekannt als „Mantilla-Rochen" / also known as the "Mantilla ray"

photo: F. Schäfer

S66115-4 *Potamotrygon* sp. (unbeschriebene Art); Handelsname / trade name: **Marmor-Rochen / Marbled ray R 095 (P08, P19-21, P23-24)**
Herkunft / Origin: Dieses Exemplar unbekannt / Unknown for this specimen.
W, 30 cm, auch bekannt als „Mantilla-Rochen" / also known as the "Mantilla-Ray"

photo: H.-F. Schmidt-Knatz

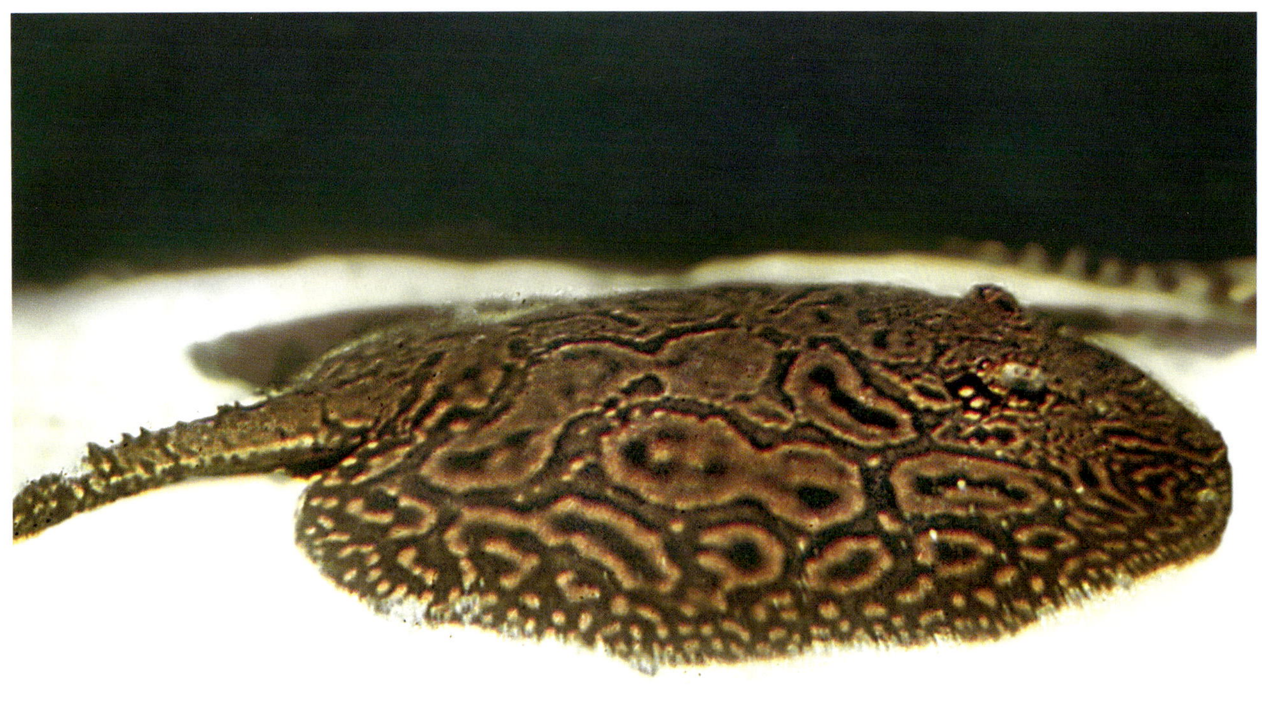

S66115-4 *Potamotrygon* sp. (unbeschriebene Art); Handelsname / trade name: **Marmor-Rochen / Marbled ray R 095 (P08, P19-21, P23-24)**
Herkunft / Origin: Dieses Exemplar unbekannt / Unknown for this specimen.
W, 30 cm, auch bekannt als „Mantilla-Rochen" / also known as the "Mantilla-Ray"

photo: H.-F. Schmidt-Knatz

S66116-1 *Potamotrygon* sp. (unbeschriebene Art); Handelsname / trade name: **Marmor-Rochen / Marbled ray R 096 (P08, P19-21, P23-24)**
Herkunft / Origin: Dieses Exemplar unbekannt / Unknown for this specimen.
W, 30 cm, auch bekannt als „Mantilla-Rochen" / also known as the "Mantilla-Ray".

photo: E. Schraml

S65976-3 *Potamotrygon brachyura* (GÜNTHER, 1880); Synonym: *P. brumi* DEVICENCI & TEAGUE, 1942; Handelsname / trade name: **Stechrochen / Stingray R 097**
Herkunft / Origin: Dieses Exemplar unbekannt / Unknown for this specimen.
Northeastern Argentina, western Brazil (Mato Grosso), central Paraguay, western Uruguay, W, 85 cm.

photo: F. Mori

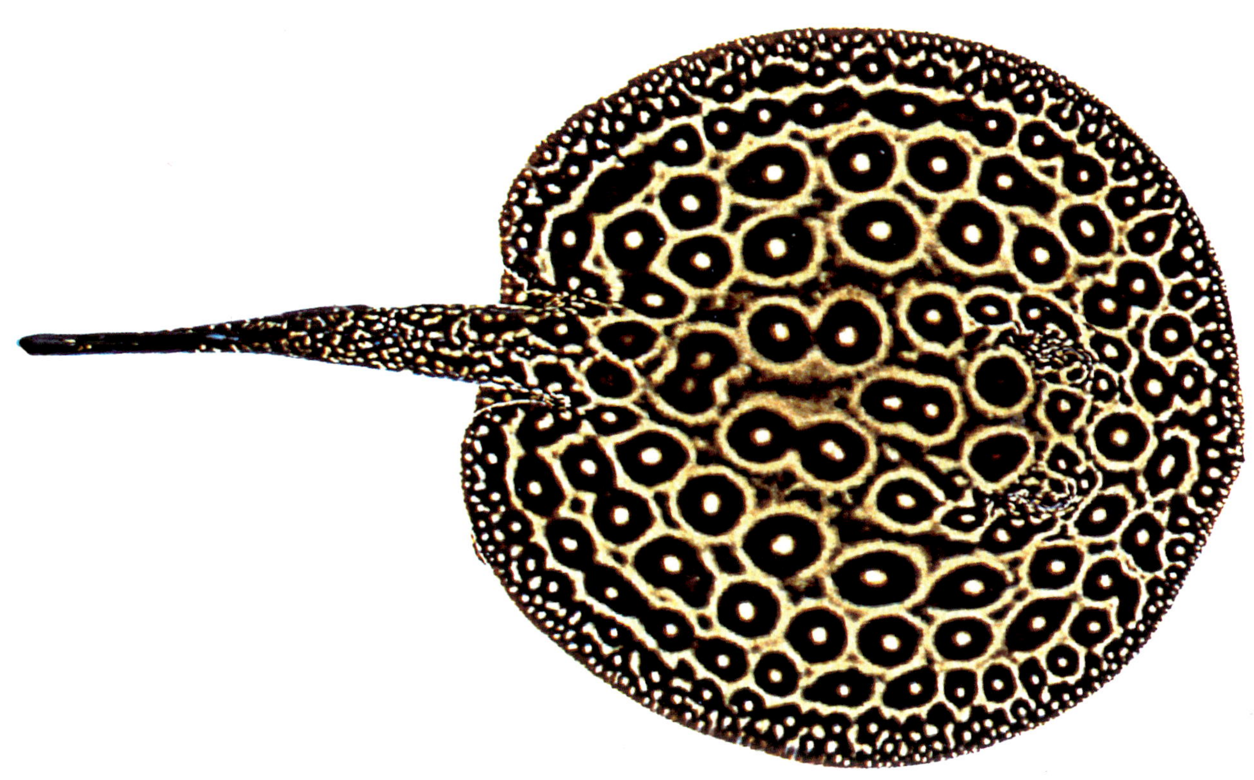

S66030-4 *Potamotrygon* sp. (unbeschriebene Art); Handelsname / trade name: **Perlen-Rochen / Pearl ray R 080**
Herkunft / Origin: Dieses Exemplar wurde über Recife, Brasilien, importiert / This specimen was exported from Recife, Brazil.
W, 30 cm

photo: F. Schäfer

S66030-4 *Potamotrygon* sp. (unbeschriebene Art); Handelsname / trade name: **Perlen-Rochen / Pearl ray R 080**
Herkunft / Origin: Dieses Exemplar wurde über Recife, Brasilien, importiert / This specimen was exported from Recife, Brazil.
W, 30 cm

photo: F. Schäfer

S66117-4 *Potamotrygon menchacai* ACHENBACH, 1967; Handelsname / trade name: **Tiger-Rochen / Tiger ray / Tigre R 098 (P 49)**
Herkunft / Origin: Dieses Exemplar wurde aus Peru importiert / This specimen was imported from Peru.
W, 50 cm

photo: R. Ross

S66118-4 *Potamotrygon menchacai* ACHENBACH, 1967; Handelsname / trade name: **Tiger-Rochen / Tiger ray / Tigre R 099 (P 49-52)**
Herkunft / Origin: Dieses Exemplar wurde aus Peru exportiert / This specimen was imported from Peru.
W, 50 cm

photo: R. Ross

S66119-3 *Potamotrygon menchacai* ACHENBACH, 1967; Handelsname / trade name: **Tiger-Rochen / Tiger ray / Tigre R 100 (P 49-52)**
Herkunft / Origin: Dieses Exemplar wurde aus Peru exportiert / This specimen was imported from Peru.
Blasse Morphe / pale morph, W, 50 cm

photo: R. Ross

S66120-2 *Potamotrygon menchacai* ACHENBACH, 1967; Handelsname / trade name: **Tiger-Rochen / Tiger ray / Tigre R 101 (P 50)**
Herkunft / Origin: Dieses Exemplar wurde aus Peru exportiert / This specimen was imported from Peru.
W, 50 cm

photo: R. Ross

S66075-1 *Potamotrygon menchacai* ACHENBACH, 1967; Handelsname / trade name: **Tiger-Rochen / Tiger ray / Tigre R 102 (P 49-52)**
Herkunft / Origin: Dieses Exemplar wurde aus Peru importiert / This specimen was imported from Peru.
W, 50 cm

photo: Nakano / Archiv A.C.S.

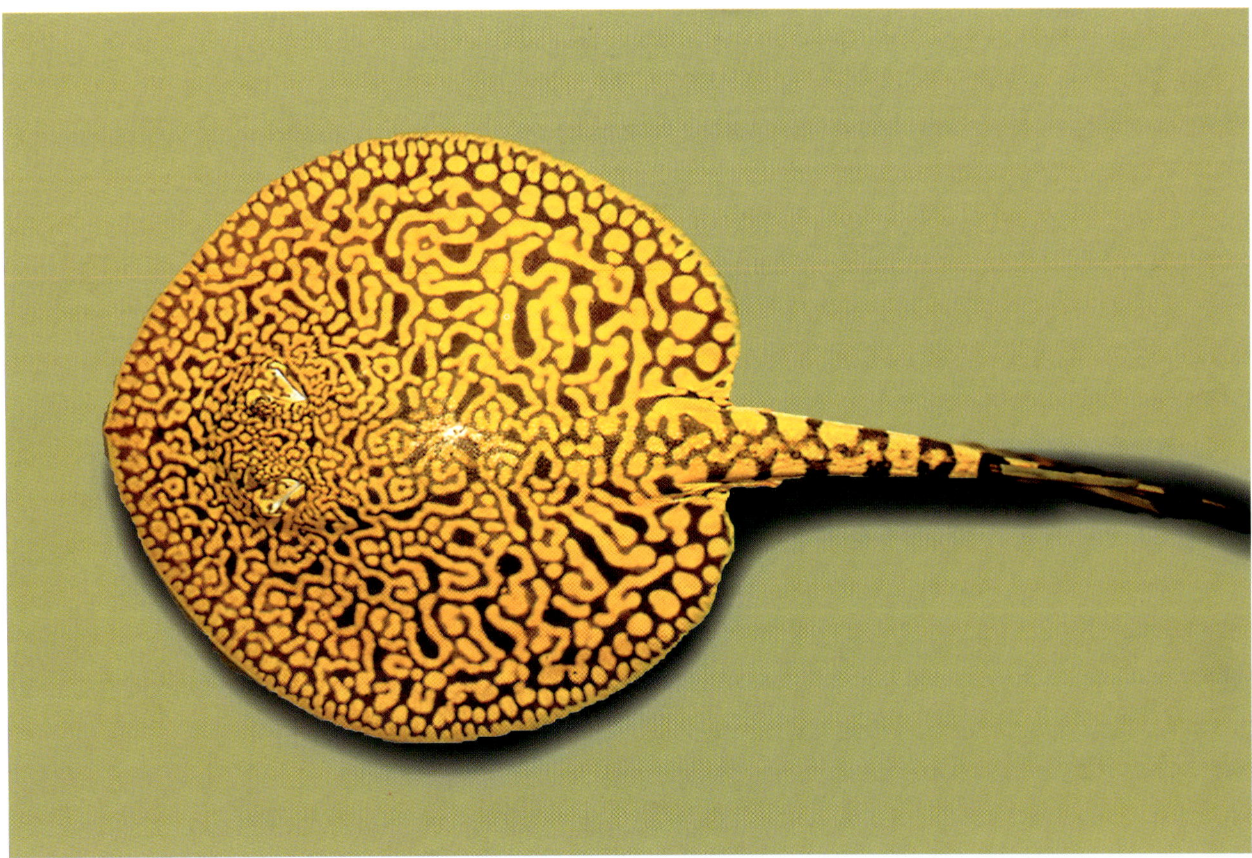

S66185-5 *Potamotrygon menchacai* ACHENBACH, 1967; Handelsname / trade name: **Tiger-Rochen / Tiger ray / Tigre R 103 (P 49-52)**
Herkunft / Origin: Dieses Exemplar wurde aus Peru importiert / This specimen was imported from Peru.
W, 50 cm

♂

photo: Nakano / Archiv A.C.S.

Sandstrand am unteren Rio Arapuins (Bundesstaat Pará, Brasilien), Lebensraum von Stechrochen der Gattung *Potamotrygon*.
Sandy shore on the lower Rio Arapuins (Pará State, Brazil), a habitat of stingrays of the genus *Potamotrygon*.

photo: R. Stawikowski

Am Boden des Gewässers erkennt man deutlich Sandmulden, die Schlafplätze der Stechrochen.
Depressions in the sandy bottom of the river where stingrays have rested.

photo: R. Stawikowski

S65999 Eine seltene Mutante eines unbestimmten *Potamotrygon*. **R 111.** Diese Missbildung kann bei vielen verschiedenen Rochen (auch aus dem Meer) auftreten. Für derart missgebildete Tiere wurde 1906 von GRATZIANOW die Familie Brachiopteridae mit den Gattungen *Brachioptera* und *Phanerocephalus* aufgestellt. Das hier gezeigte Exemplar aus der Zoologischen Staatssammlung München (ZSM 26743) belegt die Mutation zum ersten Mal für die Potamotrygonidae. For English text please see caption to the bottom picture. **photo:** M. Kottelat

Dieses lebende Exemplar der seltenen Mutante wurde von H.-F. Schmidt-Knatz in einer Exportstation (Belem) fotografiert. This living specimen of the extremely rare mutant was photographed by H.-F. Schmidt-Knatz in an exporter´s fishhouse in Belem, Brazil.

S65999 A rare mutant of an undetermined *Potamotrygon*, **R111.** This type of deformity occurs in many ray species (including marine taxa). GRATZIANOW (1906) even erected the family Brachiopteridae, with the genera *Brachioptera* and *Phanerocephalus*, for misformed specimens of this type. The specimen shown here, from the Zoologischen Staatssammlung in Munich (ZSM 26743) is the first known instance of this mutation in the Potamotrygonidae. For German text please see caption to the top picture on this page. **photo:** M. Kottelat

S66080-3 *Potamotrygon scobina* GARMAN, 1913; Handelsname / trade name: **Belem-Rochen / Belem Ray R 104 (P 37-39)**
Herkunft / Origin: Dieses Exemplar wurde aus Brasilien importiert / This specimen was imported from Brazil
W, 30 cm

photo: R. Ross

S66091-4 *Potamotrygon scobina* GARMAN, 1913; Handelsname / trade name: **Belem-Rochen / Belem Ray R 105 (P 7, P 37-39)**
Herkunft / Origin: Dieses Exemplar wurde aus Brasilien importiert / This specimen was imported from Brazil
W, 30 cm

photo: E. Schraml / Archiv A.C.S.

S66091-4 *Potamotrygon scobina* GARMAN, 1913; Handelsname / trade name: **Belem-Rochen / Belem Ray R 105 (P 37-39)**
Herkunft / Origin: Dieses Exemplar wurde aus Brasilien importiert / This specimen was imported from Brazil.
W, 30 cm

photo: E. Schraml / Archiv A.C.S.

S66092-2 *Potamotrygon scobina* GARMAN, 1913; Handelsname / trade name: **Belem-Rochen / Belem Ray R 106 (P 37-39)**
Herkunft / Origin: Dieses Exemplar unbekannt / Unknown for this specimen.
Northern Brazil, in the mid and lower Amazon drainage, from Manaus to Belem, W, 30 cm

photo: M. Kottelat

Cachoeira des Rio Trombetas, Fundort des unten abgebildeten *P. signata*.
Cachoeira des Rio Trombetas; the *P. signata* depicted below was caught here.

photo: U. Werner

S66081-4 *Potamotrygon signata* GARMAN, 1913; Handelsname / trade name: **Stechrochen / Stingray R 107**
Herkunft / Origin: Dieses Exemplar aus dem Rio Trombetas / This specimen is from the Rio Trombetas.
Brazil, W, 30 cm

photo: U. Werner

S66093-4 *Potamotrygon signata* GARMAN, 1913; Handelsname / trade name: **Stechrochen / Stingray R 108**
Herkunft / Origin: Dieses Exemplar aus dem unteren Rio Araguaia (Tocantins, Brasilien) / This specimen isfrom the lower Rio Araguaia (Tocantins, Brazil), W, 30 cm

photo: R. Stawikowski

S66094-4 *Potamotrygon signata* GARMAN, 1913; Handelsname / trade name: **Stechrochen / Stingray R 109 (P 48)**
Herkunft / Origin: Dieses Exemplar aus Brasilien / This specimen is from Brazil.
W, 30 cm

photo: L. Chao

S65994-4 *Potamotrygon castexi* Castello & Yagolkowski, 1969; Handelsname / trade name: **Estrella R 110 (P33-34)**
Herkunft / Origin: Dieses Exemplar aus Peru / This specimen is from Peru.
W, 50 cm. S. auch S. 87-89 (Varianten mit Netzmuster) und P-Register / see also p. 87-89 (reticulated morphs) and P-number catalogue.

photo: R. Ross

S65982-3 *Potamotrygon falkneri* Castex & Maciel in Castex, 1963; Handelsname / trade name: **Stechrochen / Stingray R 112**
Herkunft / Origin: Dieses Exemplar unbekannt / Unknown for this specimen.
Northeastern Argentina, central Paraguay, western Brazil, W, 50 cm

photo: Nakano / Archiv A.C.S.

Unterer Rio Tapajós (Bundesstaat Pará, Brasilien): Im flachen Wasser schwimmt ein jugendlicher *Paratrygon aiereba*.
Lower Rio Tapajós (Pará State, Brazil): a juvenile *Paratrygon aiereba* swimming in the shallow water.

photo: R. Stawikowski

S59152-3 *Paratrygon aiereba* (Müller & Henle, 1841); Handelsname / trade name: **Disceus / Manzana Ray R 113 (P57)**
Herkunft / Origin: Dieses Exemplar unterer Rio Tapajós (s. S. 125) / This specimen is from the lower Rio Tapajós (see p. 125).
Brazil, W, 120 cm

photo: R. Stawikowski

S59152-3 *Paratrygon aiereba* (Müller & Henle, 1841); Handelsname / trade name: **Disceus / Manzana Ray R 113 (P57)**
Herkunft / Origin: Dieses Exemplar unterer Rio Tapajós (s. S. 125) / This specimen is from the lower Rio Tapajós (see p. 125).
Brazil, W, 120 cm

photo: R. Stawikowski

S59153-3 *Paratrygon aiereba* (MÜLLER & HENLE, 1841); Handelsname / trade name: **Disceus / Ceja Ray R 114 (P56)**
Herkunft / Origin: Dieses Exemplar Insel Marajó (Pará, Brasilien) / This specimen is from the island Marajó (Pará, Brazil)
W, 120 cm

photo: R. Stawikowski

S59154-3 *Paratrygon aiereba* (MÜLLER & HENLE, 1841); Handelsname / trade name: **Disceus / Ceja Ray R 115 (P56)**
Herkunft / Origin: Dieses Exemplar aus Peru / This specimen is from Peru.
W, 120 cm

photo: F. Schäfer

S59154-3 *Paratrygon aiereba* (Müller & Henle, 1841); Handelsname / trade name: **Disceus / Ceja Ray R 115 (P56)**
Herkunft / Origin: Dieses Exemplar aus Peru / This specimen is from Peru.
W, 120 cm. Man beachte die Papille am Spirakulum / Note the knob-shaped process on the external margin of the spiracle.

photo: F. Schäfer

S59156-3 *Paratrygon aiereba* (Müller & Henle, 1841); Handelsname / trade name: **Disceus / Manzana Ray R 116 (P57)**
Herkunft / Origin: Dieses Exemplar unbekannt / Unknown for this specimen.
Northern Bolivia, eastern Peru, northern Brazil, Venezuela, W, 120 cm

photo: Nakano / Archiv A.C.S.

S65950-3 *Paratrygon aiereba* (MÜLLER & HENLE, 1841); Handelsname / trade name: **Disceus / Manzana Ray R 117 (P57)**
Herkunft / Origin: Dieses Exemplar Tocantins bei Maraba / This specimen is from the Rio Tocantins near Maraba.
Brazil, W, 120 cm

photo: U. Werner

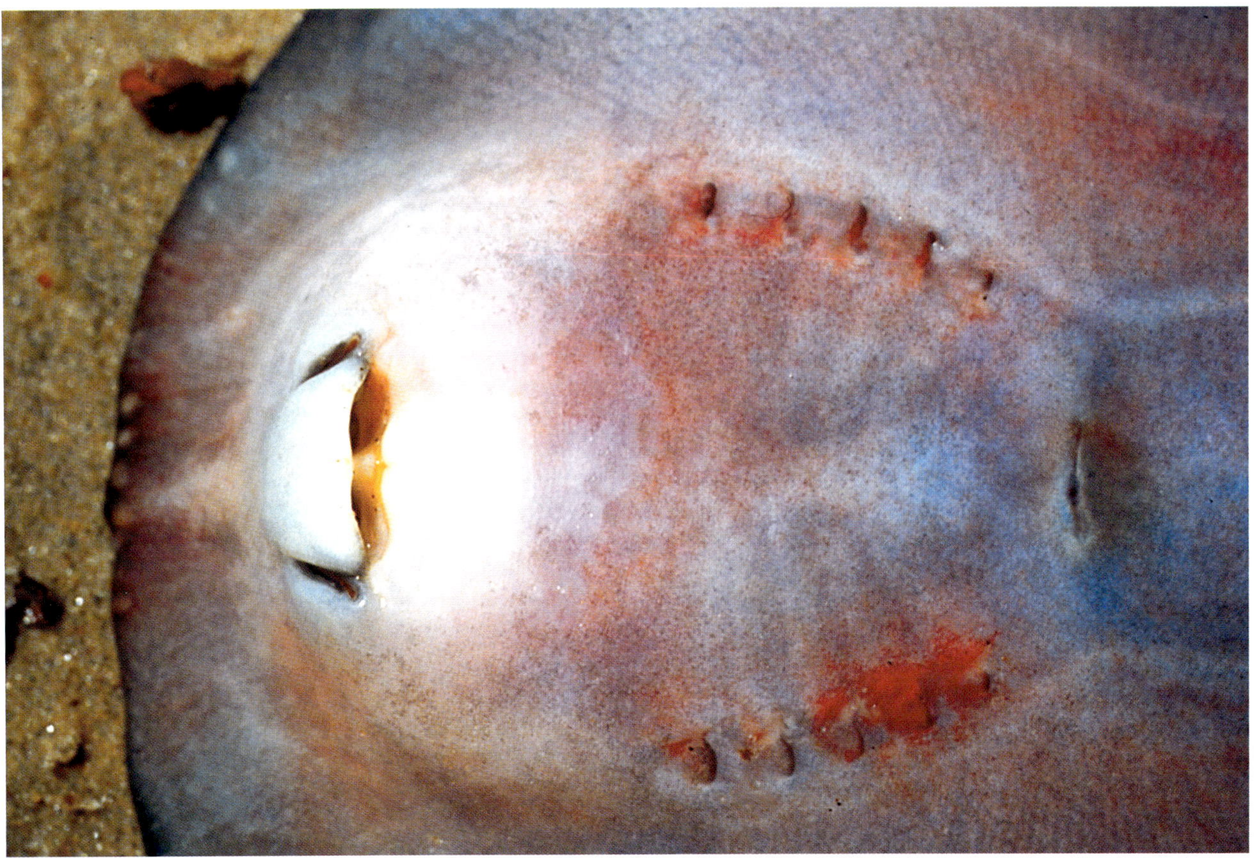

S65950-3 *Paratrygon aiereba* (MÜLLER & HENLE, 1841); Handelsname / trade name: **Disceus / Manzana Ray R 117 (P57)**
Herkunft / Origin: Dieses Exemplar Tocantins bei Maraba / This specimen is from the Rio Tocantins near Maraba.
Brazil, W, 120 cm

photo: U. Werner

Uwe Werner beim Fang des *Paratrygon aiereba* auf S. 129. Man bedenke, daß dieses Exemplar noch nicht einmal halbwüchsig ist!
Uwe Werner catching the *Paratrygon aiereba* on p. 129. Just think, this specimen is less than half grown!

photo: U. Werner

S59157-3 *Paratrygon aiereba* (MÜLLER & HENLE, 1841); Handelsname / trade name: **Disceus / Manzana Ray R 118 (P57)**
Herkunft / Origin: Dieses Exemplar Brasilien / This specimen is from Brazil.
W, 120 cm

photo: R. Ross

S59157-3 *Paratrygon aiereba* (MÜLLER & HENLE, 1841); Handelsname / trade name: **Disceus / Manzana Ray R 118 (P57)**
Herkunft / Origin: Dieses Exemplar Brasilien / This specimen is from Brazil.
W, 120 cm

photo: R. Ross

S59158-1 *Paratrygon aiereba* (MÜLLER & HENLE, 1841); Handelsname / trade name: **Disceus / Ceja Ray R 119 (P56)**
Herkunft / Origin: Dieses Exemplar unbekannt / Unknown for this specimen.
Northern Bolivia, eastern Peru, northern Brazil, Venezuela, W, 120 cm

photo: H.-F. Schmidt-Knatz

S59158-1 *Paratrygon aiereba* (MÜLLER & HENLE, 1841); Handelsname / trade name: **Disceus / Ceja Ray R 119 (P56)**
Herkunft / Origin: Dieses Exemplar unbekannt / Unknown for this specimen.
Northern Bolivia, eastern Peru, northern Brazil, Venezuela, W, 120 cm

photo: H.-F. Schmidt-Knatz

S66121-2 Potamotrygonidae gen. sp. (undescribed genus, undescribed species); Handelsname / trade name: **China ray R 120 (P58)**
Herkunft / Origin: Dieses Exemplar Peru / This specimen is from Peru.
W, 300 cm (?)

photo: R. Ross

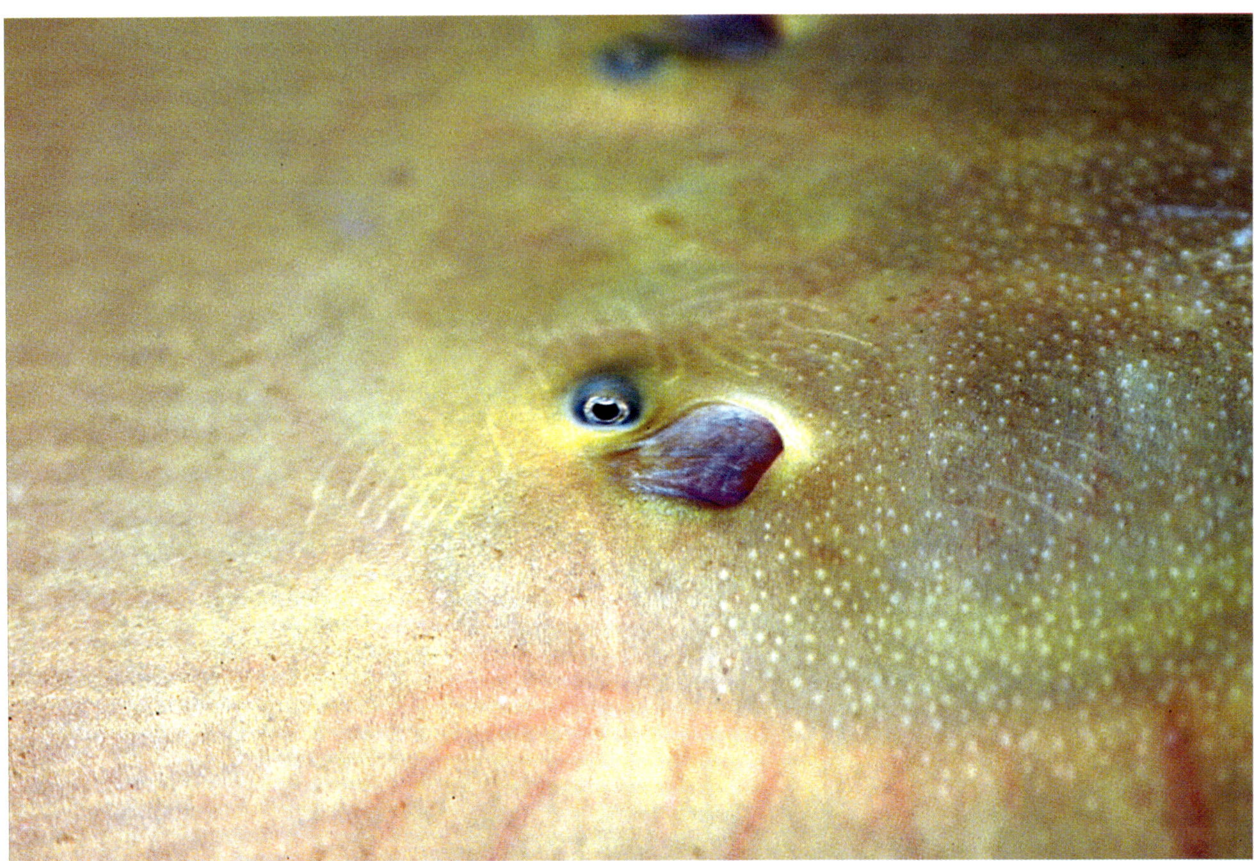

S66121-2 Potamotrygonidae gen. sp. (undescribed genus, undescribed species); Handelsname / trade name: **China ray R 120 (P58)**
Herkunft / Origin: Dieses Exemplar Peru / This specimen is from Peru.
W, 300 cm (?). Man beachte: keine Papille am Spirakulum / Note that there is no knob-shaped process on the external margin of the spiracle.

photo: R. Ross

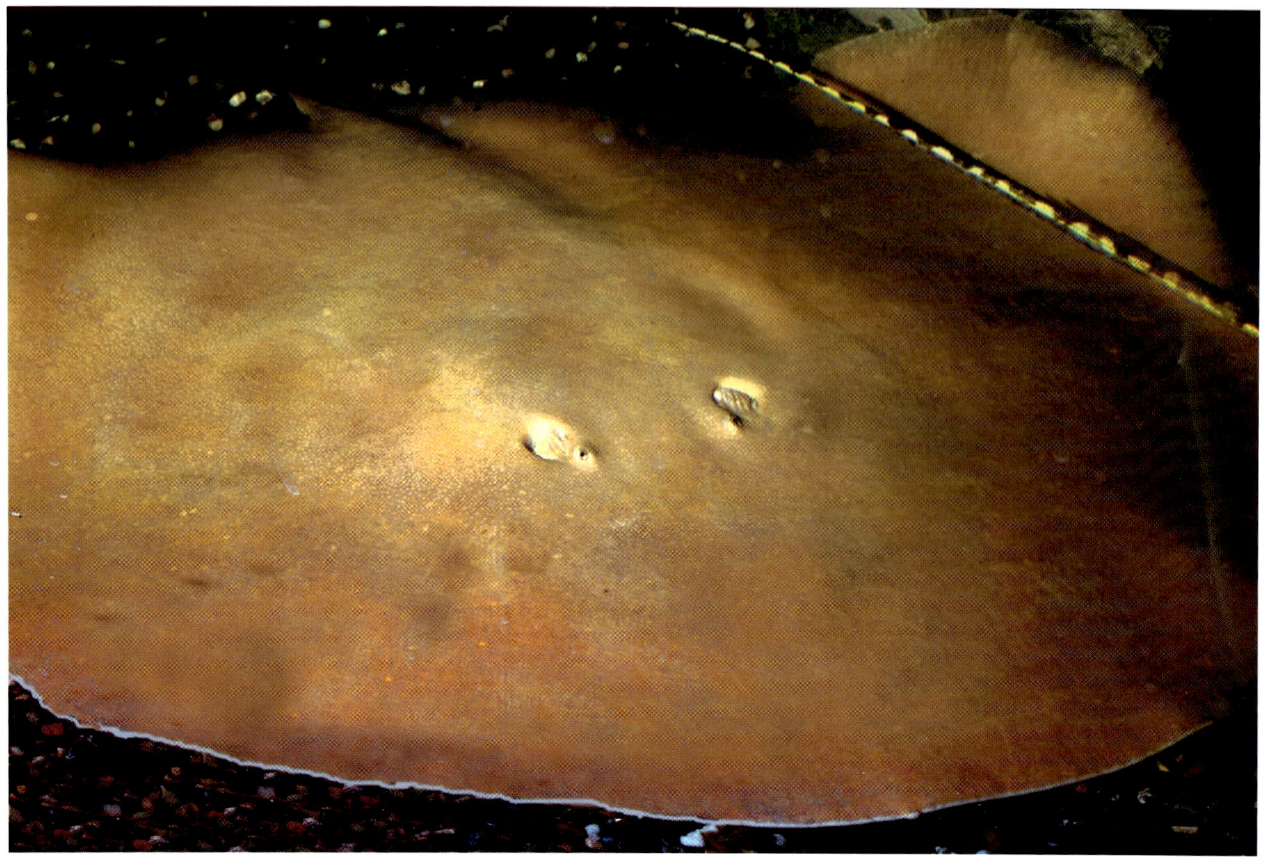

S66121-2 Potamotrygonidae gen. sp. (undescribed genus, undescribed species); Handelsname / trade name: **China ray R 120 (P58)**
Herkunft / Origin: Dieses Exemplar Peru / This specimen is from Peru.
W, 300 cm (?)

photo: R. Ross

Von vorne nach hinten: China ray, Manzana ray und Ceja ray.
From front to back: china ray, manzana ray, and ceja ray.

photo: R. Ross

S66122-2 Potamotrygonidae gen. sp. (undescribed genus, undescribed species); Handelsname / trade name: **Coly ray R 121 (P59)**
Herkunft / Origin: Dieses Exemplar Peru / This specimen is from Peru.
W, 300 cm (?)

photo: R. Ross

S66122-2 Potamotrygonidae gen. sp. (undescribed genus, undescribed species); Handelsname / trade name: **Coly ray R 121 (P59)**
Herkunft / Origin: Dieses Exemplar Peru / This specimen is from Peru.
W, 300 cm (?). Man beachte: keine Papille am Spirakulum / Note that there is no knob-shaped process on the external margin of the spiracle.

photo: R. Ross

S66124-2 Potamotrygonidae gen. sp. (undescribed genus, undescribed species); Handelsname / trade name: **China ray R 123 (P58)**
Herkunft / Origin: Dieses Exemplar Peru / This specimen is from Peru.
W, 300 cm (?). Im Hintergrund ein *Paratrygon aiereba* / In the background: a *Paratrygon aiereba*.

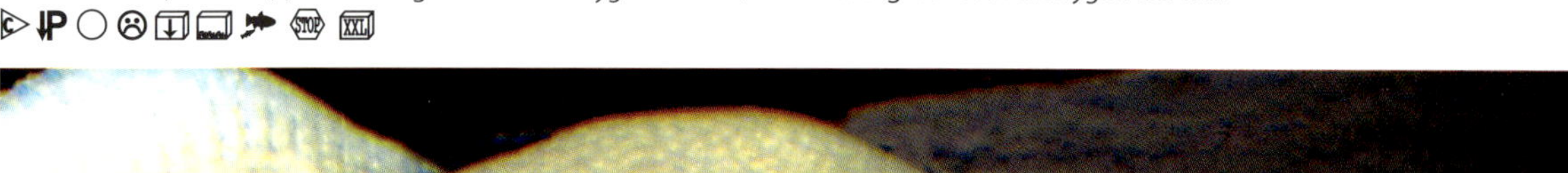

photo: R. Ross

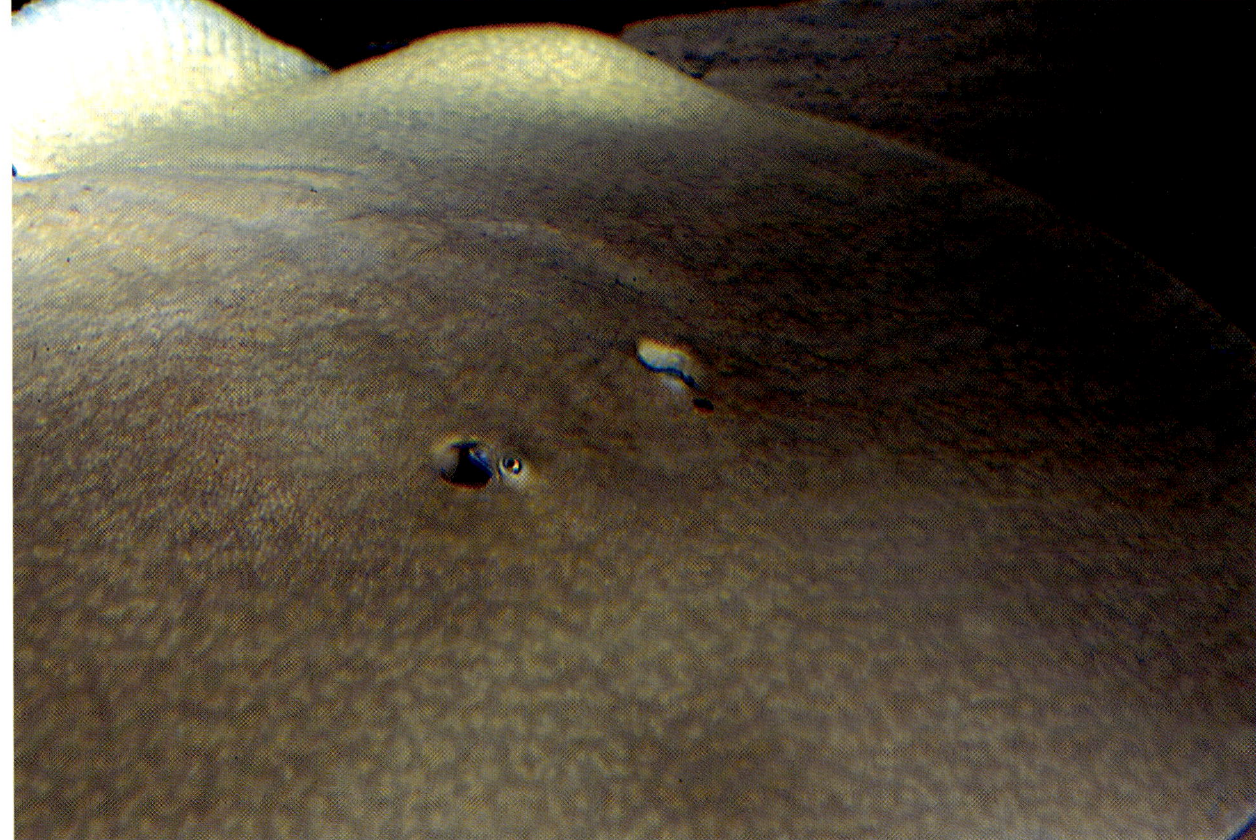

S66122-2 Potamotrygonidae gen. sp. (undescribed genus, undescribed species); Handelsname / trade name: **Coly ray R 121 (P59)**
Herkunft / Origin: Dieses Exemplar Peru / This specimen is from Peru.
W, 300 cm (?). Man beachte: keine Papille am Spirakulum / Note that there is no knob-shaped process on the external margin of the spiracle.

photo: R. Ross

Sandbank am Rio Araguaia.
Sandbank in the Rio Araguaia.

photo: H.-G. Evers

Mumie eines *Plesiotrygon iwamae* am Rio Araguaia.
Mummified of a *Plesiotrygon iwamae* in the Rio Araguaia.

photo: H.-G. Evers

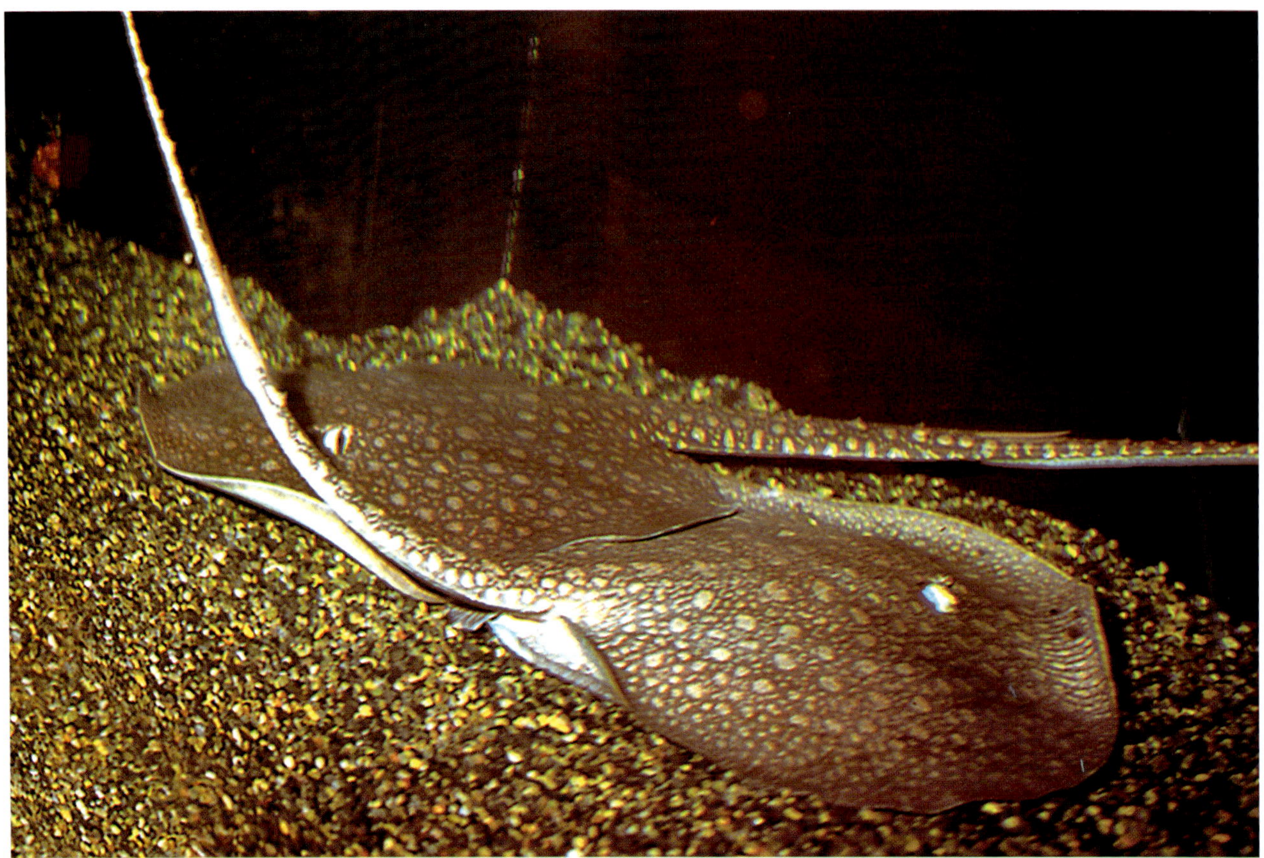

S65970-3 *Plesiotrygon iwamae* Rosa, Castello & Thorson, 1987*;* Handelsname / trade name: **Antennen-Rochen / Antenna ray R 125 (P15-16)**
Herkunft / Origin: Diese Exemplare Peru / These specimens are from Peru.
W, 80 cm

photo: R. Ross

S65970-3 *Plesiotrygon iwamae* Rosa, Castello & Thorson, 1987*;* Handelsname / trade name: **Antennen-Rochen / Antenna ray R 125 (P15-16)**
Herkunft / Origin: Dieses Exemplar Brasilien / This specimen is from Brazil.
W, 80 cm

photo: R. Ross

Fangplatz von *Plesiotrygon iwamae* im Einzugsbereich des unteren Rio Ucayali in Peru. Das Tier hatte einen Durchmesser von etwa 80 cm.
Collecting site for *Plesiotrygon iwamae*, lower Rio Ucayali drainage in Peru. The specimen had a disc width of about 80 cm.

photo: W. Staeck

Ein dem oben gezeigten Tier entnommener, fast reifer Embryo von etwa 5 cm Durchmesser.
An almost fully developed embryo, taken from the specimen depicted above.

photo: W. Staeck

S65971-4 *Plesiotrygon* sp. (undescribed species) ; Handelsname / trade name: **Schwarzschwanz-Antennenrochen / Blacktailed antenna ray**
Herkunft / Origin: Dieses Exemplar Peru / This specimen is from Peru. **R 126 (P17)**
W, 20 cm

photo: R. Ross

S65971-4 *Plesiotrygon* sp. (undescribed species) ; Handelsname / trade name: **Schwarzschwanz-Antennenrochen / Blacktailed antenna ray**
Herkunft / Origin: Dieses Exemplar Peru / This specimen is from Peru. **R 126 (P17)**
W, 20 cm

photo: R. Ross

Sandbank am mittleren Rio Tefé.
Sandbank in the middle course of the Rio Tefé.

photo: H.-G. Evers

Sandbank am oberen Rio Negro, einem Schwarzwasserfluß.
Sandbank in the upper Rio Negro, a so-called "blackwater"-river.

photo: H.-G. Evers

P1 = R002 (S66035); R007 (S66225); R010 (S66226)
„Motoro“
Eine Variante von / A variant of *Potamotrygon motoro*
Import via: Peru/Brazil/Colombia; Difficulty: 1
photo: R. Ross

P1 = R027 (S66217)
„Motoro variant“
Eine Variante von / A variant of *Potamotrygon ocellata*
Import via: Peru; Difficulty: 1
photo: R. Ross

P2 = R031 (S66100)
„Motoro variant“
Eine Variante von / A variant of *Potamotrygon motoro*
Import via: Peru; Difficulty: 1
photo: R. Ross

P3 = R017 (S66211); R009 (S66221)
„Motoro variant“
Eine Variante von / A variant of *Potamotrygon motoro*
Import via: Bolivia; Difficulty: 1
photo: R. Ross

P4 = R128 (S66078)
„Colombian ray“
Eine Variante von / A variant of *Potamotrygon schroederi*
Import via: Colombia; Difficulty: 1
photo: R. Ross

P5 = R130 (S66047)
„Motoro variant“
Eine Variante von / A variant of *Potamotrygon* sp. aff. *motoro* , species B
Import via: Peru; Difficulty: 1
photo: R. Ross

P6 = R51 (S66022); R52 (S66003); R53 (S66007)
„Hystrix“
Potamotrygon histrix ; Varianz: siehe S. 84; Variability: see p. 84
Import via: Peru; Colombia; Difficulty: 1
photo: L. N. Chao

P7 = R105 (S66091)
kein Populärname / no common name
Eine Variante von / A variant of *Potamotrygon scobina*
Import via: Peru; Difficulty: 1
photo: R. Ross

Difficulty scale from 1 (hardiest) to 5 (most delicate)

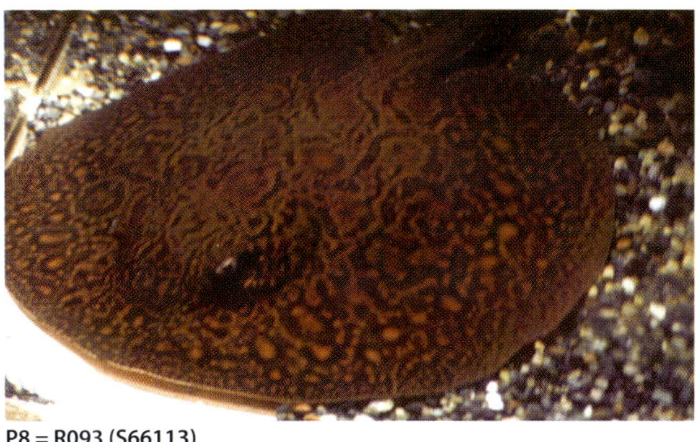
P8 = R093 (S66113)
kein Populärname / no common name
Eine Variante von / A variant of *Potamotrygon* sp. "Marble"
Import via: Brazil; Difficulty: 2
photo: R. Ross

P9 = R071 (S65986)
kein Populärname / no common name
Eine Variante von / A variant of *Potamotrygon dumerilii*
Import via: Brazil; Difficulty: 2
photo: L. N. Chao

P10 = R124 (S66005)
kein Populärname / no common name
Eine Variante von / A variant of *Potamotrygon humerosa*
Import via: Brazil; Difficulty: 2
photo: L. N. Chao

P11 = R043 (S66043)
kein Populärname / no common name
Eine Variante von / A variant of *Potamotrygon orbignyi*
Import via: Brazil; Difficulty: 2
photo: R. Ross

P12 = R038 (S66001)
„Black ray"
Eine Variante von / A variant of *Potamotrygon henlei*
Import via: Brazil; Difficulty: 2
photo: R. Ross

P12 = R038 (S66001)
„Black ray"
Eine Variante von / A variant of *Potamotrygon henlei*
Import via: Brazil; Difficulty: 2
photo: R. Ross

P12 = R038 (S66001)
„Black ray"
Eine blasse Variante von / A pale variant of *Potamotrygon henlei*
Wird später schwarz / turns black with maturity
photo: R. Ross

P13 = R046 (S66018)
„Black ray; Eclipse ray"
Eine Variante von / A variant of *Potamotrygon leopoldi*
Import via: Brazil; Difficulty: 2
photo: R. Ross

Difficulty scale from 1 (hardiest) to 5 (most delicate)

P13 = R046 (S66018)
„Black ray; Eclipse ray"
Eine Variante von / A variant of *Potamotrygon leopoldi*
Import via: Brazil; Difficulty: 2
photo: R. Ross

P14 = R047 (S66019)
„Black ray; Eclipse ray"
Eine Variante von / A variant of *Potamotrygon leopoldi*
Import via: Brazil; Difficulty: 2
photo: R. Ross

P15 = R125 (S65970)
„Antenna ray"
Eine Variante von / A variant of *Plesitrygon iwamae*
Import via: Peru; Difficulty: 4
photo: R. Ross

P15 = R125 (S65970)
„Antenna ray"
Eine Variante von / A variant of *Plesiotrygon iwamae*
Import via: Peru; Difficulty: 4
photo: L. Chao

P16 = R127 (S65975)
„Antenna ray"
Eine Variante von / A variant of *Plesiotrygon iwamae*
Import via: Peru; Difficulty: 4
photo: R. Ross

P17 = R126 (S65971)
„Blacktailed antenna ray"
Eine Variante von / A variant of *Plesiotrygon* sp.
Import via: Peru; Difficulty: 4
photo: R. Ross

P17 = R126 (S65971)
„Blacktailed antenna ray"
Eine Variante von / A variant of *Plesiotrygon* sp.
Import via: Peru; Difficulty: 4
photo: R. Ross

P18 = R129 (S65977)
„Blacktailed antenna ray"
Eine goldene Variante von / A gold variant of *Plesiotrygon* sp.
Import via: Peru; Difficulty: 4
photo: R. Ross

Difficulty scale from 1 (hardiest) to 5 (most delicate)

P19 = R 131 (S66206)
„Mantilla ray“
Eine Variante von / A variant of *Potamotrygon* sp. "Marble“
Import via: Brazil; Difficulty: 2
photo: R. Ross

P20 = R 132 (S66102)
„Mantilla ray“
Eine Variante von / A variant of *Potamotrygon* sp. "Marble“
Import via: Brazil; Difficulty: 2
photo: R. Ross

P21 = R 133 (S66085)
„Mantilla ray“
Eine Variante von / A variant of *Potamotrygon* sp. "Marble“
Import via: Brazil; Difficulty: 2
photo: R. Ross

P22 = R 134 (S66155)
„Orange ray“
Eine Variante von / A variant of *Potamotrygon* sp. "Orange“
Import via: Peru; Difficulty: 2
photo: R. Ross

P23 = R 122 (S66049)
kein Populärname / no common name
Eine Variante von / A variant of *Potamotrygon humerosa*
Import via: Brazil; Difficulty: 2
photo: R. Ross

P24 = R 136 (S66165)
kein Populärname / no common name
Eine Variante von / A variant of *Potamotrygon* sp. "Marble“
Import via: Brazil; Difficulty: 2
photo: R. Ross

P25 = R 154 (S65969)
„Otorongo“ (Quechua = Jaguar)
Eine Variante von / A variant of *Potamotrygon castexi*
Import via: Peru; Difficulty: 1
photo: R. Ross

P26 = R 054 (S65978); R 055 (S65974)
„Otorongo“ (Quechua = Jaguar)
Eine Variante von / A variant of *Potamotrygon castexi*
Import via: Peru; Difficulty: 1
photo: R. Ross

Difficulty scale from 1 (hardiest) to 5 (most delicate)

P27 = R 110 (S65994)
„Estrella“ (Spanish = Star)
Eine Variante von / A variant of *Potamotrygon castexi*
Import via: Peru; Difficulty: 1
photo: R. Ross

P28 = R 155 (S65968)
„Otorongo“ (Quechua = Jaguar)
Eine Variante von / A variant of *Potamotrygon castexi*
Import via: Peru; Difficulty: 1
photo: R. Ross

P29 = R 156 (S65967)
„Hawaiian“
Eine Variante von / A variant of *Potamotrygon castexi*
Import via: Peru; Difficulty: 1
photo: R. Ross

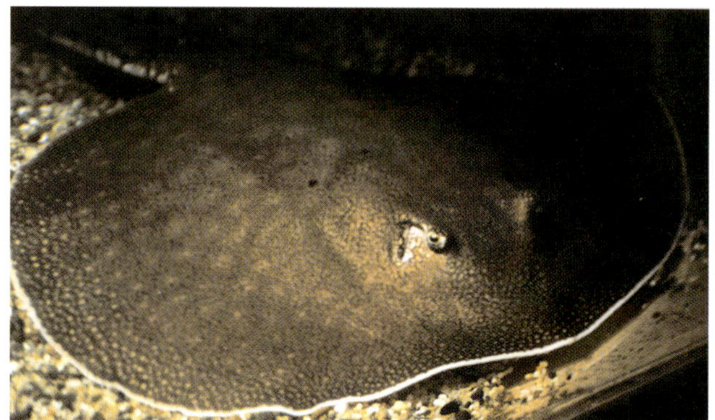

P30 = R 153 (S65966)
kein Populärname / no common name
Eine Variante von / A variant of *Potamotrygon castexi*
Import via: Peru; Difficulty: 1
photo: R. Ross

P31 = R 057 (S65972)
„Tigrinus“; „Tigrillo“
Eine Variante von / A variant of *Potamotrygon castexi*
Import via: Peru; Difficulty: 1
photo: R. Ross

P32 = R 056 (S65973)
„Tigrinus“; „Tigrillo“ (Jungfisch / juvenile)
Eine Variante von / A variant of *Potamotrygon castexi*
Import via: Peru; Difficulty: 1
photo: R. Ross

P33 = R 110 (S65994)
„Estrella“ (Spanish = Star)
Eine Variante von / A variant of *Potamotrygon castexi*
Import via: Peru; Difficulty: 1
photo: R. Ross

P34 = R 110 (S65994)
„Estrella“ (Spanish = Star); Jungfisch / juvenile
Eine Variante von / A variant of *Potamotrygon castexi*
Import via: Peru; Difficulty: 1
photo: R. Ross

Difficulty scale from 1 (hardiest) to 5 (most delicate)

P35 = R 147 (S65965)
„Otorongo" (Quechua = Jaguar)
Eine Variante von / A variant of *Potamotrygon castexi*
Import via: Peru; Difficulty: 1
photo: R. Ross

P36 = R 054 (S65978)
„Motelo" (Quechua = Schildkröte / Tortoise)
Eine Variante von / A variant of *Potamotrygon castexi*
Import via: Peru; Difficulty: 1
photo: R. Ross

P37 = R 137 (S66095)
„Belem ray"
Eine Variante von / A variant of *Potamotrygon scobina*
Import via: Brazil; Difficulty: 2
photo: R. Ross

P38 = R 138 (S66097)
„Belem ray"
Eine Variante von / A variant of *Potamotrygon scobina*
Import via: Brazil; Difficulty: 2
photo: R. Ross

P39 = R 139 (S66126)
„Belem ray" (Jungfisch / juvenile)
Eine Variante von / A variant of *Potamotrygon scobina*
Import via: Brazil; Difficulty: 2
photo: R. Ross

P40 = R 028 (S66218)
kein Populärname / no common name
Eine Variante von / A variant of *Potamotrygon schroederi*
Import via: Brazil; Difficulty: 2
photo: R. Ross

P41 = R 141 (S66127)
kein Populärname / no common name
Eine Variante von / A variant of *Potamotrygon signata*
Import via: Peru; Difficulty: 2
photo: R. Ross

P42 = R 072 (S65987)
kein Populärname / no common name
Eine Variante von / A variant of *Potamotrygon dumerilii*
Import via: Brazil; Difficulty: 2
photo: L. N. Chao

Difficulty scale from 1 (hardiest) to 5 (most delicate)

P43 = R029 (S66219)
„Chocolate ray"
Eine Variante von / A variant of *Potamotrygon* sp. "Chocolate"
Import via: Brazil; Difficulty: 2
photo: R. Ross

P44 = R 016 (S66087)
kein Populärname / no common name
Eine Variante von / A variant of *Potamotrygon motoro*
Import via: Brazil; Difficulty: 2
photo: R. Ross

P45 = R 145 (S66128)
„Sacha ray"
Eine Variante von / A variant of *Potamotrygon schroederi*
Import via: Peru; Difficulty: 2
photo: R. Ross

P46 = R 146 (S66129)
„Mosaic ray"
Eine Variante von / A variant of *Potamotrygon humerosa*
Import via: Peru; Difficulty: 2
photo: R. Ross

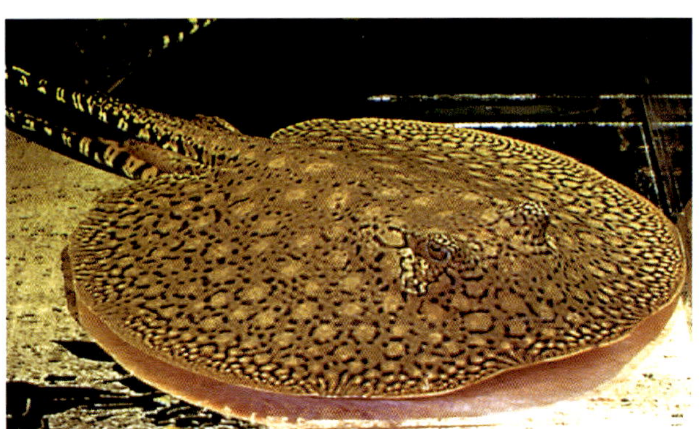

P47 = R 068 (S65981)
„Florida ray" (Portuguese = Blume / flower)
Eine Variante von / A variant of *Potamotrygon* sp. aff. *dumerilii*
Import via: Brazil; Difficulty: 2
photo: R. Ross

P48 = R 109 (S66094)
kein Populärname / no common name
Eine Variante von / A variant of *Potamotrygon signata*
Import via: Brazil; Difficulty: 2
photo: L. N. Chao

P49 = R 098 (S66117)
„Tigre" (Spanish = Tiger)
Eine Variante von / A variant of *Potamotrygon menchacai*
Import via: Peru; Difficulty: 5
photo: R. Ross

P50 = R 101 (S66120)
„Tigre" (Spanish = Tiger); Jungfisch / juvenile
Eine Variante von / A variant of *Potamotrygon menchacai*
Import via: Peru; Difficulty: 5
photo: R. Ross

Difficulty scale from 1 (hardiest) to 5 (most delicate)

P51 = R 101 (S66120)
„Tigre" (Spanish = Tiger); Jungfisch / juvenile
Eine Variante von / A variant of *Potamotrygon menchacai*
Import via: Peru; Difficulty: 5
photo: R. Ross

P52 = R 100 (S66119)
„Tigre" (Spanish = Tiger); Jungfisch / juvenile
Eine Variante von / A variant of *Potamotrygon menchacai*
Import via: Peru; Difficulty: 5
photo: R. Ross

P53 = R 142 (S65996)
kein Populärname / no common name
Eine Variante von / A variant of *Potamotrygon falkneri*
Import via: Brazil; Difficulty: 2
photo: R. Ross

P54 = R 143 (S65997)
„Carpet ray"
Eine Variante von / A variant of *Potamotrygon castexi*
Import via: Peru; Difficulty: 4
photo: R. Ross

P55 = R 140 (S66130)
kein Populärname / no common name
Eine Variante von / A variant of *Potamotrygon* cf. *yepezi*
Import via: Peru; Difficulty: 2
photo: R. Ross

P56 = R 144 (S59159)
„Ceja ray" (Spanish = Augenbraue / Eyebrow)
Eine Variante von / A variant of *Paratrygon aiereba*
Import via: Peru; Difficulty: 5
photo: R. Ross

P57 = R 118 (S59157)
„Manzana ray" (Spanish = Apfel / Apple)
Eine Variante von / A variant of *Paratrygon aiereba*
Import via: Brazil; Difficulty: 5
photo: R. Ross

P58 = R 120 (S66121)
„China ray"
Eine Variante von / A variant of Potamotrygonidae gen. sp.
Import via: Peru; Difficulty: 5
photo: R. Ross

Difficulty scale from 1 (hardiest) to 5 (most delicate)

P59 = R 121 (S66122)
„Coly ray“ (Spanisch / Spanish = Schwanz / tail)
Eine Variante von / A variant of Potamotrygonidae gen. sp.
Import via: Peru; Difficulty: 5
photo: R. Ross

P60 = R 135 (S66031)
„Hystrix“
Eine Variante von / A variant of *Potamotrygon histrix*
Import via: Brazil; Difficulty: 1

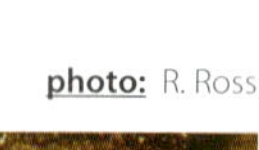

photo: R. Ross

P61 = R 148 (S66032)
kein Populärname / no common name
Eine Variante von / A variant of *Potamotrygon humerosa*
Import via: Brazil; Difficulty: 1
photo: R. Ross

P62 = R 149 (S66033)
„Black ray“; „Eclipse ray“
Eine Variante von / A variant of *Potamotrygon leopoldi*
Import via: Brazil; Difficulty: 2
photo: R. Ross

Die Vielfalt an Farb- und Zeichnungsmustern der Süßwasser-Stechrochen ist ungeheuer. Erfahren Sie alles über Pflege und Zucht dieser faszinierenden Fische in dem **AQUALOG*spezial***-Ratgeber „Süßwasser-Stechrochen Südamerikas“ von Richard Ross.
The variety of colour and pattern in the freshwater stingrays is immense. Learn about the maintance and breeding of these fascinating fishes in the**AQUALOG*spezial***-guide „"Freshwater stingrays from South America“ by Richard Ross.
photo: R. Ross

Difficulty scale from 1 (hardiest) to 5 (most delicate)

X06530-4 *Anoxypristis cuspidata* (Latham, 1794); W, 600 cm.
Spitzkopf-Sägefisch / Narrow Sawfish
Southeastern Asia, East Indies, Sri Lanka, and India to Red Sea, Australia.
<~Sw~>

photo: N. Wu

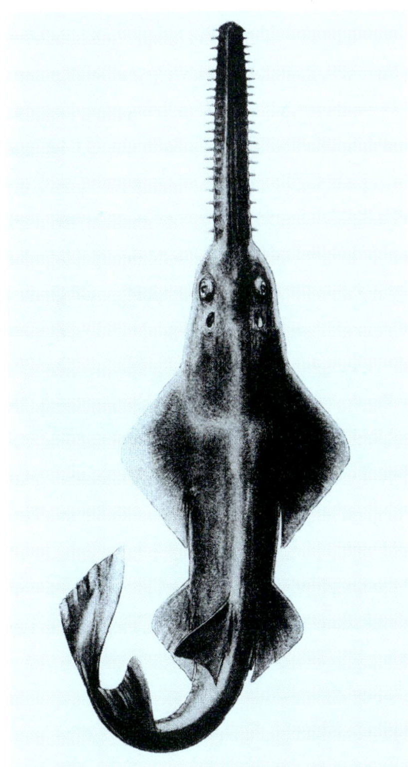

X79607 *Pristis clavata* Garman, 1906
Indopaz. Kleinsägefisch / Lesser Indopacific Sawfish
140 cm. Indo-Pacific: Australia, South- and Southeast-Asia; Canaries?
<~Sw~>

after: Garman, 1913 (changed)

X79608 *Pristis leichhardti* (Whitley, 1945)
Leichhardts Sägefisch / Leichhardt´s Sawfish
150 cm.
North-Queensland, Australia (in freshwaters)

drawing: H. Nakano after Whitley, 1945

X79606 *Pristis zjisron* Bleeker, 1851
Grüner Sägefisch / Green Sawfish; 600 cm
Indo-Pacific: SE-Asia, Australia, East Indies, Sri Lanka, India, Gulf of Oman
<~Sw~>

after Day, 1875-88 (changed)

X79603-2 *Pristis microdon* LATHAM, 1794; Südlicher Sägefisch / Southern Sawfish; W, 6 00 cm.
Pacific: West-Pacific/Indian Ocean (= *P. microdon* s.str.), Central America (= *P. zephyreus*); Atlantic: all tropical or subtropical areas, e.g. Afrika, the Americas, and West Indies (= *P. perroteti*). Dieses Exemplar stammt von Sumatra/Jambi (Süßwasser); this specimen is from Sumatra/Jambi (freshwater).
<~Sw~>
photo: H. H. Tan

X79603-2 *Pristis microdon* LATHAM, 1794; Südlicher Sägefisch / Southern Sawfish; W, 6 00 cm.
Pacific: West-Pacific/Indian Ocean (= *P. microdon* s.str.), Central America (= *P. zephyreus*); Atlantic: all tropical or subtropical areas, e.g. Afrika, the Americas, and West Indies (= *P. perroteti*). Dieses Exemplar stammt von Sumatra/Jambi (Süßwasser); this specimen is from Sumatra/Jambi (freshwater).
<~Sw~>
photo: H. H. Tan

X79603-2 *Pristis microdon* LATHAM, 1794; Südlicher Sägefisch / Southern Sawfish; W, 600 cm.
Pacific: West-Pacific/Indian Ocean (= *P. microdon* s.str.), Central America (= *P. zephyreus*); Atlantic: all tropical or subtropical areas, e.g. Africa, the Americas, and West Indies (= *P. perroteti*). Dieses Exemplar unbekannt; origin of this specimen unknown.

<~Sw~> **photo:** R. Ross

X79603-2 *Pristis microdon* LATHAM, 1794; Südlicher Sägefisch / Southern Sawfish; W, 600 cm.
Pacific: West-Pacific/Indian Ocean (= *P. microdon* s.str.), Central America (= *P. zephyreus*); Atlantic: all tropical or subtropical areas, e.g. Africa, the Americas, and West Indies (= *P. perroteti*). Dieses Exemplar stammt aus Australien; this specimen is from Australia.

<~Sw~> **photo:** E. Schraml

X79604-3 *Pristis pectinata* LATHAM, 1794; W, 600 cm.
Schmalzahn-Sägefisch / Smoothtooth Sawfish
Weltweit in tropischen und subtropischen Meeren / Worldwide in tropical and subtropical Seas
<~Sw~>
photo: D. Perrine

E77326 *Pristis pristis* (LINNÉ, 1758); 250 cm.
Ostatlantischer Sägefisch / East Atlantic Sawfish
Eastern tropical and subtropical Atlantic: Africa, Europe
<~Sw~>
drawing: H. Nakano

S26253-4 *Narcine brasiliensis* (OLFERS, 1831); W, 45 cm
Atlantische Narcine / Lesser Electric Ray; Tropical and sub-tropical western Atlantic: Florida and Texas to southern Brazil.
~Sw~
photo: S. Michael

X79925-4 *Rhynchobatus djiddensis* (FORSSKÅL, 1775)
Großer Gitarrenrochen / White-spotted shovelnose ray
Entire tropical Indo-Pacific region; 300 cm.
<~Sw~>
photo: H. Hall

X29926-4 *Rhynchobatus djiddensis* (FORSSKÅL, 1775) „Small Spots"
Großer Gitarrenrochen / White-spotted shovelnose ray
Entire tropical Indo-Pacific region; 300 cm.
<~Sw~>
photo: M. Strickland

X79927-4 *Rhynchobatus djiddensis* (Forsskål, 1775) „Shoulder spot"
Indo-Pacific; this form has been descibed as *R. d. australiae* Whitley, 1937. It may prove to be a separate species; 250 cm.
<~Sw~> **photo:** D. Eichler

A79925-3 *Rhynchobatus luebberti* Ehrenbaum, 1915
Lübberts Gitarrenrochen / Lübbert´s guitarfish
Tropical eastern atlantic: Africa; 150 cm (maybe up to 300 cm).
<~Sw~> **photo:** B. Séret

X86120-4 *Rhina ancylostoma* Bloch & Schneider, 1801
Hairochen / Shark ray
Southern Pacific ocean (marine species); 240 cm.
~Sw~ **photo:** M. Strickland

X95226-4 *Trygonorrhina guanerius* Whitley, 1932
Südlicher Fiedler -Rochen / Southern Fiddler ray
Southern Coast of South Australia to West Australia; 120 cm.
<~Sw~> **photo:** R. H. Kuiter

X79928-4 *Rhynchobatus* cf. *djiddensis* (Forsskål, 1775)
Schwarzer Gitarrenrochen / Black shovelnose ray
Indo-Pacific: Australia; 300 cm.
<~Sw~> **photo:** R. H. Kuiter

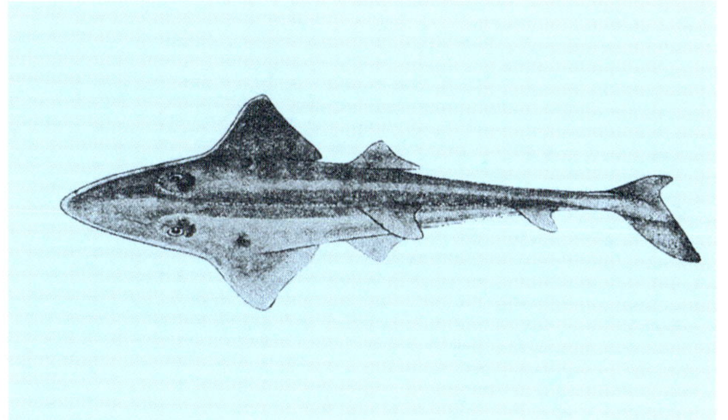

X86230 *Rhynchobatus yentinensis* Wang, 1933
Chinesischer Gitarrenrochen / Chinese guitarfish
Yenting, Wenchow, China; 120 cm.
~Sw~ **after:** Wang, 1933 (changed)

X95229-4 *Trygonorrhina fasciata* Müller & Henle (ex Banks), 1841
Fiedler-Rochen / Fiddler ray
East coast of southern Australia; 120 cm.
~Sw~ **photo:** R. H. Kuiter

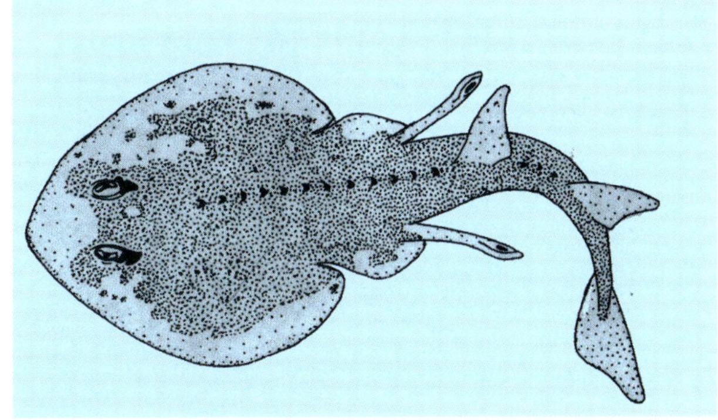

X95227 *Trygonorrhina melaleuca* Scott, 1954
Schwarz-weißer Fiedler-Rochen / Magpie Fiddler
St. Vincent Gulf: Kangaroo Island; 90 cm.
~Sw~ **drawing:** H. Nakano after Scott, 1954

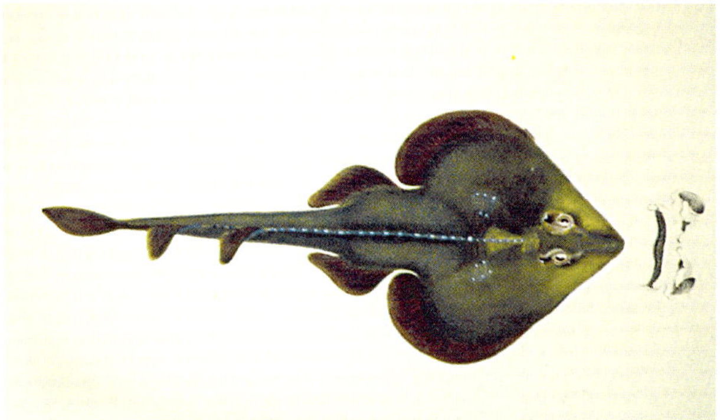

S79150 *Zapteryx brevirostris* (Müller & Henle, 1841)
Kurznasen-Geigenrochen / Lesser guitarfish
Atlantic: Coast of Brazil; 50 cm.
~Sw~ from: Müller & Henle, 1841 (changed)

S79151-4 *Zapteryx exaspertata* (Jordan & Gilbert, 1880)
Gebänderter Geigenrochen / Banded guitarfish
Eastern Pacific (California to Panama); this specimen: California; 90 cm.
~Sw~ photo: H. Debelius

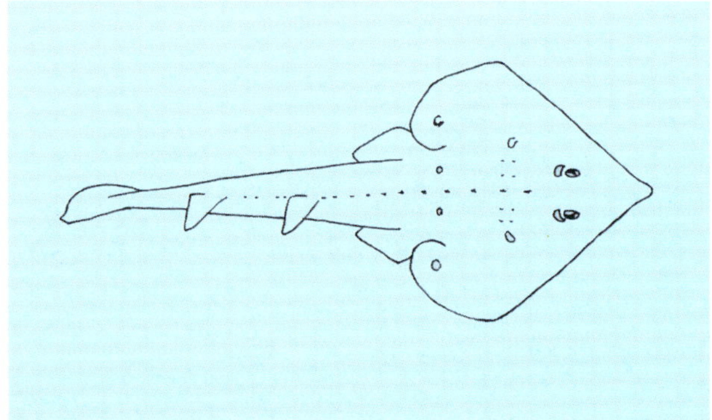

S79152 *Zapteryx xyster* Jordan & Evermann, 1896
Panama-Geigenrochen / Panamese guitarfish
Pacific coast of Panama; 90 cm.
~Sw~ drawing: H. Nakano after Bussing & López, 1994

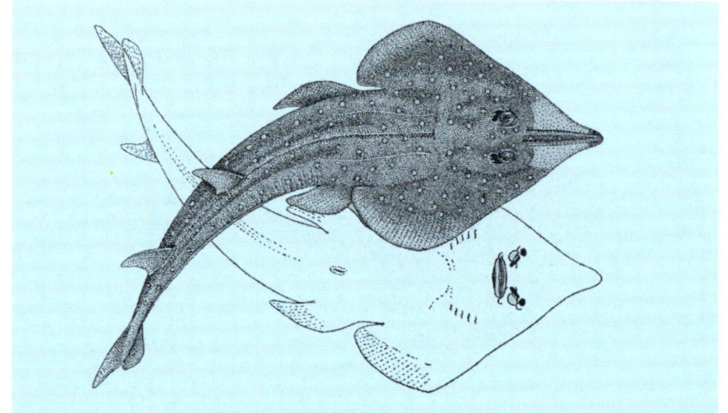

A79919 *Rhinobatos albomaculatus* (Norman, 1930)
Weißpunkt-Geigenrochen / Whitespotted guitarfish
Eastern Atlantic: Gulf of Guinea to Angola. 75 cm.
~Sw~-<Bw> after: Norman, 1930 (changed)

X86118-3 *Rhinobatos armatus* (Gray, 1834)
Riesen-Geigenrochen / Giant shovelnose ray
Tropical Indian Ocean/West Pacific; einige Populationen in reinem Süßwasser / some populations in completely fresh water; 270 cm.
<~Sw~> photo: E. Schraml

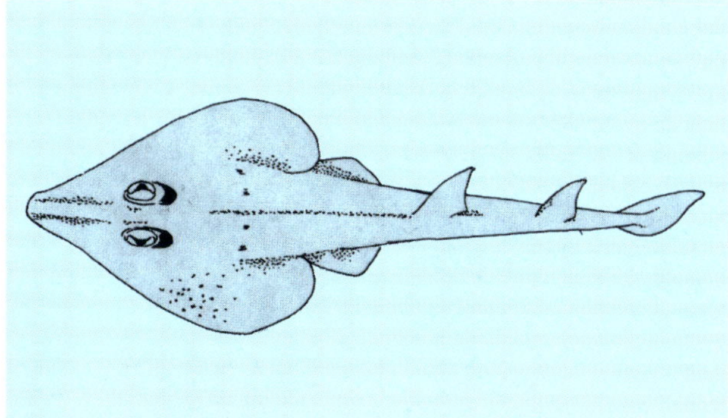

X86121 *Rhinobatos annandalei* (Norman, 1926)
Annandales Geigenrochen / Annandale´s guitarfish
Indian Ocean: India and Sri Lanka. 50 cm.

<~Sw~>

drawing: H. Nakano

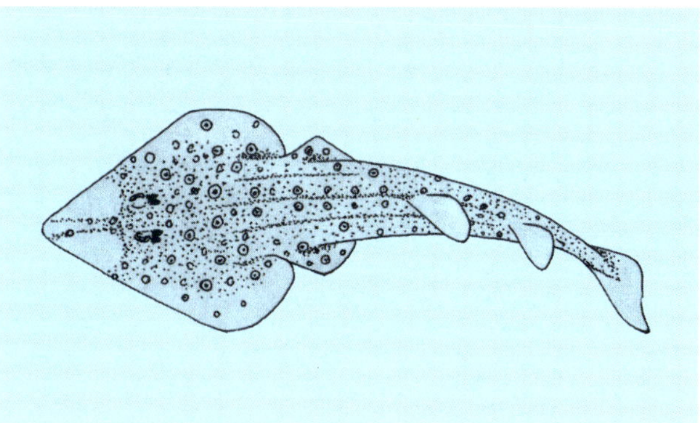

A79920 *Rhinobatos annulatus* (Müller & Henle ex Smith, 1841)
Ringtupfen-Geigenrochen / Ringspotted guitarfish
Southeast Atlantic: Namibia to central Natal, South Africa. 140 cm.

~Sw~-<Bw>

drawing: H. Nakano after Smith & Heemstra, 1986

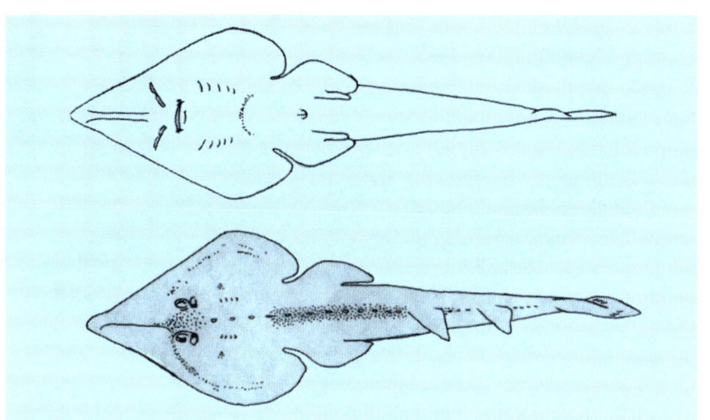

X86119 *Rhinobatos batillum* Whitley, 1939
Großer Geigenrochen / Large guitarfish; Indo-Pacific: between Shark Bay, Western Australia and the Capricorn Group, Queensland. 240 cm.

<~Sw~>

drawing: H. Nakano after Whitley, 1939

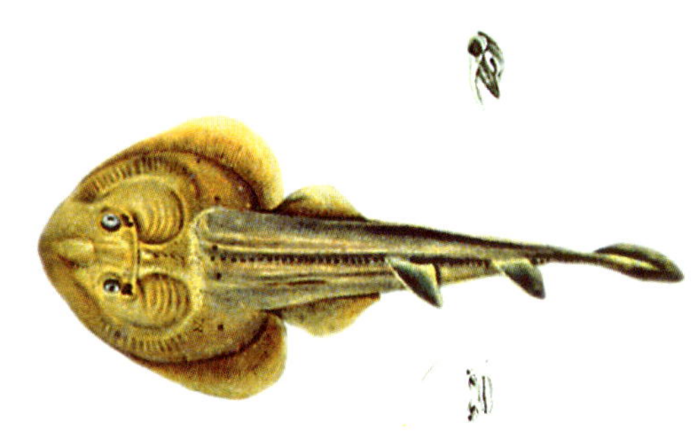

A79926 *Rhinobatos blochii* (Müller & Henle, 1841)
Blochs Geigenrochen / Bluntnose guitarfish; Eastern Atlantic: Mauritania and Sénégal to Table Bay, South Africa. 100 cm.

~Sw~

from: Müller & Henle, 1841 (changed)

E79921 *Rhinobatos cemiculus* (Geoffrey St. Hillaire, 1817)
Gitarrenrochen / Blackchin guitarfish; Eastern Atlantic: Northern Portugal to Angola including Mediterranean Sea; 200 cm

~Sw~-<Bw>

from: Garman, 1913 (changed) = R. rasus

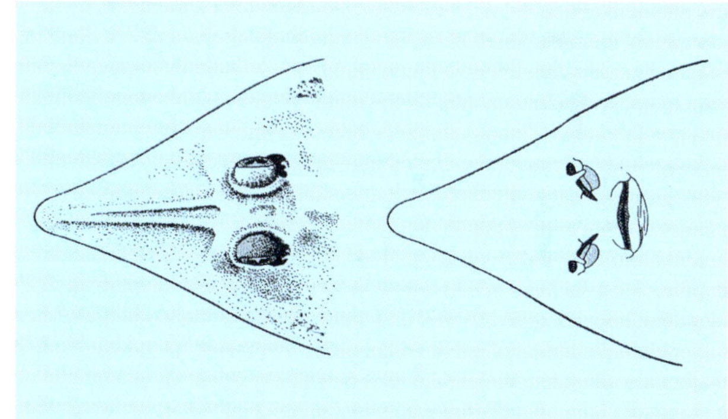

X86123 *Rhinobatos formosensis* (Norman, 1926)
Taiwanesischer Geigenrochen / Taiwanese guitarfish
Taiwan and Philippines; 60 cm.

~Sw~

from: Norman, 1926 (changed)

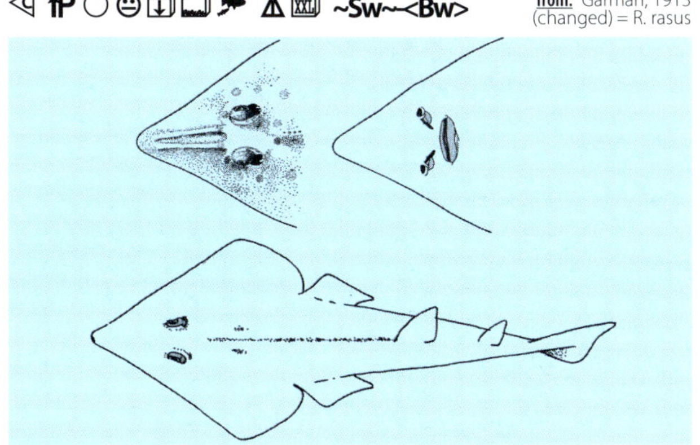

S66255 *Rhinobatos glaucostigma* (Jordan & Gilbert, 1883)
Gefleckter Geigenrochen / Speckled guitarfish
Central eastern Pacific: from the Gulf of California to Ecuador. 75 cm.

~Sw~

after: Norman, 1926 and Beebe & Tee-Van, 1941 (changed)

X86124 *Rhinobatos granulatus* (Cuvier, 1829)
Spitznasen-Geigenrochen / Sharpnose guitarfish
Indo-Pacific: Coast of India and Sri Lanka, Oman; 280 cm.

~Sw~

from: Day, 1875-88 (changed)

X86130-4 *Rhinobatos halavi* (FORSSKÅL, 1775)
Halavis Geigenrochen / Halavi's guitarfish
Red Sea to the Gulf of Oman; 171 cm.
~Sw~ **photo:** H. Schmid

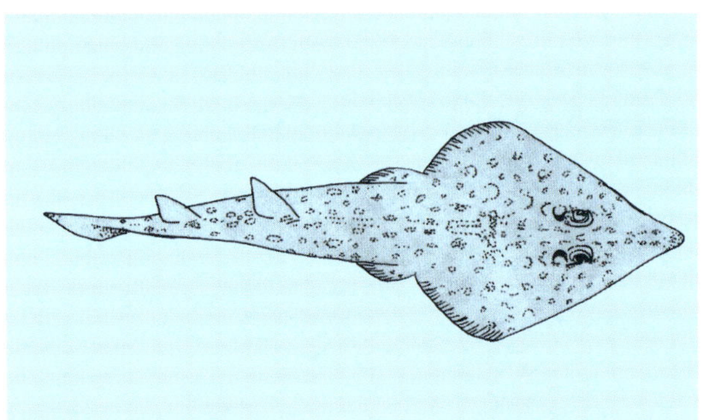

X86131 *Rhinobatos hynnicephalus* (RICHARDSON, 1846)
Bunter Geigenrochen / Angel fish; Northwest Pacific: from southern Japan, southwest Korea to the China Seas; 60 cm.
~Sw~ **drawing:** H. Nakano after Masuda et al., 1984

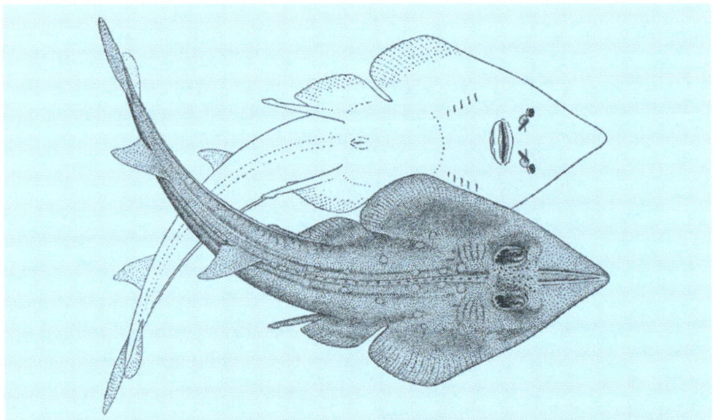

A79922 *Rhinobatos irvinei* (NORMAN, 1931)
Irvines Geigenrochen / Irvine´s guitarfish
Eastern Atlantic: Morocco to Namibia; 100 cm.
~Sw~ **after:** Norman, 1931 (changed)

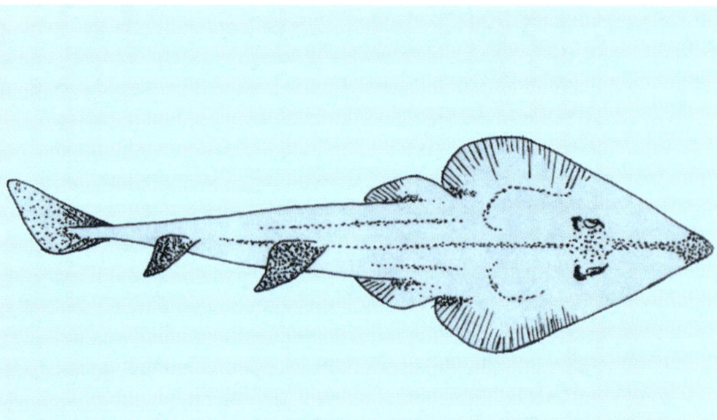

A79927 *Rhinobatos holcorhynchus* (NORMAN, 1922)
Schlanker Geigenrochen / Slender guitarfish
Western Indian Ocean: Kenya to Natal, South Africa. 125 cm.
~Sw~ **drawing:** H. Nakano after Smith & Heemstra, 1986

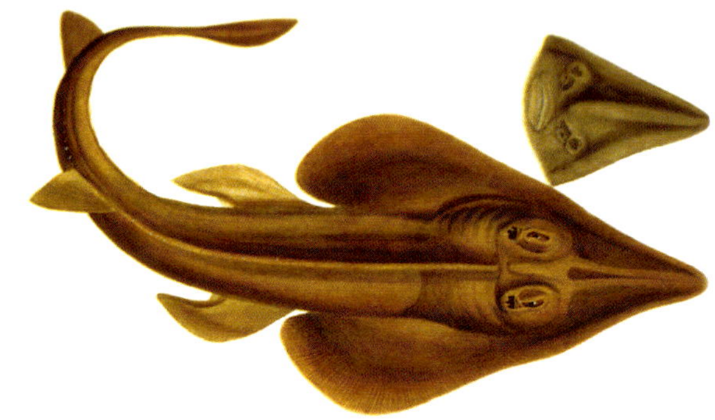

S66254 *Rhinobatos horkelii* (MÜLLER & HENLE, 1841)
Brasilianischer Geigenrochen / Brazilian guitarfish
Lesser Antilles to southern Brazil ; 100 cm.
~Sw~ **from:** Müller & Henle, 1841 (changed)

N79113-3 *Rhinobatos lentiginosus* (GARMAN, 1880)
Atlantischer Geigenrochen / Atlantic guitarfish
North Carolina, southward to Florida; 75 cm.
~Sw~ **photo:** H. Debelius

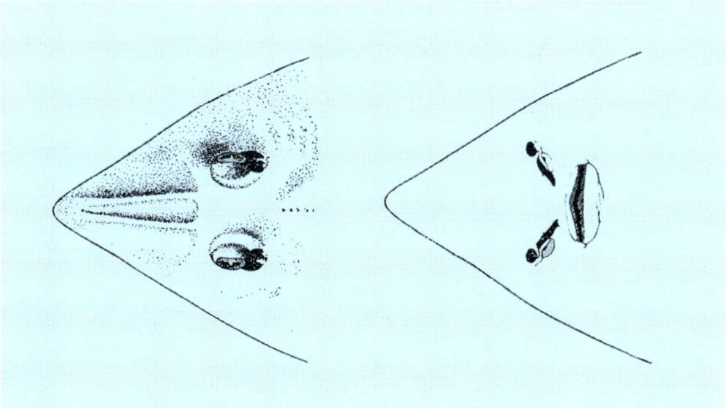

S66253 *Rhinobatos leucorhynchus* (GÜNTHER, 1867)
Weißschnäuziger Geigenrochen / Whitesnout guitarfish
Central eastern Pacific: from Mazatlán in Mexico to Ecuador; 60 cm.
~Sw~ **after:** Norman, 1926 (changed)

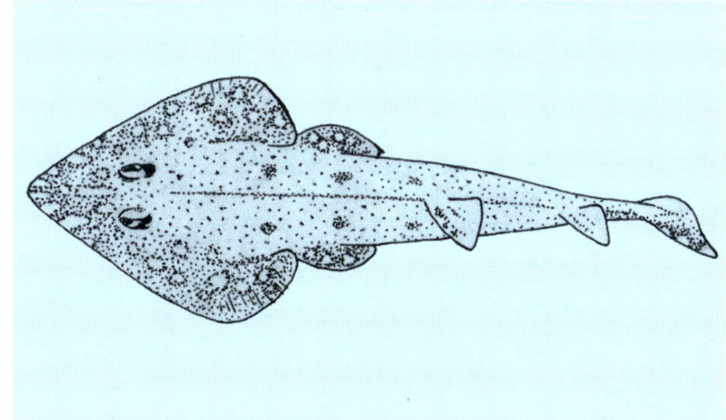

A79928 *Rhinobatos leucospilus* (NORMAN, 1926)
Graugetupfter Geigenrochen / Grey-spotted guitarfish
Western Indian Ocean: southern Mozambique, South Africa; 120 cm.
~Sw~ **drawing:** H. Nakano after Smith & Heemstra, 1985

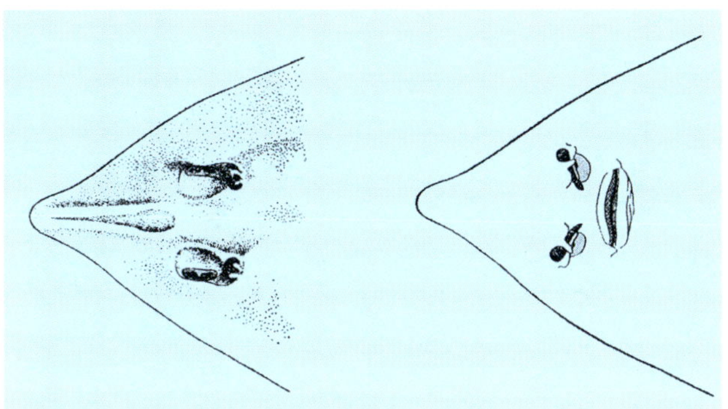

X86126 *Rhinobatos lionotus* (NORMAN, 1926)
Süßwasser-Geigenrochen / Freshwater guitarfish
Indo-Pacific: Coastal rivers of India, often in pure freshwater; 60 cm.
<Bw> **after:** Norman, 1926 (changed)

X86127-4 *Rhinobatos obtusus* (MÜLLER & HENLE, 1841)
Blauflecken-Gitarrenrochen / Pale guitarfish
Indian Ocean/West Pacific: off Pakistan east to Indonesia; 90 cm.
~Sw~ **photo:** P. Woodhead

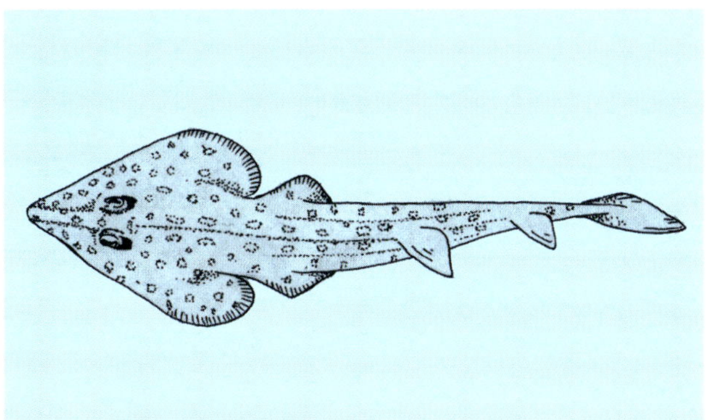

A79929 *Rhinobatos ocellatus* (NORMAN, 1926)
Augenfleck-Geigenrochen / Eyespot guitarfish
Western Indian Ocean: southern Mozambique to South Africa. 90 cm.
~Sw~ **drawing:** H. Nakano after Smith & Heemstra, 1985

S66258 *Rhinobatos percellens* (WALBAUM, 1792)
Fiddlerfisch / Fiddlerfish
Western Atlantic: Antilles; Coast of Brazil down to the Rio de la Plata; 100 cm.
~Sw~ **from:** Müller & Henle, 1841 (changed)

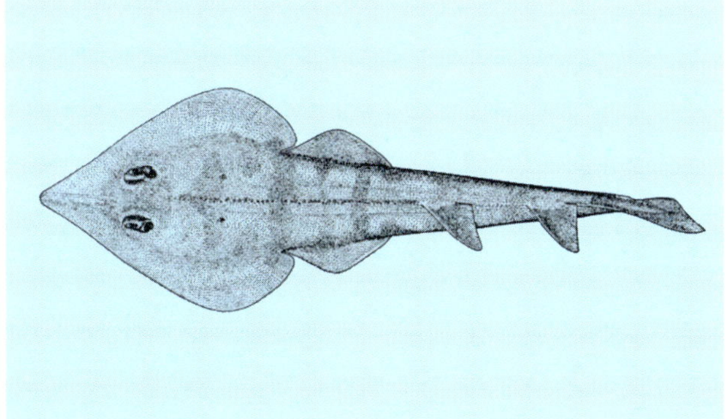

S66259 *Rhinobatos planiceps* (GARMAN, 1880)
Pazifischer Geigenrochen / Pacific guitarfish
Pacific coast of the New World: Peru and the Galapagos Islands; 80 cm.
~Sw~ **after:** Evermann & Radcliffe, 1917 (changed)

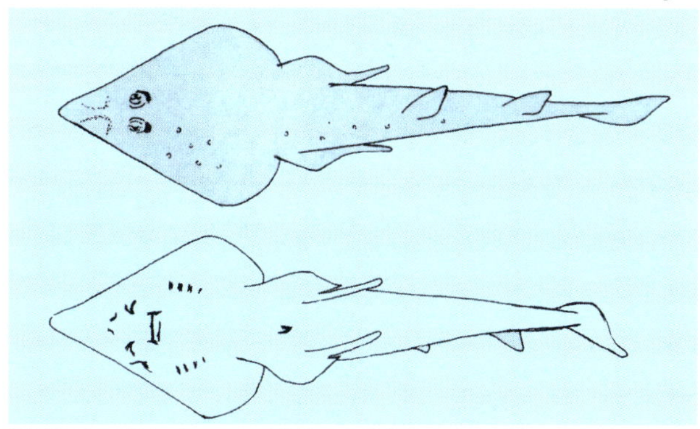

S66261 *Rhinobatos prahli* (ACERO P. & FRANKE, 1995)
Prahls Geigenrochen / Prahl´s guitarfish
Colombia: Isla de Gorgona; 80 cm.
~Sw~ **drawing:** H. Nakano after Acero P. & Franke, 1995

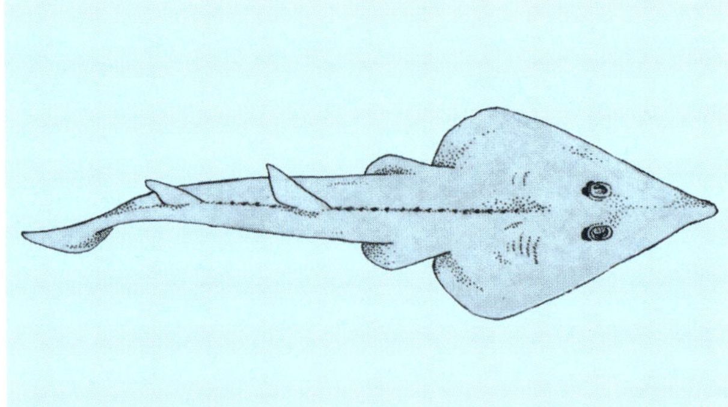

N79114 *Rhinobatos productus* (Ayres, 1854)
Schaufelnasen-Geigenrochen / Shovelnose guitarfish
Eastern Pacific: from San Francisco, USA to Gulf of California, Mexico; 170 cm.
~Sw~<Bw> **drawing:** H. Nakano after Allen & Robertson, 1994

E79115-3 *Rhinobatos rhinobatos* (Linné, 1758)
Gemeiner Geigenrochen / Common guitarfish
Eastern Atlantic: bay of Biscay to Angola, including Mediterranean Sea; 100 cm.
<~Sw~> **photo:** H. Debelius

X86133 *Rhinobatos schlegelii* (Müller & Henle, 1841)
Gelber Geigenrochen / Yellow guitarfish
Western Pacific: Korea to the Philippines; 100 cm.
~Sw~ **from:** Müller & Henle, 1841 (changed)

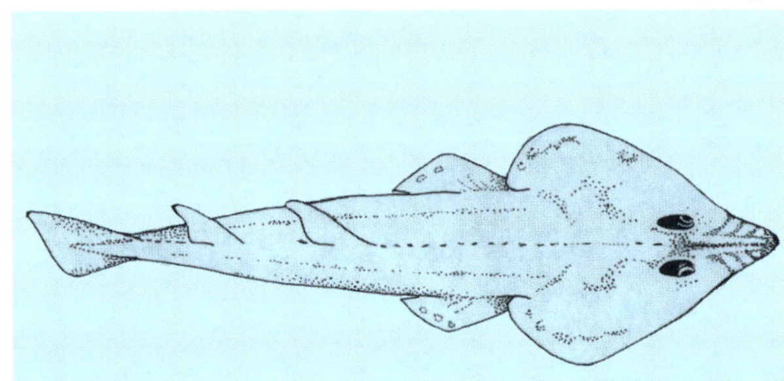

X86135 *Rhinobatos variegatus* Nair & Lal Mohan, 1973
Nasenstreifen-Geigenrochen / Stripenose guitarfish
Red Sea; 65 cm.

~Sw~ **drawing:** H. Nakano after Nair & Lal Mohan, 1973

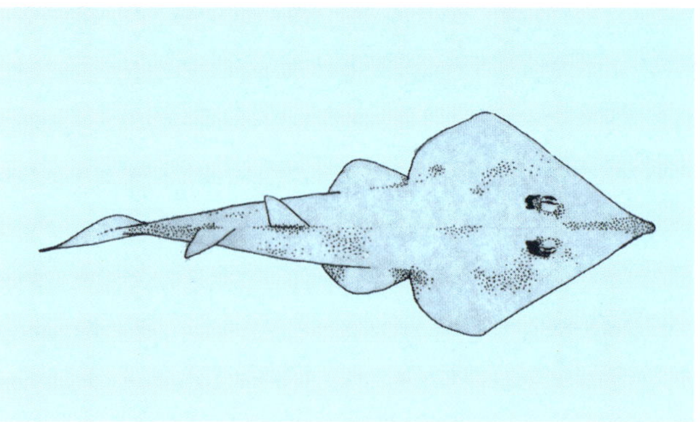

X86132 *Rhinobatos punctifer* Compagno & Randall, 1987
Rotmeer-Gitarrenrochen / Red Sea guitarfish
Red Sea; 80,5 cm.
~Sw~ **drawing:** H. Nakano after Compagno & Randall, 1987

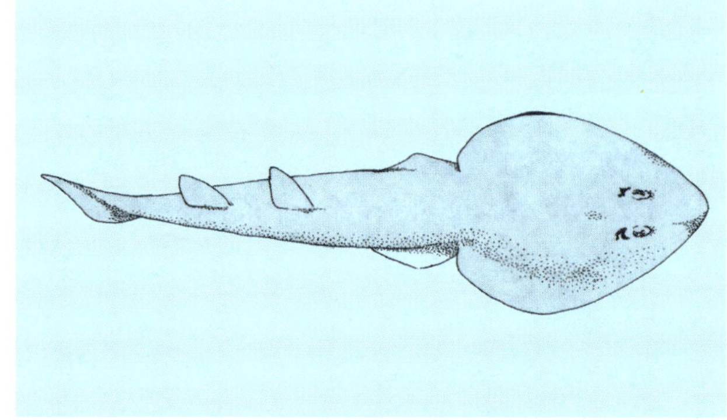

X79923 *Rhinobatos salalah* Randall & Compagno, 1995
Salalah-Geigenrochen / Salalah guitarfish
Red Sea; 54 cm.
~Sw~ **drawing:** H. Nakano after Randall & Compagno, 1995

X86134-4 *Rhinobatos thouin* (Anonymus, 1798)
Thouin-Geigenrochen / Thouin ray
Indo-West Pacific: Red Sea east to Indonesia and north to Japan; 275 cm.
<~Sw~> **photo:** H. Debelius

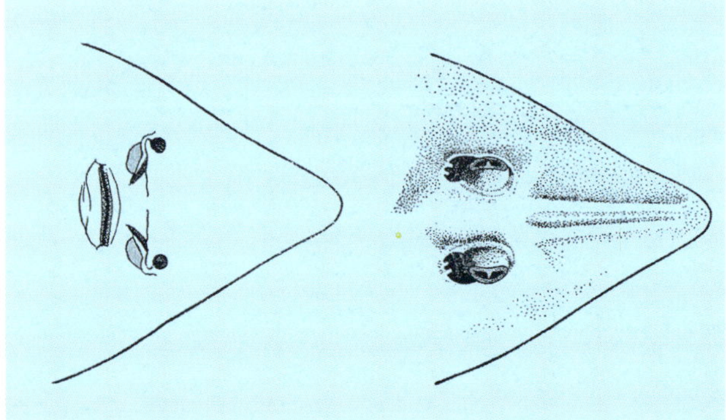

A79924 *Rhinobatos zanzibariensis* (Norman, 1926)
Sansibar-Geigenrochen / Zanzibar guitarfish
Zanzibar; 200 cm.
~Sw~ **after:** Norman, 1926 (changed)

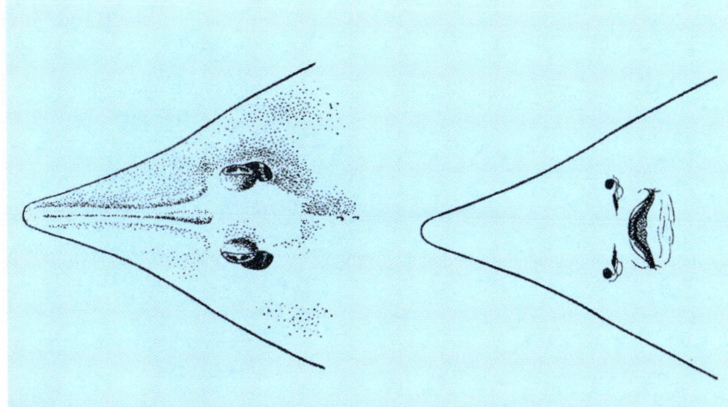

X06540 *Aptychotrema bougainvillii* (MÜLLER & HENLE ex VALENCIENNES, 1841)
Bougainvilles Aptychotrema / Bougainville´s shovelnose ray
NE and SE coast of Australia: Queensland, New South Wales; 100 cm.
~Sw~ **after:** Norman, 1926 (changed)

X06544-4 *Aptychotrema vincentiana* (HAACKE, 1885)
Südlicher Aptychotrema / Southern shovelnose ray
Southern and western Australia; 80 cm.
~Sw~ **photo:** R. H. Kuiter

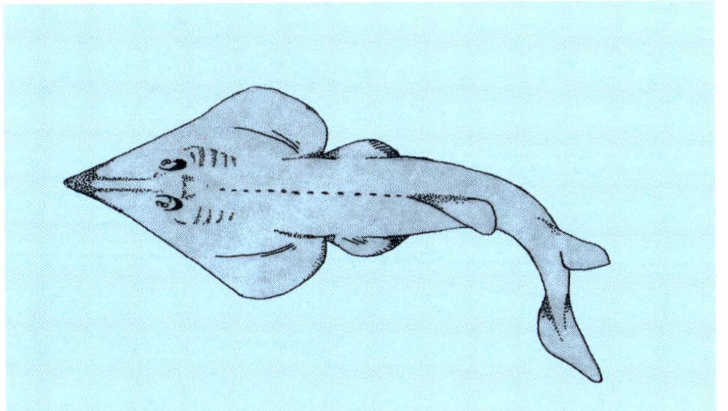

X06543 *Aptychotrema* sp. II (undescribed)
Gelber Aptychotrema / Yellow Shovelnose Ray
Continental shelf of north-western Australia; 65 cm.
~Sw~ **drawing:** H. Nakano after Allen & Swainston, 1988

X78326 *Platyrhina sinensis* MÜLLER & HENLE, 1841
Chinesischer Geigenrochen / Chinese Fiddler ray
China and Japan; 70 cm.
~Sw~ **from:** Müller & Henle, 1841 (changed)

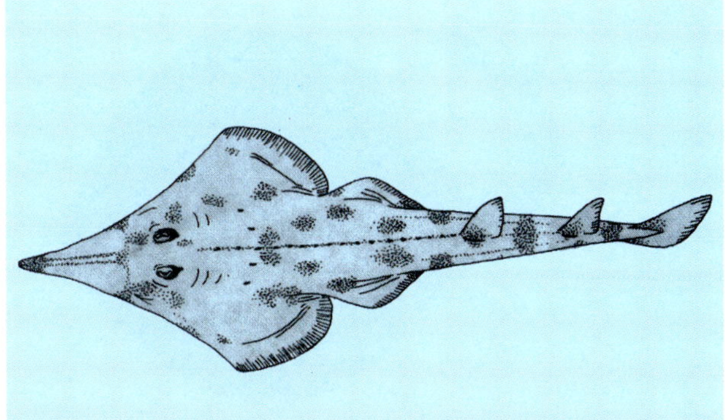

X06541 *Aptychotrema rostrata* (SHAW in SHAW & NODDER, 1794)
Östlicher Aptychotrema / Eastern shovelnose ray
NE and SE coast of Australia: Queensland, New South Wales; 120 cm.
~Sw~~<Bw> **drawing:** H. Nakano after Last & Stevens, 1994

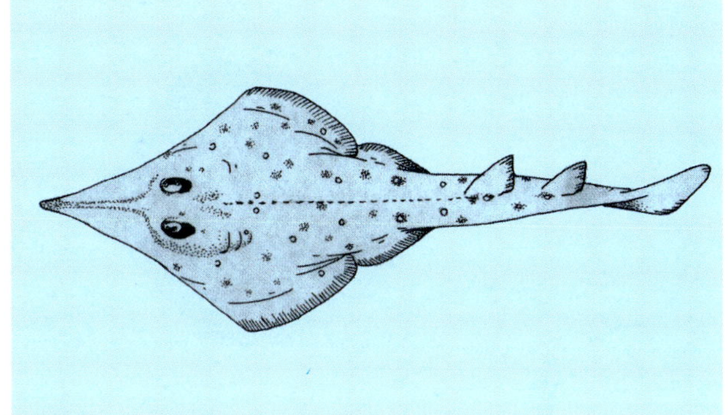

X06542 *Aptychotrema* sp. I (undescribed)
Getupfter Aptychotrema / Spotted Shovelnose Ray
Western Australia from Port Hedland northwards; 120 cm.
~Sw~ **drawing:** H. Nakano after Last & Stevens, 1994

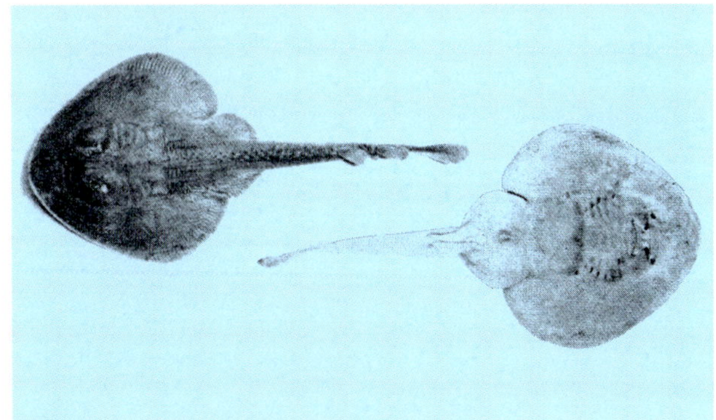

X78325 *Platyrhina limboonkengi* TANG, 1933
Amoy-Geigenrochen / Amoy Fiddler ray
Amoy, China; 55 cm.
~Sw~ **after:** Tang, 1933 (changed)

N77320-4 *Platyrhinoidis triseriata* (JORDAN & GILBERT, 1880)
Dornrücken / Thornback
Eastern Pacific: San Francisco in USA to Baja in Mexico; 90 cm.
~Sw~ **photo:** H. Hall

A98955 *Zanobatus schoenleinii* (MÜLLER & HENLE, 1841)
Schoenleins Geigenrochen / Schoenlein´s fiddler ray
Central eastern Atlantic: Morocco to Gulf of Guinea; 100 cm (TL).

~Sw~ **from:** Müller & Henle, 1841 (changed)

X43290 *Dasyatis akajei* (MÜLLER & HENLE ex BÜRGER, 1841)
Roter Stechrochen / Red stingray
Western Pacific: southern Japan to Thailand; 200 cm (TL).

<~Sw~> **from:** Müller & Henle, 1841 (changed)

X43291 *Dasyatis bennettii* (MÜLLER & HENLE, 1841)
Bennetts Stechrochen / Bennett's stingray; Indian Ocean/W. Pacific, India to southern Japan & Philippines; 50 cm (DW).

~Sw~ - <~Sw~> **from:** Müller & Henle, 1841 (changed)

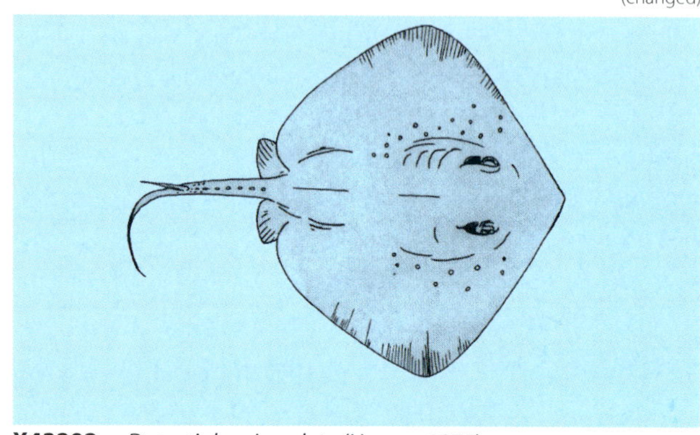

X43292 *Dasyatis brevicaudata* (HUTTON, 1875)
Kurzschwanz-Stechrochen / Short-tail stingray
Coast of the Indian Ocean/West Pacific; 430 cm (TL).

<~Sw~> **drawing:** H. Nakano after Last & Stevens, 1994

N77295-4 *Dasyatis centroura* (MITCHILL, 1815)
Dorniger Stechrochen / Roughtail stingray; this specimen: Gomera; E.Atlantic: Bay of Biscay to Angola; W.Atlantic: Canada to Uruguay; 220 cm (TL).

~Sw~ - <~Sw~> **photo:** H. Debelius

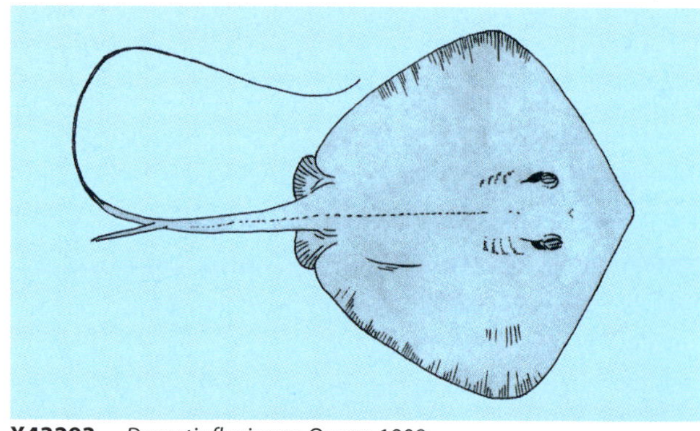

X43293 *Dasyatis fluviorum* OGILBY, 1908
Brackwasser-Stechrochen / Estuary stingray; Coast of Queensland, SE-Coast and NE-Coast of Australia; 130 cm (DW).

<~Sw~> **drawing:** H. Nakano after Last & Stevens, 1994

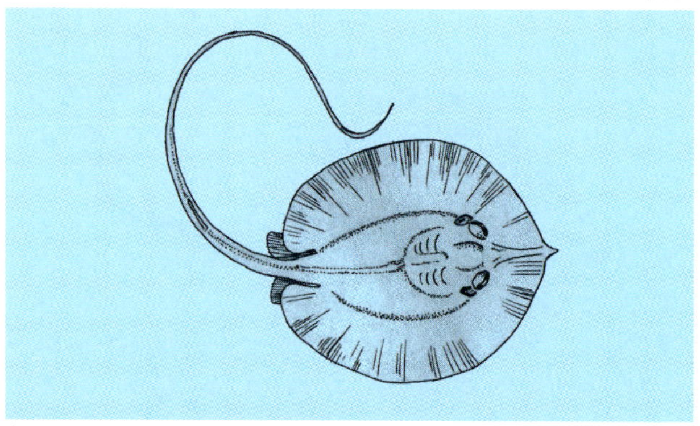

A29117 *Dasyatis garouaensis* (STAUCH & BLANC, 1962)
Afrikanischer Süßwasserrochen / African freshwater ray
Rivers of Cameroon and Nigeria; 40 cm (DW).

drawing: H. Nakano after Stauch & Blanc, 1962

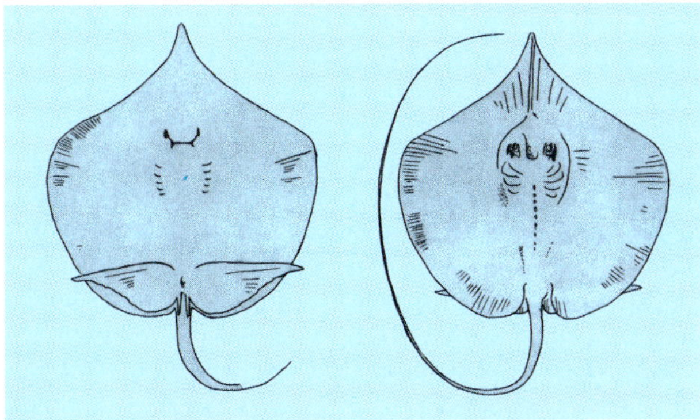

S66231 *Dasyatis geijskesi* BOESEMAN, 1948
Spitznasen-Stechrochen / Sharpsnout stingray; Western Atlantic: Coast of Venezuela and south-eastwards to Brazil; 150 cm (TL).
~Sw~ - <~Sw~> **drawing:** H. Nakano after Boeseman, 1948

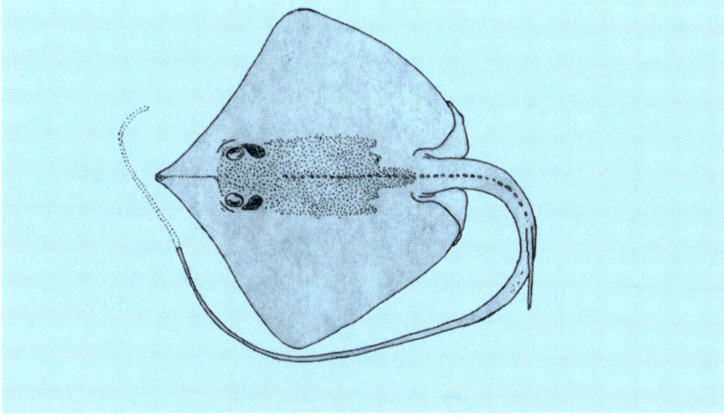

S66229 *Dasyatis guttata* (BLOCH & SCHNEIDER, 1801)
Langnasen-Stechrochen / Longnose stingray
Western tropical and subtropical Atlantic; 200 cm (TL).
~Sw~ - <Bw> **drawing:** H. Nakano after Bigelow & Schroeder, 1953

A29115-3 *Dasyatis margarita* (GÜNTHER, 1870)
Afrikanischer Brackwasser-Stechrochen / Daisy stingray
Coast of West Africa; 100 cm (TL).
<~Sw~> **photo:** J. Freyhof

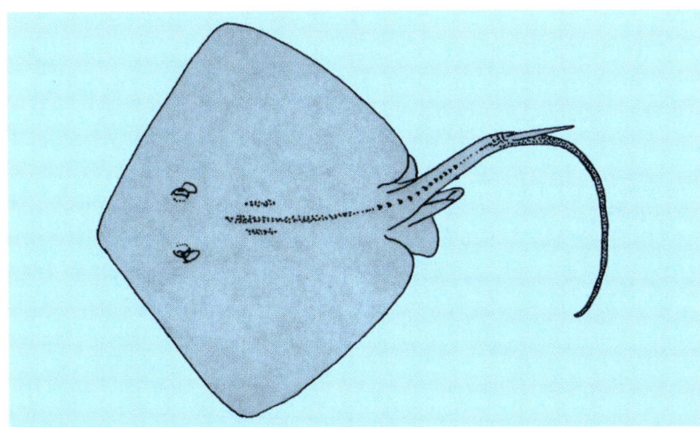

A29120 *Dasyatis hastata* (DE KAY, 1842)
Kleiner Dorn-Stechrochen / Lesser roughtail stingray
Eastern Atlantic; 110 cm (TL).
~Sw~ - <Bw> **drawing:** H. Nakano after Lévêque et al., 1990

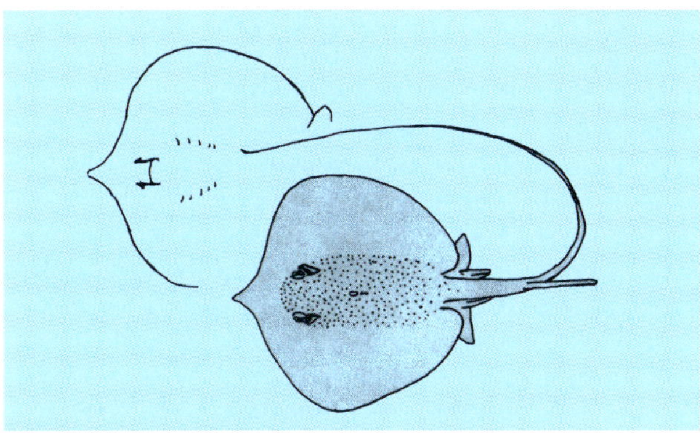

A29116 *Dasyatis margaritella* COMPAGNO & ROBERTS, 1984
Kleiner Daisy-Stechrochen / Lesser daisy stingray
Coast of West Africa; 30 cm (DW).
~Sw~-<Bw> **drawing:** H. Nakano after Compagno & Roberts, 1984

E29520-4 *Dasyatis pastinaca* (Linné, 1758)
Common stingray
Eastern Atlantic incl. Mediterranean sea; this specimen: Croatia; 60 cm (DW).
<~Sw~>

photo: E. Schraml

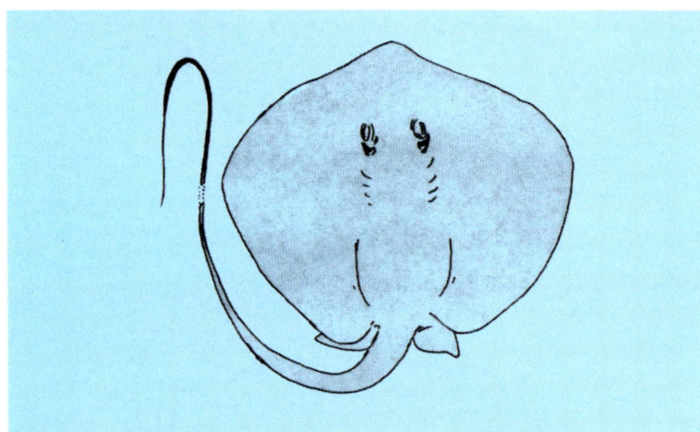

A29118 *Dasyatis rudis* (Günther, 1870)
Afrikanischer Riesen-Stechrochen / African giant stingray
West African coast; 320 cm (TL).
~Sw~ - <Bw>

drawing: H. Nakano after Springer & Collette, 1971

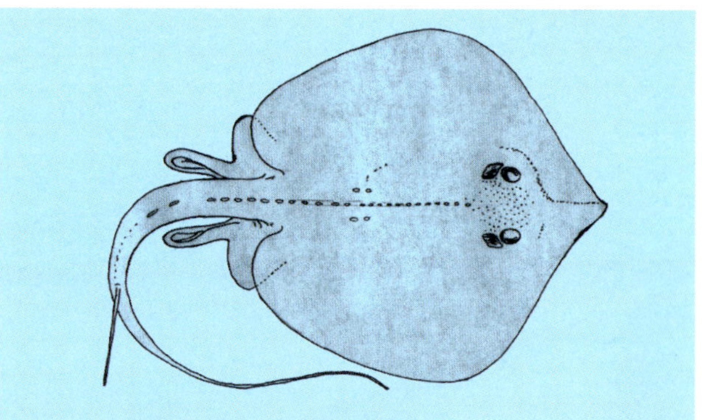

N77300 *Dasyatis sabina* (Lesueur, 1824)
Atlantischer Stechrochen / Atlantic stingray
Western Atlantic; some populations in pure freshwater; 60 cm (TL).
<~Sw~>

drawing: H. Nakano after Bigelow & Schroeder, 1953

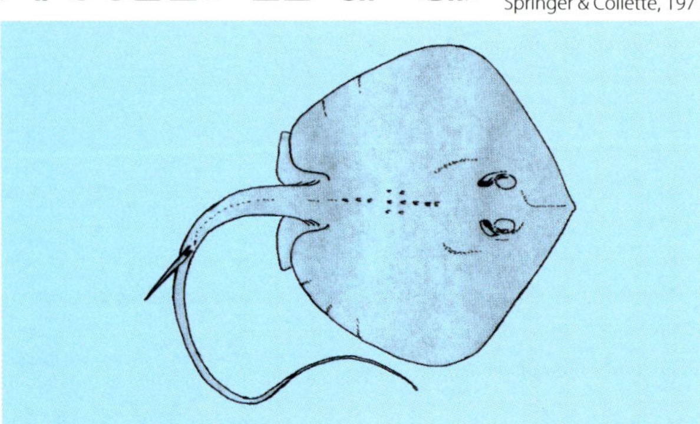

N77305 *Dasyatis sayi* (Lesueur, 1817)
Says Stechrochen / Bluntnose stingray
Western Atlantic; 90 cm (DW).
~Sw~-<~Sw~>

drawing: H. Nakano after Bigelow & Schroeder, 1953

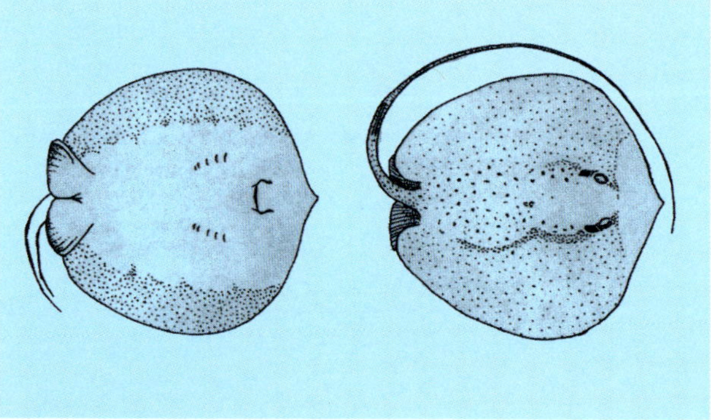

A29119 *Dasyatis ukpam* (Smith, 1863)
Ukpam
Rivers of West Africa: Nigeria, Gabon and Congo; 70 cm (DW).

drawing: H. Nakano after Compagno & Roberts, 1984

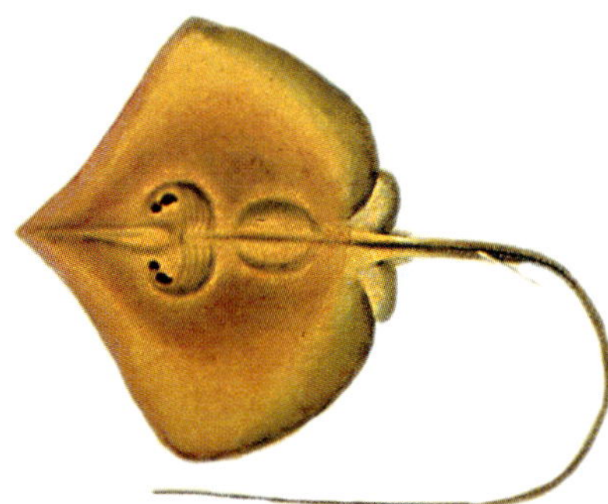

X43310 *Dasyatis zugei* (MÜLLER & HENLE (ex BÜRGER), 1841)
Zuges Stechrochen / Pale-edged stingray
Indo-Pacific, from India to Japan; 30 cm (DW).
<~Sw~> **from:** Müller & Henle, 1841 (changed)

X37920-4 *Hypolophus sephen* (FORSSKÅL, 1775)
Federschwanz-Stechrochen / Cowtail stingray
Indian Ocean/West-Pacific; 180 cm (DW).

<~Sw~> **photo:** H. Debelius

X43309-4 *Urogymnus asperrimus* (BLOCH & SCHNEIDER, 1801)
Porcupine ray
Indo-Pacific; this specimen: Oman; 100 cm (DW).
~Sw~-<Bw> **photo:** H. Debelius

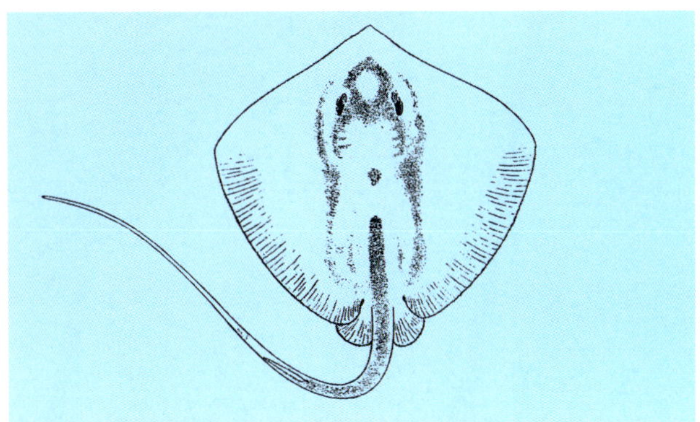

X52560 *Himantura alcockii* (ANNANDALE, 1909)
Alcocks Peitschenschwanz / Alcock´s whipray
Indian Coast (Orissa); 90 cm (DW).
~Sw~ **after:** Annandale, 1909 (changed)

X52575-3 *Himantura chaophraya* MONKOLPRASIT & ROBERTS, 1990
Freshwater whipray; Australia: Gilbert River (Queensland), Daly and South Alligator rivers (Northern Territory), Ord and Pentecost rivers (Western Australia); New Guinea: Fly River; Borneo: Mahakam basin; Thailand; Cambodia. This specimen from Australia, but exact locality unknown; 300 cm (DW).
photo: E. Schraml / Archiv A.C.S.

X52566-3 *Himantura chaophraya* MONKOLPRASIT & ROBERTS, 1990
Freshwater whipray; Australia: Gilbert River (Queensland), Daly and South Alligator rivers (Northern Territory), Ord and Pentecost rivers (Western Australia); New Guinea: Fly River; Borneo: Mahakam basin; Thailand; Cambodia. This specimen from the Mekong River; 300 cm (DW).

photo: M. Kottelat

X52566-3 *Himantura chaophraya* MONKOLPRASIT & ROBERTS, 1990
Freshwater whipray; Australia: Gilbert River (Queensland), Daly and South Alligator rivers (Northern Territory), Ord and Pentecost rivers (Western Australia); New Guinea: Fly River; Borneo: Mahakam basin; Thailand; Cambodia. This specimen from the Mekong River; 300 cm (DW).

photo: M. Kottelat

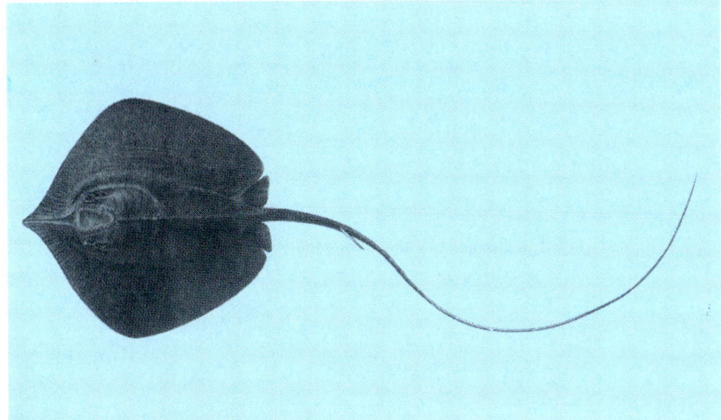

X52565 *Himantura bleekeri* (Blyth, 1860)
Bleekers Peitschenschwanz / Bleeker's whipray; Indo-Pacific: Pakistan, India, Sri Lanka, Myanmar, Thailand , Malay Peninsula; 105 cm (DW).
<~Sw~> **from:** Day, 1875-88 (changed)

X52567-4 *Himantura fai* Jordan & Seale, 1906
Rosa Peitschenschwanz / Pink whipray; Southern Indo-Pacific; this specimen: Surin Island, Thailand; 150 cm (DW).
~Sw~ **photo:** M. Strickland

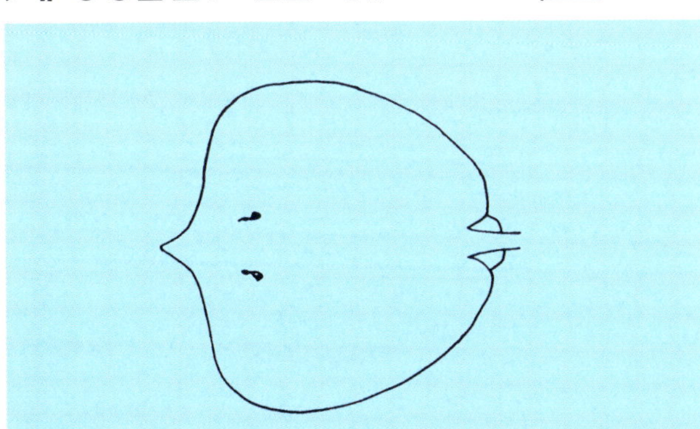

X52569 *Himantura fluviatilis* (Hamilton, 1822)
Indischer Süßwasserrochen / Indian freshwater whipray
India; 200 cm (DW).
after: Annandale, 1910 (changed)

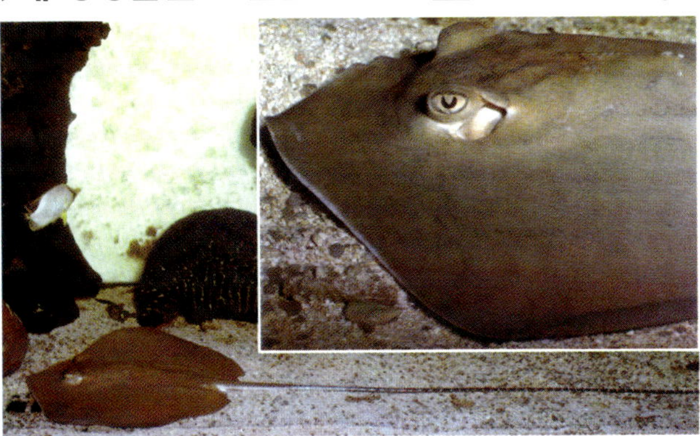

X52570-2 *Himantura gerrardi* (Gray, 1851)
Gerrards Peitschenschwanz / Sharpnose stingray
Indo-Pacific: India to New Guinea, north to Japan; 70 cm (DW).
~Sw~ **photos:** P. Chlupaty † Archiv Tetra

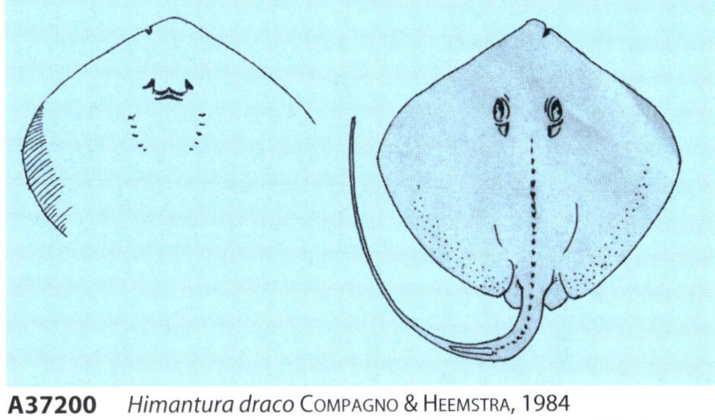

A37200 *Himantura draco* Compagno & Heemstra, 1984
Drachen-Peitschenschwanz / Dragon stingray; Western Indian Ocean: off Madagascar and off Durban, South Africa; 130 cm (DW).
~Sw~ **drawing:** H. Nakano after Compagno & Heemstra, 1984

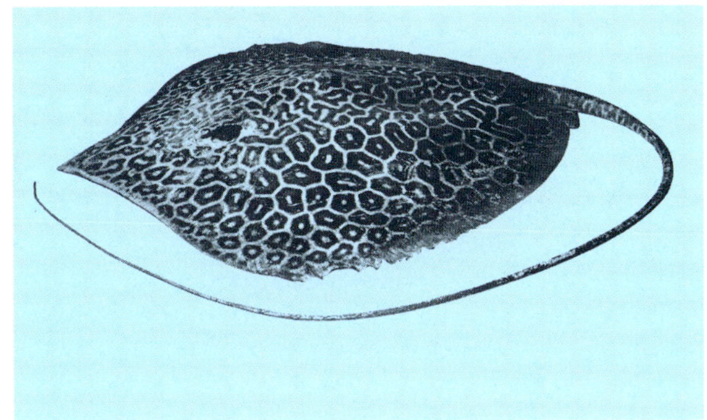

X52568-4 *Himantura fava* (Annandale, 1909)
Trug-Leoparden-Peitschenschwanz / False leopard whipray
Indian Coast; 130 cm (DW).
~Sw~ **after:** Annandale, 1909 (changed)

X52571-4 *Himantura granulata* (Macleay, 1883)
Mangroven-Peitschenschwanz / Mangrove whipray
Western Indo-Pacific; this specimen: Gaafu Atoll, Maldives; 100 cm (DW).
~Sw~-<Bw> **photo:** J. Neuschwander

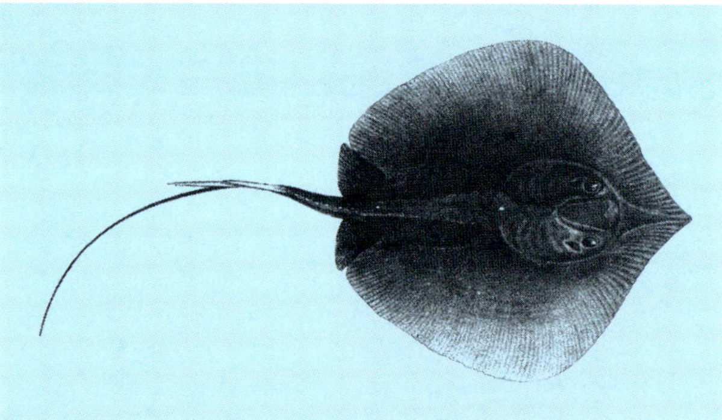

X05350 *Himantura imbricata* (Bloch & Schneider, 1801)
Brackwasser-Peitschenschwanz / Scaly whipray
Indo-Pacific: from the Red Sea to Java, Indonesia; 25 cm (DW).
<Bw> **from:** Day, 1875-88 (changed)

X52572-4 *Himantura jenkinsii* (Annandale, 1909)
Jenkins´Peitschenschwanz / Pointed-nose stingray. Indo-Pacific: South Africa, NW India, Malaya to New Guinea, N.Australia. 100 cm (DW).
~Sw~ **photo:** M. Strickland

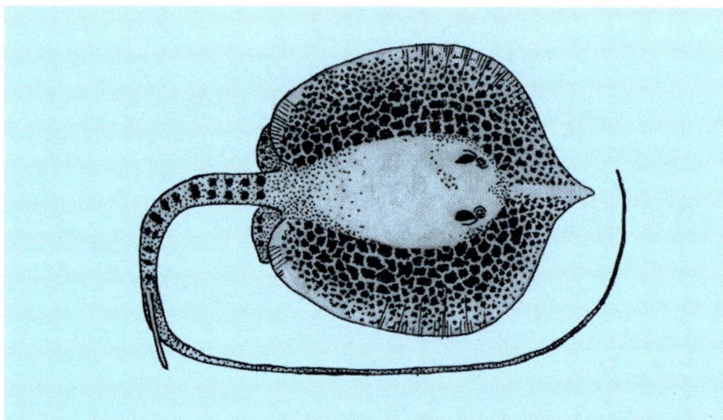

X52573 *Himantura krempfi* (Chabanaud, 1923)
Krempfs Süßwasserrochen / Krempf´s freshwater whipray
Asia: Chao Phraya (Thailand) and Mekong basins; 40 cm (DW).
<Bw> **drawing:** H. Nakano after Rainboth, 1996

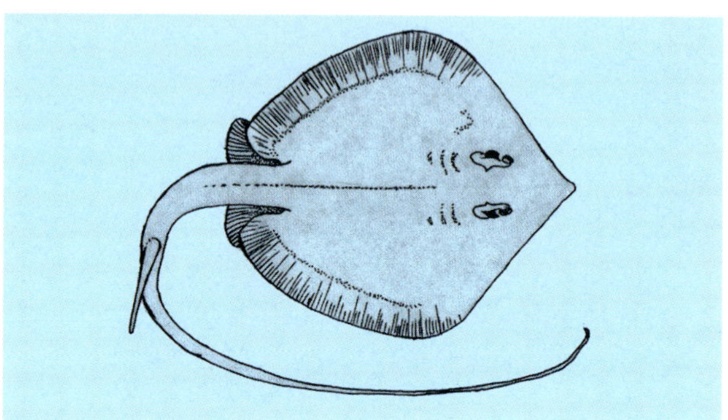

X05352 *Himantura laosensis* (Roberts & Karnasuta, 1987)
Laos-Süßwasserrochen / Laos freshwater whipray
Thailand, Cambodia, Laos; 50 cm (DW).
drawing: H. Nakano after Rainboth, 1996

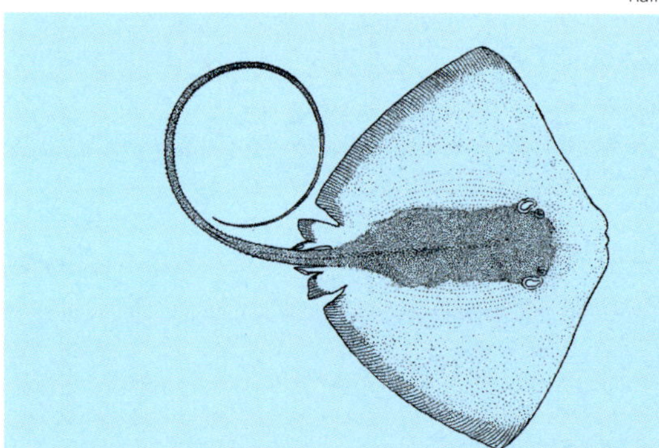

X52574 *Himantura marginata* (Blyth, 1860)
Gerandeter Peitschenschwanz / Dark-rimmed whipray
Indian Ocean: India, Sri Lanka, Myanmar; 180 cm (DW).
♂ **~Sw~ - <Bw>** **after:** Annandale, 1909 (changed)

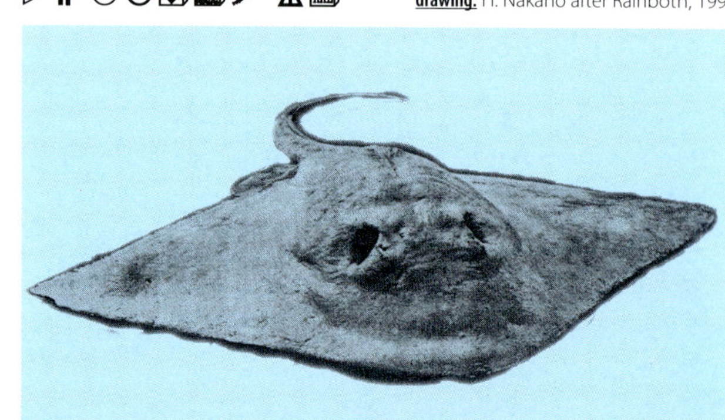

X52579-4 *Himantura microps* (Annandale, 1908)
Kleinäugiger Stechrochen / Smalleye stingray (probably a *Dasyatis* species); India to Australia; 320 cm (TL).
~Sw~ **after:** Annandale, 1909 (changed)

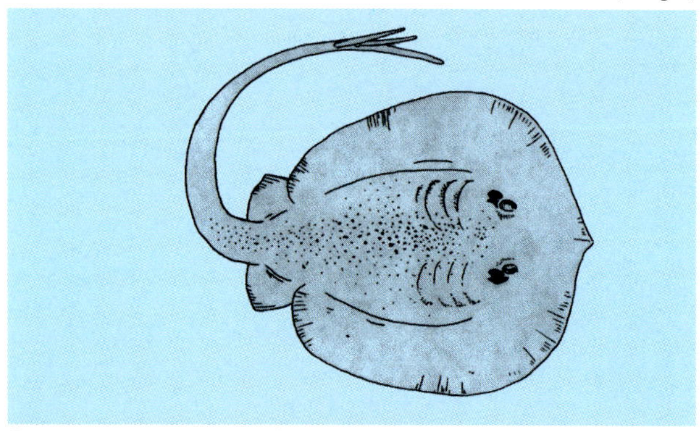

S66240 *Himantura pacifica* (Beebe & Tee-Van, 1941)
Pazifischer Chupare / Pacific chupare
Pacific Coast of South America; 150 cm (TL).
~Sw~ **drawing:** H. Nakano after Allen & Robertson, 1994

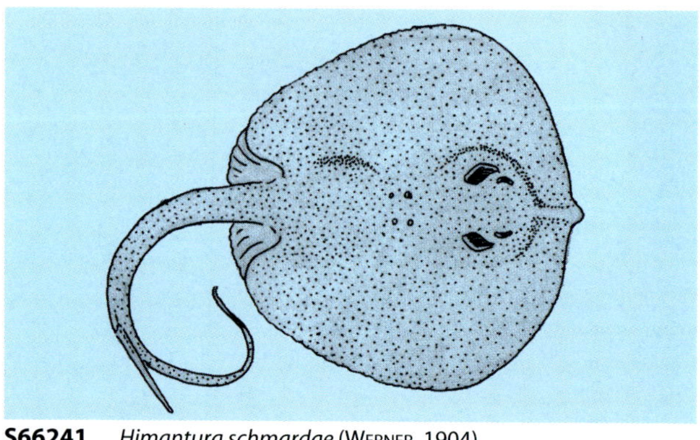

S66241 *Himantura schmardae* (Werner, 1904)
Chupare stingray; Central western Atlantic: from the Gulf of Campeche to Suriname; 200 cm (DW).
~Sw~ - <~Sw~> **drawing:** H. Nakano after Bigelow & Schroeder, 1953

X52584-4 *Himantura oxyrhynchus* (SAUVAGE, 1878)
Marmorierter Peitschenschwanz / Marbled whipray
Asia: Cambodia, Thailand (this specimen), Borneo; 35 cm (DW).

photo: M. Kottelat

X52585-4 *Himantura oxyrhynchus* (SAUVAGE, 1878)
Marmorierter Peitschenschwanz / Marbled whipray
Asia: Cambodia, Thailand, Borneo (this specimen: Kapuas); 35 cm (DW).

photo: H. H. Tan

X52576-3 *Himantura signifer* Compagno & Roberts, 1982
Weißsaum-Süßwasserrochen / White-rimmed stingray
Indonesia, Malaysia, Thailand; this specimen: Mekong River; 50 cm (DW).

photo: F. Schäfer

X52576-3 *Himantura signifer* Compagno & Roberts, 1982
Weißsaum-Süßwasserrochen / White-rimmed stingray
Indonesia, Malaysia, Thailand; this specimen: Mekong River; 50 cm (DW).

photo: F. Schäfer

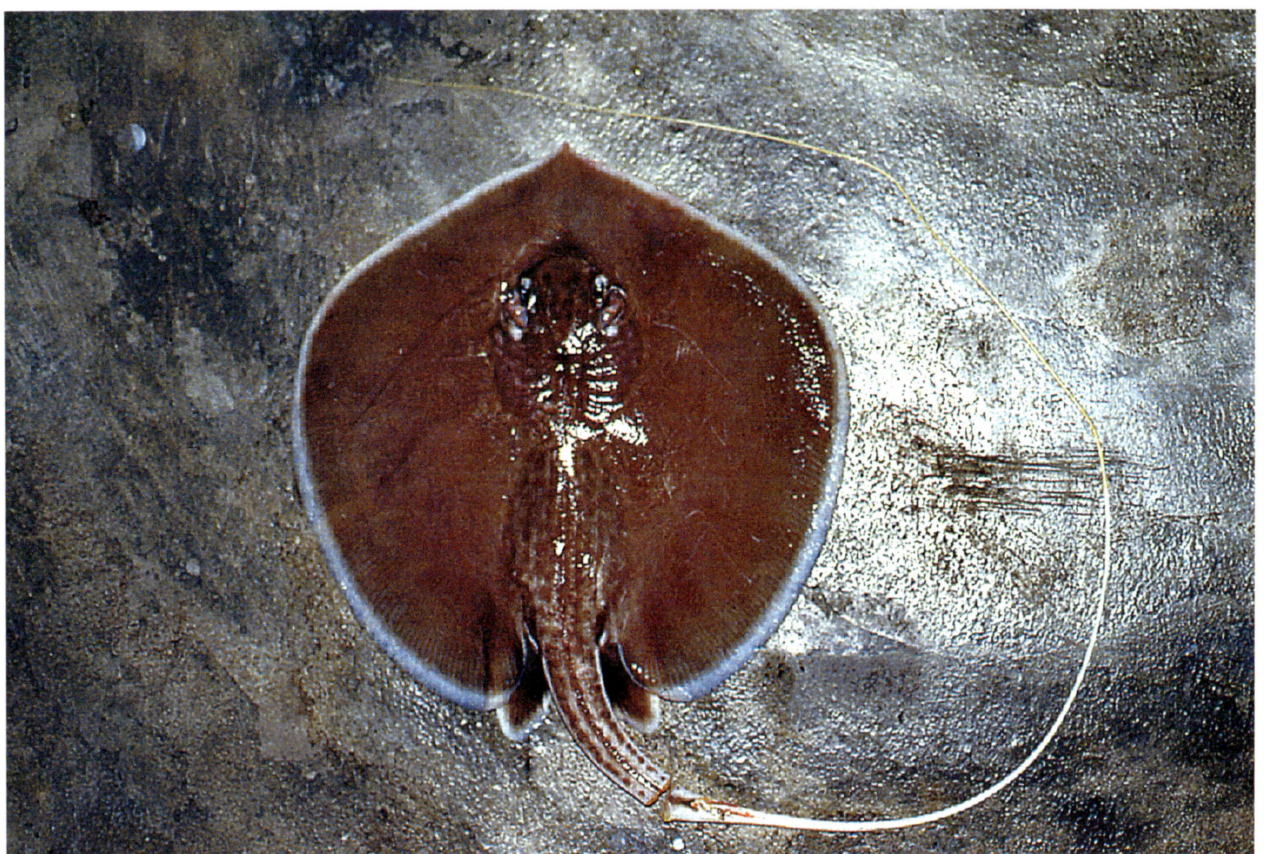

X52582-4 *Himantura signifer* COMPAGNO & ROBERTS, 1982
Weißsaum-Süßwasserrochen / White-rimmed stingray
Indonesia, Malaysia, Thailand; this specimen: Sumatra, Jambi: Batang Hari; 50 cm (DW).

photo: H. H. Tan

X52583-4 *Himantura signifer* COMPAGNO & ROBERTS, 1982
Weißsaum-Süßwasserrochen / White-rimmed stingray
Indonesia, Malaysia, Thailand; this specimen: Kalimantan Barat: Kapuas, Sintang; 50 cm (DW).

photo: H. H. Tan

X52580-4 *Himantura uarnak* (FORSSKÅL, 1775)
Uarnak-Peitschenschwanz / Honeycomb stingray
Indo-Pacific Region; 200 cm (DW).
<~Sw~> **photo:** H. Debelius

X52578-4 *Himantura undulata* (BLEEKER, 1852)
Leoparden-Peitschenschwanz / Leopard whipray
Indian Ocean/W.Pacific; this specimen: Aldabra, Seychelles; 410 cm (TL).
<~Sw~> **photo:** H. Debelius

X52581-4 *Himantura walga* (MÜLLER & HENLE, 1841) Zwerg-Peitschenschwanz/ Dwarf whipray; Indian Ocean/W.Pacific: Thailand to Indonesia; this specimen: Singapore; 40 cm (TL). Probably a synonym of *H. imbricata*.
<~Sw~> **photo:** K. Lim

E66256-4 *Gymnura altavela* (LINNÉ, 1758) Geflügelter Falterrochen/ Wide-wing butterfly ray; Both sides of the Atlantic, including Mediterranean and Black Sea. This specimen: Madeira. 210 cm (DW).
~Sw~ **photo:** P. Wirtz

E66256-4 *Gymnura altavela* (LINNÉ, 1758) Geflügelter Falterrochen/ Wide-wing butterfly ray; Both sides of the Atlantic, including Mediterranean and Black Sea. This specimen: Costa del Sol. 210 cm (DW).
~Sw~ **photo:** H. Debelius

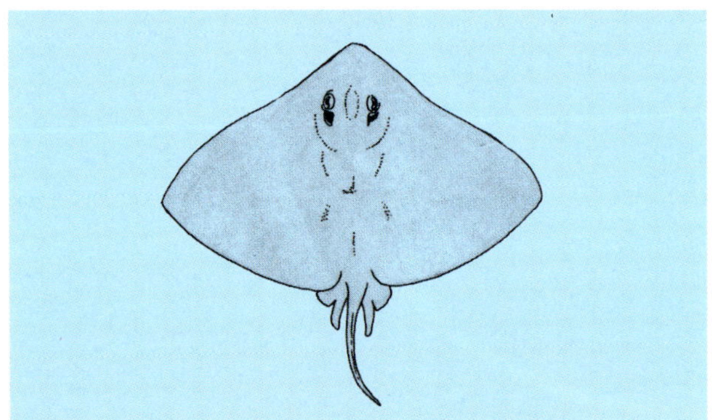

N66257 *Gymnura micrura* (BLOCH & SCHNEIDER, 1801)
Glatter Falterrochen / Smooth butterfly ray
Western North Atlantic; 90 cm (DW).
~Sw~-<~Sw~> **drawing:** H. Nakano after Bigelow & Schroeder, 1953

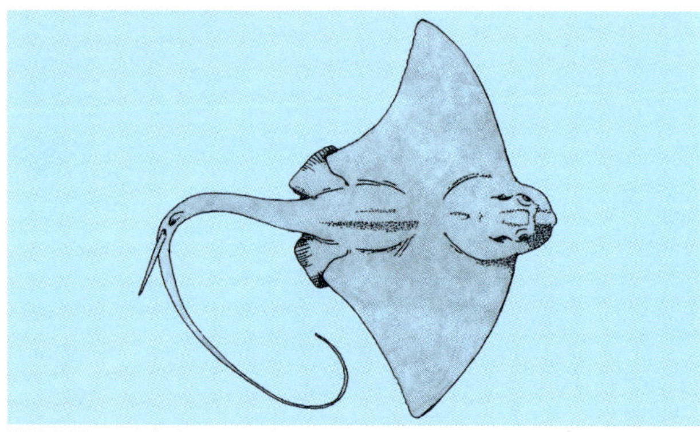

S52842 *Myliobatis goodei* GARMAN, 1885
Südlicher Adlerrochen / Southern eagle ray
Western North Atlantic; 100 cm (DW).
~Sw~-<~Sw~> **drawing:** H. Nakano after Bigelow & Schroeder, 1953

E52840-4 *Myliobatis aquila* (LINNÉ, 1758)
Gemeiner Adlerrochen / Common eagle ray; Northeastern Atlantic and Mediterranean. This specimen: Madeira. 180 cm (DW).
~Sw~ **photo:** P. Wirtz

X02802-4 *Aetobatus narinari* (EUPHRASEN, 1790)
Geflecker Adlerrochen / Spotted eagle ray
Worldwide in tropical and subtropical seas; 200 cm (DW).
~Sw~ - <Bw> **photo:** E. Robinson

N79120-4 *Rhinoptera bonasus* (MITCHILL, 1815) Atlantischer Kuhnasenrochen / Atlantic cownose ray; E. Atlantic: Mauritania, Senegal, Guinea; W. Atlantic: New England to C-Brazil. This specimen: Florida; 200 cm (DW).
~Sw~ - <Bw> **photo:** H. Debelius

E52840-4 *Myliobatis aquila* (LINNÉ, 1758)
Gemeiner Adlerrochen / Common eagle ray; Northeastern Atlantic and Mediterranean. This specimen: Corsica. 180 cm (DW).
~Sw~ **photo:** C. Gerigk

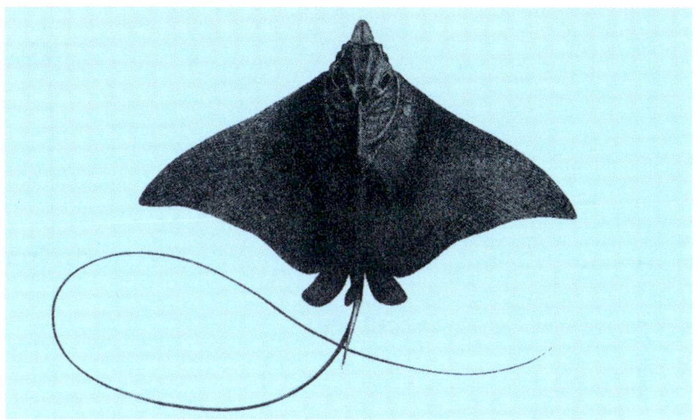

X02800 *Aetobatus flagellum* (BLOCH & SCHNEIDER, 1801)
Peitschenschwanz-Adlerrochen / Whiptail eagleray
Worldwide in tropical and subtropical seas; 75 cm (DW).
~Sw~ - <Bw> **from:** Day, 1875-88 (changed)

X02805 *Aetomylaeus nichofii* (BLOCH & SCHNEIDER, 1801)
Banded eagle ray
Indo-Pacific region; 60 cm (DW).
~Sw~ - <Bw> **from:** Russell, 1803 (changed)

X86210-4 *Rhinoptera javanica* Müller & Henle, 1841
Javanischer Kuhnasenrochen / Javanese cownose ray
Indian Ocean/Western Pacific. 150 cm (DW).
~Sw~ - <Bw> **photo:** R. H. Kuiter

Halten Sie Ihr Aqualog-Lexikon über Jahre aktuell

Keep your Aqualog-Lexicon up-to-date for years

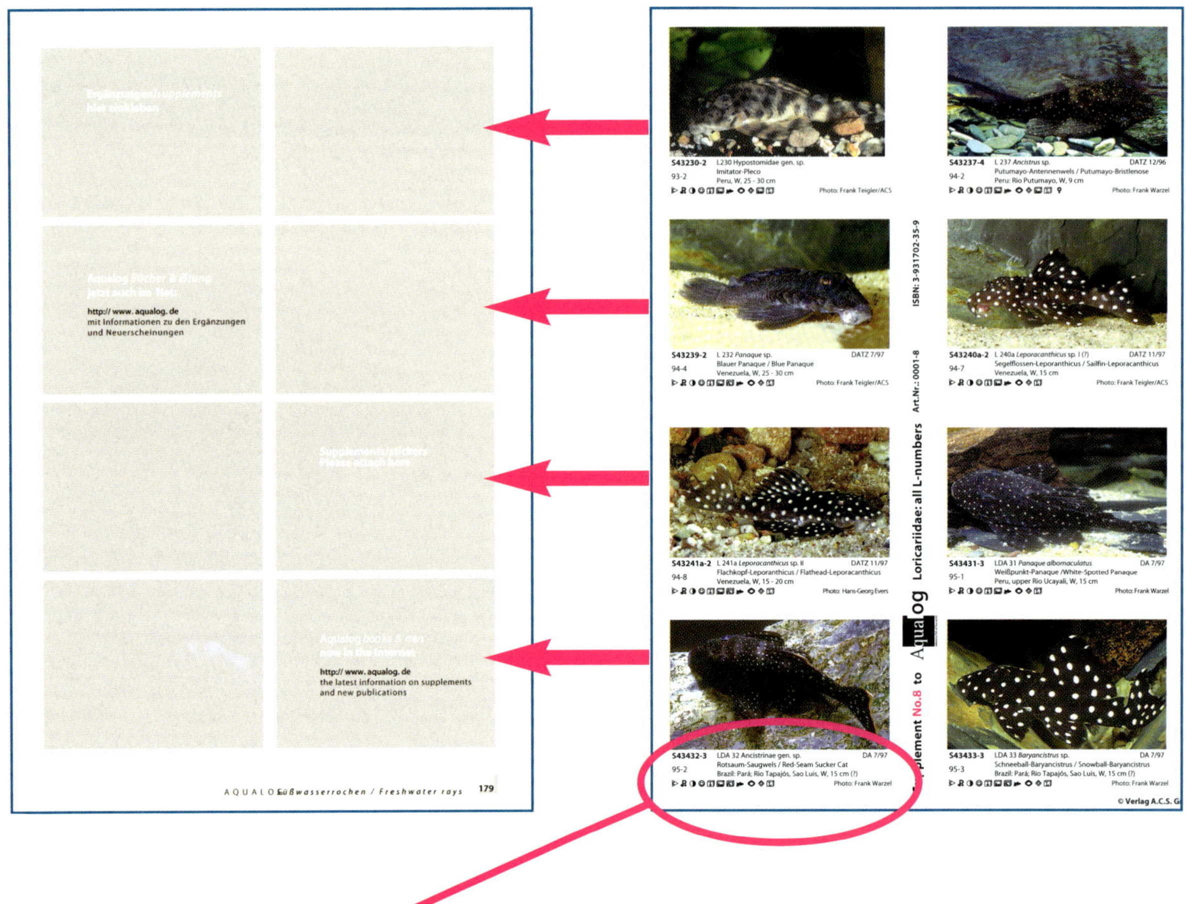

3. Zahl: Bildnummer auf der Seite (durchlaufend numeriert von 1–8 von oben links nach unten rechts)
3. number: *picture number on the page (continuously numbered from 1–8 from the top left corner to bottom right)*

Die Flutwelle neuer oder neu-importierter Arten reißt nicht ab. Daher haben wir uns entschlossen, Ergänzungsbögen mit je acht Einklebebildern zu einem Buch zu erstellen. Lieferbar über den guten Zoofachhandel und den Buchhandel zum Preis von DM 4,80 pro Stück. Viel Freude damit!

The flood of new or newly-imported species doesn´t stop. So we have decided to print supplements with eight stickers each (each supplement contains pictures for a single volume of AQUALOG). They can be ordered at well-equipped pet shops or in any book shop. We hope you enjoy them!

Bitte beachten Sie nebenstehendes Schema, bevor Sie die Bilder einkleben. Die Ergänzungen erscheinen nicht zwangsläufig in der Reihenfolge, in der sie eingeklebt werden, sondern in der Reihenfolge ihrer Verfügbarkeit. Wenn wir z.B. anfangs nur das Bild eines Weibchens als Ergänzung haben, jedoch sicher sind, früher oder später auch das Bild eines Männchens zu bekommen, sollte das Bildkästchen links vom Weibchenbild frei bleiben.

Please follow the scheme given here, before you stick in the pictures. The supplements are not necessarily in the correct order. For example: if we have only the photo of a female, but we are sure to get the photo of the male sooner or later, too, please keep the space to the left of the female free.

Update-Service für Ihre Aqualog Bücher

Update Service for your Aqualog books

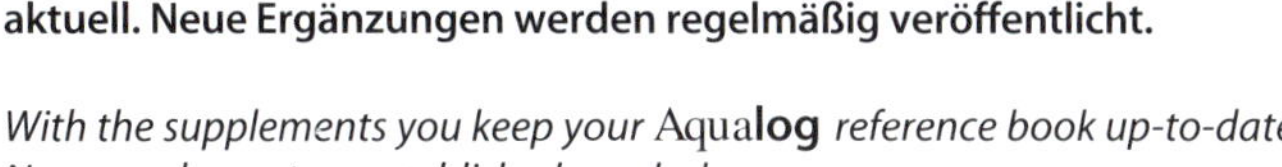
Mit den Ergänzungsbögen bleiben Ihre Aqualog-Bildlexika immer aktuell. Neue Ergänzungen werden regelmäßig veröffentlicht.

With the supplements you keep your Aqualog reference book up-to-date. New supplements are published regularly.

Ergänzungen für
Supplements for
Loricariidae all L-Numbers

Nr./*No.*	ISBN
1	3-931702-15-4
2	3-931702-16-2
3	3-931702-17-0
4	3-931702-20-0
5	3-931702-22-7
6	3-931702-28-6
7	3-931702-35-9
8	3-931702-72-3
9	3-931702-84-7
10	3-931702-85-5
11	3-931702-95-2

Ergänzungen für
Supplements for
All Labyrinths

Nr./*No.*	ISBN
1	3-931702-36-7
2	3-931702-86-3

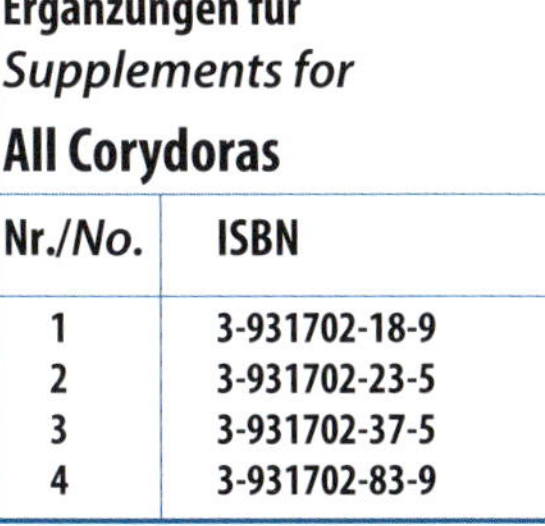
Ergänzungen für
Supplements for
All Corydoras

Nr./*No.*	ISBN
1	3-931702-18-9
2	3-931702-23-5
3	3-931702-37-5
4	3-931702-83-9

Ergänzungen für
Supplements for
Southamerican Cichlids I

Nr./*No.*	ISBN
1	3-931702-19-7
2	3-931702-26-X

Ergänzungen für
Supplements for
Southamerican Cichlids II

Nr./*No.*	ISBN
1	3-931702-12-X
2	3-931702-82-0
3	3-931702-96-0

Ergänzungen für
Supplements for
Southamerican Cichlids III

Nr./*No.*	ISBN
1	3-931702-24-3
2	3-931702-27-8

Ihr Aqualog-Nachschlagewerk

Your Aqualog reference work

Vervollständigen Sie Ihr Nachschlagewerk durch weitere Bücher der Aqualog-Reihe:

Complete this reference work with further volumes of the Aqualog series:

ISBN 3-931702-04-9

ISBN 3-931702-07-3

ISBN 3-931702-10-3

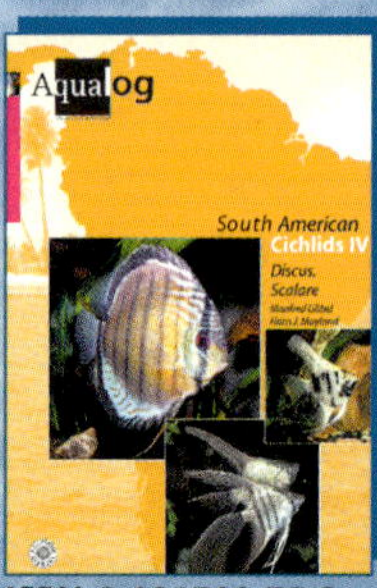

ISBN 3-931702-75-8

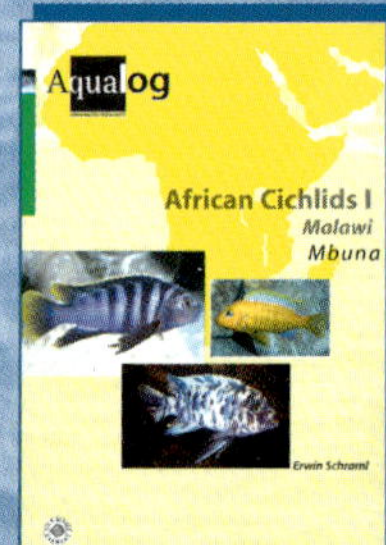

ISBN 3-931702-79-0

ISBN 3-931702-25-1

ISBN 3-931702-30-8

ISBN 3-931702-76-6

ISBN 3-931702-21-9

ISBN 3-931702-77-4

ISBN 3-931702-01-4

Aqualog all Corydoras

ISBN 3-931702-13-8

Mehr Informationen direkt bei

For more information please contact

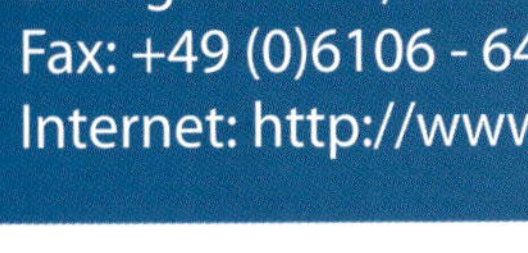

Aqualog **Verlag**
Liebigstraße 1, D-63110 Rodgau/Germany
Fax: +49 (0)6106 - 644692, email: acs@aqualog.de
Internet: http://www.aqualog.de

Aqualognews

Informiert Top aktuell zu folgenden Themen:

Up-to-date information on following topics:

- **Süß- und Seewasserfische** / *marine and freshwater fishes*
- **Terraristik** / *terraristic*
- **Neuentdeckungen** / *new discovered fishes*
- **Aquarienpflanzen** / *plants for the aquarium*

Fordern Sie Ihr Gratis-Exemplar der englischen oder deutschen Ausgabe beim Verlag an!

Order your free specimen copy of the German or English edition at the publisher!

Symboles

Afin de pouvoir présenter tous les poissons en photo et compte tenu de la commercialisation mondiale de nos livres, nous avons volontairement renoncé à publier une description de chaque poisson, et l'avons remplacée par les symboles internationaux. À partir de ces symboles, vous pourrez reconnaître facilement les caractéristiques les plus importantes de ces poissons et leurs conditions de maintenance.

La provenance

Identifiée facilement grâce à la lettre placée devant le numéro de code:

A = Afrique E = Europe N = Amérique du Nord
S = Amérique latine X = Asie/Australie

L'âge

Le dernier chiffre du numéro de code correspond toujours à l'âge du poisson représenté en photo:

1 = alevin ou très jeune poisson (coloration juvénile)
2 = jeune poisson (juvénile/taille de vente)
3 = subadulte (bonne taille de vente)
4 = XL (adulte)
5 = XXL (reproducteur)
6 = show (poisson d'exposition)

L'origine

W = wild B = poisson d'élevage de forme sauvage
Z = Forme d'elevage (création „humaine")
X = Croisement (hybride)

La taille

... cm taille approximative que ce poisson peut attaindre à l'âge adulte.

Le sexe

♂ mâle ♀ femelle  couple

La température

18–22°C (64–72°F) (température ambiante d'un appartement)
22–25°C (72–77°F) (poisson tropical)
24–29°C (75–85°F) (Discus etc.)
10–22°C (50–72°F) Poisson d'eau froide (Amérique du Nord/Europe)

Le pH

pH 6,5–7,2 pas d'exigences particulières
pH 5,8–6,5 préfère l'eau douce et légèrement acide
pH 7,5–8,5 préfère l'eau dure et alcaline

L'èclairage

Beaucoup de lumière/soleil
Peu de lumière
Presque sombre

L'alimentation:

Omnivore: aliments secs, pas d'exigences particulières
Aliments spéciaux: surgelés, nourriture vivante
Poissons voraces: aliments à base de poisson (parfois vivants)
Poissons végétariens: matières végétales

Comportement à la nage

Pas de comportement spécifique
Dans la zone supérieure de l'eau/poisson de surface
Dans la zone inférieure de l'eau/poisson de fond

L'aménagement de l'aquarium

Substrat seulement: sable, graviers etc.
Sable/graviers/racines/cavernes
Aquarium garni de plantes/graviers/racines

Comportement/Reproduction

À maintenir en couple ou en trio
Poissons vivant en banc, 10 poissons minimum
Poissons ovipare
Poissons vivipare ou ovovivipare
Poissons qui pratique l'incubation buccale
Pondeur sous substrat caché
Constructeur de nid de bulles
Poissons qui détruit les algues et nettoie les vitres (lui fournier racines + épinards)
Poissons paisible, pour aquarium communautaire
Poissons exigeant ou difficile à maintenir, consulter auparavant des ouvrages spécialisés
Attention, poissons extrêmement difficile, seulement pour spécialistes expérimentés
Les œufs demandent des soins spéciaux
§ Poissons protégé (WA). „CITES", autorisation spéciale nécessaire.

~L~ Poisson amphibie (demande une zone terrestre)
<Bw> Poisson d'eau saumâtre (addition de sel)
~Sw~ Poisson marin
<~Sw~ Stade juvénile en mer (adulte en eau saumâtre ou en eau douce)
~Sw~> Stade juvénile en eau douce (adulte en eau douce ou en Mer)
<~Sw~> Poisson qui passe indifféremment de l'eau douce á l'eau salée

minimum tank	length	capacity
SS tres petit	20–40 cm	5–20 l
S petit	40–80 cm	40–80 l
m moyen	60–100 cm	80–200 l
L grand	100–200 cm	200–400 l
XL XL	200–400 cm	400–3 000 l
XXL XXL	supérieur à 400 cm	supérieur à 3 000 l (aquarium d'exposition)

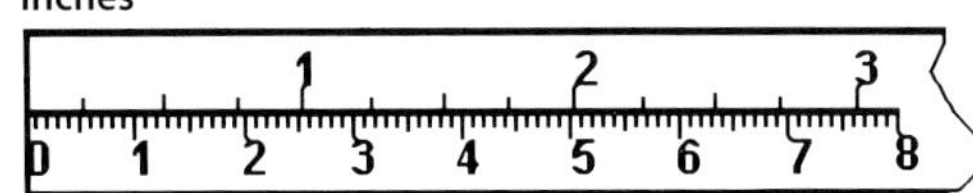

Símbolos

Teniendo en cuenta la enorme variedad de lenguas a nivel mundial, hemos decidido, intencionadamente, sustituir cualquier descripción textual detallada por símbolos internacionales. De esta forma se pueden obtener los datos más importantes, sobre las especies y su cuidado. Los símbolos sobre el cuidado siempre hacen referencia a las condiciones en acuario y no a las del pais de origen ó de los biotopos.

Continente de origen

Simplemente, fíjese en la letra que va delante del código numérico

A = Africa **E** = Europa **N** = Norte America
S = Latino America **X** = Asia/Australia

Edad

El último número del código siempre significa la edad del pez

1 = muy pequeño (alevin /juvenil pequeño)
2 = pequeño (juvenil/tamaño comercial)
3 = mediano (sub-adulto/buen tamaño conercial)
4 = grande (adulto/tamaño de cria)
5 = extra grande (adulto totalmente desarrollado)
6 = excepcionalmente grande (especimen de exposición)

Procedencia

W = salvaje **B** = criado en acuario
Z = forma de cria (variedad "artificial") **X** = híbrido

Tamaño

... cm = tamaño aproximado que el pez puede alcanzar de adulto.

Sexo

♂ macho ♀ hembra ♂♀ pareja

Temperatura

18–22°C(64–72°F) (temperatura ambiente)
22–25°C (72–77°F) (muchos de los peces tropicales)
24–29°C (75–85°F) (Discos etc.)
10–22°C (50–72°F) (agua fria/templada; p.e. Norte America/Europa)

Valor de pH

pH 6,5–7,2 Sin necesidades especiales (neutro)
pH 5,8–6,5 prefiere agua blanda, ligeramente ácido
pH 7,5–8,5 prefere agua dura y alcalina

Iluminación

○ brillante. Mucha luz/sol
◑ no demasiado intensa
◕ muy tenue

Alimentación

☺ omnivoros; alimento seco, sin necesidades especiales
😐 dieta especial; alimento vivo y congelado
☹ piscívoro; se alimenta de peces vivos
⦿ herbivoro; necesita alimento vegetal

Nivel de natación

aguas medias/todos los niveles
capas superficiales/nadador de superficie
capas inferiore/nadador de fondo

Decoración del acuario

Sólo rocas y el sustrato
Rocas y raices, cuevas
Acuario plantado con rocas y raices

Comportamiento/Reproducción

mantener en parejas o trios
Pez de cardumen, no mantener menos de 10 ejemplares
Ovíparo
Vivíparo
Incubador bucal
criador en cuevas
Constructor de nidos de burbujas
comedor de algas/limpiacristales (raices + alimento vegetal)
pez no agresivo, fácil de mantener (acuario comunitario)
⚠ difícil de mantener, leer previamente literatura especializada
cuidado, extremádamente dificil, solo para especialistas experimentados
los huevos necesitan cuidados específicos
§ especies protegidas (WA), se necesitan permisos especiles ("CITES")

~L~ anfibios (necesitan zona de tierra)
<Bw> agua salobre (añadir sal al agua)
~Sw~ marino (vive en el mar)
<~Sw~ juvenil en el mar (después tanto en agua salobre como en agua dulce)
~Sw~> juvenil en agua dulce (después en el mar)
<~Sw~> tanto en el mar como en agua dulce (cambia!)

Tamaño mínimo de acuario

SS super pequeño	20–40 cm	5–20 l
S pequeño	40–80 cm	40–80 l
m mediano	60–100 cm	80–200 l
L grande	100–200 cm	200–400 l
XL XL	200–400 cm	400–3 000 l
XXL XXL	más de 400 cm	más de 3 000 l (Acuarios de exposición)

inches
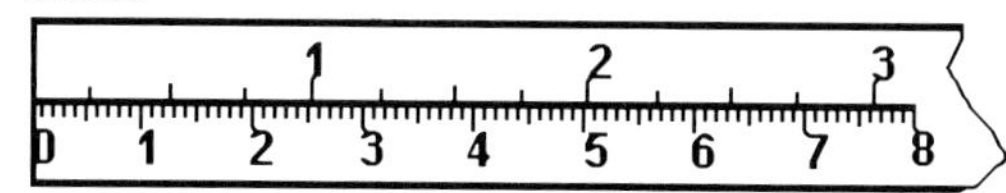

centimetres

Ergänzungen/*supplements*
hier einkleben
Aqualog *Bücher & Zeitung*
jetzt auch im Net:
http:// www. aqualog. de
mit Informationen zu den Ergänzungen
und Neuerscheinungen
Supplements/stickers
Please attach here
Aqualog *books & news*
now in the Internet
http:// www. aqualog. de
the latest information on supplements
and new publications

Ergänzungen/supplements
hier einkleben
Aqualog Bücher & Zeitung
jetzt auch im Net:
http:// www. aqualog. de
mit Informationen zu den Ergänzungen
und Neuerscheinungen
Supplements/stickers
Please attach here
Aqualog books & news
now in the Internet
http:// www. aqualog. de
the latest information on supplements
and new publications

Ergänzungen/*supplements*
hier einkleben
Aqualog *Bücher & Zeitung*
jetzt auch im Net:
http:// www. aqualog. de
mit Informationen zu den Ergänzungen
und Neuerscheinungen
Supplements/stickers
Please attach here
Aqualog *books & news*
now in the Internet
http:// www. aqualog. de
the latest information on supplements
and new publications

ELASMOBRANCHIER-GESELLSCHAFTEN WELTWEIT
ELASMOBRANCH ASSOCIATIONS WORLDWIDE

Deutsche Elasmobranchier-Gesellschaft e.V. (D.E.G.)

Initiative zur Erhaltung von Haien, Rochen und Chimären

von Dr. Matthias Stehmann

Als erste europäische Vereinigung zum Thema Knorpelfische wurde im Oktober 1995 in Hamburg von 7 Intressierten die D.E.G. gegründet und wenig später als gemeinnütziger, eingetragener Naturschutzverein registriert. In der Präambel der 1996 und 1998 geänderten Satzung heißt es:

„Das Bemühen der D.E.G. richtet sich auf Knorpelfische (Chondrichthyes), nämlich Haie sowie Rochen und Chimären. Sie zählen zu den erdgeschichtlich ältesten Vertretern der Wirbeltiere mit bezahnten Kiefern und sind eine Minderheit unter den Fischen. Die weit überwiegende Zahl ihrer lebenden Arten zählt zu den Haien und Rochen, wissenschaftlich unter dem Namen Elasmobranchii zusammengefaßt, von dem die Gesellschaft ihren Namen ableitet".

Zu Zweck und Aufgaben der D.E.G. sagt die Satzung:
„Der Verein will zum Schutz bedrohter Tiere der Gefährdung und Ausrottung von Knorpelfischen in der Welt entgegenwirken und Maßnahmen insbesondere zum Erhalt ihres natürlichen Lebensraums, ihrer natürlichen Artenvielfalt und zum Schutz besonders gefährdeter Arten anregen und fördern; wo erforderlich, ferner auf sinnvollen Ausgleich zwischen menschlichen Nutzungsinteressen oder -notwendigkeiten an Knorpelfischen und deren Erhalt als Arten und Bestände hinwirken. Er wird im Rahmen der Möglichkeiten ehrenamtlicher Tätigkeit hierzu insbesondere Forschungs- und Schutzprojekte sowie Teilnahme seiner Mitglieder an solchen anregen und Fachtreffen unterstützen, die unter anderem mit anderen am Naturschutzgedanken interessierten Organisationen durchgeführt werden. Informationen und Daten zu Fischerei und Biologie von Knorpelfischen werden gesammelt und allgemein zugänglich gemacht. Die D.E.G. arbeitet mit europäischen und außereuropäischen nationalen Vereinigungen gleicher Zielsetzung sowie mit entsprechenden internationalen Organisationen zusammen."

Wenigstens einmal im Jahr gibt die D.E.G. für ihre Mitglieder und die Öffentlichkeit ihre Informationsschrift ELASMOSKOP mit aktuellen Berichten und Fakten heraus und informiert ferner laufend zum Thema in ihrer Homepage unter <http://www.elasmo.de>. Das D.E.G.-Medienarchiv sammelt alle verfügbaren Veröffentlichungen und hält auch Informationslisten über gängige populärwissenschaftliche und fachliche Literatur sowie andere Informationsmedien auf Anfrage bereit. ELASMOSKOP bringt regelmäßig Besprechungen verfügbarer Literatur, Kaufvideos und CD-ROMs und informiert über Aktivitäten auf der europäischen und internationalen Szene sowie bei Schwestergesellschaften, ferner zur Fischerei- und Forschungssituation.

Nähere Informationen über die D.E.G. und Unterlagen zur Mitgliedschaft können über die Geschäftsadresse vom Vorstand angefordert werden:

DEUTSCHE ELASMOBRANCHIER GESELLSCHAFT e.V.,
c/o Zool. Institut und Zool. Museum der Universität,
Martin-Luther-King-Platz 3,
D-20146 Hamburg

American Elasmobranch Society
Dr. Jeffrey Carrier, Secretary
Department of Biology
Albion College
Albion, MI 49224 U.S.A.
Email: jcarrier@albion.edu
www.elasmo.org/

The European Elasmobranch Association,
36 Kingfisher Court,
Hambridge Road,
Newbury,
Berkshire, RG14 5SJ, UK.
Tel: +44 (0)1635 550380
Fax: +44 (0)1635 550230
Email:shark@naturebureau.co.uk
www.dholt.demon.co.uk/elasmo.htm

The Shark Trust
36 Kingfisher Court,Hambridge Road,
Newbury, Berkshire,RG14 5SJ, UK.
Tel:(+44) 01635 551150
Fax:(+44) 01635 550230
Email: sharktrust@dial.pipex.com
www.dialspace.dial.pipex.com/town/close/zg47/

Irrtum vorbehalten. Sämtliche Angaben ohne Gewähr. Die Liste erhebt keinen Anspruch auf Vollständigkeit.

Benutzte Literatur
Literature cited

Acero p., A. & R. Franke (1995): Nuevos Registros de Peces Cartilaginosos del Parque Nacional Natural Gorgona (Pacifico Colombiano), II. Rayas y descripcion de una nuova especie. Inst. ds Ciencias Nat. - museo de historia natural Bibl. Jose Jer. Triana 11

Alfred, E. R. (1961): The Javanese fishes described by Kuhl & van Hasselt. Bulletin of the national museum State of Singapore. 30: 80-88

Allan, G. R., Parenti, L. R. & D. Coates (1992): Fishes of the Ramu river, Papua New Guinea. Ichthyological Exploration of Freshwaters 3 (4): 289-304

Allen, G. R. & D. R. Robertson (1994): Fishes of the tropical eastern Pacific. Honolulu. 30-39 (farbig)

Allen, G. R. & R. Swainston (1988): The marine fishes of North-Western Australia. Perth

Allen, G. R. (1991): Field Guide to the freshwater fishes of New Guinea. Christensen Research Institute35: 34-37, 40-43

Annandale, N. (1908): A new sting ray of the genus Trygon from the bay of Bengal. Records of the Indian Museum 2: 393-394 + pl.

Annandale, N. (1908): Description of the tadpole of Rana pleskii, with notes on allied forms. Records of the Indian museum 2: 345-346

Annandale, N. (1909): Report on the fishes taken by the Bengal fishery steamer "Golden Crown". Part 1: Batoidei. Memoirs of the Indian Museum 2 (1): 1-60 + pl.

Annandale, N. (1910): Report on the fishes taken by the Bengal fishery steamer "Golden Crown". Part 2: Additional notes on the Batoidei. Memoirs of the Indian Museum 3 : 1-5

Anonymus (1983): Da lachen die Experten - aber einige wundern sich. Das Aqurium 165 (3): 156-157

Anonymus (1988): Stingrays do it again. TFH 37 (12): 57

Anonymus (1989): A colour guide to the fishes of the South China sea and the Andaman sea. Singapore: 1-2

Anonymus (1989): Neu importiert. Aquar. Terrar. Z. (DATZ) 42 (5): 308

Anonymus (1993): Freshwater Stingrays. TFH 42 (6): 149

Anonymus (1993): Schwarze Rochen mit weißen Punkten. Aquar. Terrar. Z. (DATZ) 46 (1): 7-8

Axelrod, H. R. (1989): Fishes of the sacred Rio Unini, Brazil. TFH 38 (6): 38-unnumb.

Beebe, W. & J. Tee-Van (1941): Fishes from the tropical Eastern Pacific. Part 3: Rays, Mantas and Chimaeras. Zoologica 26: 245-280 + pl.

Bigelow, H. B. & W. C. Schroeder (1953): Fishes of the western north Atlantic. part 2: Sawfishes, guitarfishes, skates and rays. Memoir Sears foundation for marine research. 1: 1-588

Bigelow, H. B. & W. C. Schroeder (1962): New and little known batoid fishes from the Western Atlantic. Bulletin of the museum of comparativezoology 128 (4): 159-244

Bleeker, P. (1854-57): Nieuwe Nalezingen op de Ichthyologie van Japan. Verhandelingen van het bataviaasch Genootschap van Kunsten en Wetenschappen 26: 3-133

Bleeker, P. (1863): Memoire sur les poissons de la Côte de Guinée. Natuurkundige Verhandelingen van de hollandsche Maatschappij der Wetenschappen te Haarlem 18: 1-19 + pl.

Bloch, M. E. & J. G. Schneider (1801): Systema ichthyologiae. 164-165, 236-239, 350-373, 572-584, pl.36, 37, 70, 71, 72, 73

Boeseman, M. (1948): Some preliminary notes on Surinam sting rays, including the description of a new species. Zoologische Mededelingen. 30 (2): 31-47

Boulenger, G. A.. (1909): Catalogue of the freshwater fishes of Africa in the Bristish Museum (natural history). Vol. 1: 1-19

Bussing, W. A. & M. I. Lopez S. (1994): Demersal and pelagic inshore fishes of the Pacific coast of lower Central America. Revista de biologica tropical (spec publ.)

Cantor, T. E. (1849): Catalogue of Malayan Fishes. Journal of the asiatic society of Bengal. 18 (2): i-xii, 983 - 1443 + pl.

Castello, H. P. & D. R. Yagolkowski (1969): Potamotrygon castexi n. sp., una nueva especie de raya de agua dulce del Rio Paraná (Potamotrygon castexi (Chondrichthyes, Potamotrygonidae), a new species of freshwater sting-ray for the Paraná River.

Castex, M. N. & D. R. Yagolkowski (1970): Note on two fresh-water sting-ray species (Chondrichthyes, Potamotrygonidae): a) Redescription of Potamotrygon schroederi, Yepez 1957. b) Designation of two paratypes of P. pauckei, Castex 1963 and thei descriptio

Castex, M. N. & H. P. Castello (1970): Potamotrygon leopoldi, a new species of fresh-water sting-ray for the Xingú River, Brazil (Chondrichthyes, Potamotrygonidae). Acta Sci. Inst. Latinoam. Fisiol. Reprod., 10: 1-16

Castex, M. N. & H. P. Castello (1970): Potamotrygon yepezi, n. sp. (Chondrichthyes, Potamotrygonidae) una nueva especie de raya de agua dulce para los rios venezolanos. (Potamotrygon yepezi, n. sp. (Chondrichthyes, Potamotrygonidae), a new species of fres

Castex, M. N. (1963): El genero Potamotrygon en el Parana medio. Anales del museo provincial de ciencias naturales "Florentino Ameghino" 2 (1): 1- 86

Castex, M. N. (1963): Una nueva especie de raya fluvial: Potamotrygon pauckei. Notas distintivas. Boletin de la Academia Nacional de Ciencias 43: 289-294

Chabanaud, M. P. (1923): Description de deux Plagistomiens nouveau d´Indo-Chine appartenant au genre Dasybatus (Trygon). Bulletin du muséum national d´histoire naturelle. 29:45-50

Chabanaud, M. P. (1929): Description d´un nouvel Élasmobranche batoide de Madagascar. Bulletin du Muséum National d´histoire naturelle, 1 (2. ser.): 365-369

Chabanaud, P. (1928): Description d´une nouvelle espece d´elasmobranches de la famille des Discobatides, appartenant a la faune de l´atlantique oriental tropical nord. Bulletin de la Societe Zoologique de France, 53: 419-425

Chaudhuri, B. L. (1908): Description of a new species of saw-fish captured off the Burma coast by the government of Bengal´s steam trawler "Golden Crown". Records of the Indian Museum 2: 391-392

Chen, J. T. F. (1948): Notes on the fish fauna of Taiwan in the collections of the Taiwan Museum. I. Some records of Platosomeae from Taiwan, with description of a new species of Dasyatis. Quaterly Journal of the Taiwan Museum 1 (3): 1-14

Chlupaty, P. (1980): Meine Erfahrungen mit Korallenfischen im Aquarium. Hannover

Compagno, L. J. V. & J. E. Randall (1987): Rhinobatos punctifer, a new species of guitarfish (Rhinobatiformes: Rhinobatidae) from the Red Sea, with notes on the Red Sea batoid fauna. Proceedings of the California Academy of sciences 44 (14): 335-342

Compagno, L. J. V. & P. C. Heemstra (1984): Himantura draco, a new species of Stingray (Myliobatiformes: Dasyatidae) from South Africa, with a key to the Dasyatidae and the first record of Dasyatis kuhlii (Müller & Henle, 1841) from Southern Africa. J. L.

Compagno, L. J. V. & T. R. Roberts (1982): Freshwater stingrays (Dasyatidae) of Southeast Asia and New Guinea, with description of a new species of Himantura and reports of unidentified species. Enviromental Biology of Fishes 7 (4): 321-339

Compagno, L. J. V. & T. R. Roberts (1984): Marine and freshwater stingrays (Dasyatidae) of West-Africa, with description of a new species. Proceedings of the California academy of sciences 43 (18): 283-300

Compagno, L. J. V., D. A. Ebert & P. D. Cowley (1991): Distribution of offshore demersal cartilaginous fish (class Chondrichthyes) off the west coast of Southern Africa, with notes on their systematics. South African Journal of Marine Science. 11: 43-139

Daget, J. & A. Iltis (1965): Poissons de Cote d´Ivoire. Memoirs de l´Institut Francais d´Afrique noire. 74: 1-385

Daget, J., Gosse, J. P. & D. F. E. Thys von der Audenaerde (1986): Checklist of the freshwater fishes of Africa, CLOFFA. Vol. 1. Paris, Tervueren: 1-5

Debelius, H. & R. H. Kuiter (1994): Fischführer Südostasien. Melle

Debelius, H. (1996): Fischführer Indischer Ozean. Melle.

Debelius, H. (1998): Fischführer Mittelmeer und Atlantik. Frankfurt.

Debelius, H. (1999): Indian Ocean Reef Guide. Frankfurt

Devincenzi, G. J. & G. W. Teague (1942): Ictiofauna de Rio Uruguay medio. Anales del Museo de Historia Natural de Montevideo (2.° ser.) 5 (4): 1-101 + pl.

Dingerkus, G. (1989): Studying sharks in the Bahamas. TFH 38 (2): 54-67

Edmonds, L. (1989): Stingrays in the Aquarium. TFH 38 (6): 94- 98

Edmonds, L. (1992): The mysterious lives of skates and rays. TFH 41 (11): 38-48

Eigenmann, C. H. & R. S. Eigenmann (1891): A Catalogue of the Freshwater Fises of South America. Proceedings of the United States National Museum. 14: 1-81

Eigenmann, C. H. (1910): Catalogue of the Fresh-water Fishes of Tropical and South Temperate America. Reports of the Princeton University Expeditions to Patagonia, 1866-1899. 3: 375-511

Engelhardt, R. (1912): Über einige neue Selachier-Formen. Zoolgischer Anzeiger, 39: 643-648

Eschmeyer, W. N. (ed.) (1998): Catalog of Fishes. San Francisco
Fernandez Yepez, A. (1958): Nueva Raya para la Ciencia: Potomatrygon schroederi n. sp.. Boletin del museo de ciencias naturales 2/3: 8-11
Fernandez-Yepez, A. & V. Espinosa (1970): Observaciones en el peso y ancho del disco de la Raya Pintada Potamotrygon magdalenae (Dumeril). (Observations on the weight and disk´s widthof the Raya Pintada Potamotrygon magdalenae (Dumeril).
Fernandez-Yepez, A. & V. Espinosa (1970): Presencia de Dasyatis americana (Hildebrandt/Schroeder) en aguas dulces. (Presence of Dasyatis americana (Hildebrandt/Schroeder) in fresh water). Acta Sci. Inst. Latinoam. Fisiol. Reprod. , 8: 11-14
Fernandez-Yepez, A. & V. Espinosa (1970): Presencia de Himantura schmardae (Werner) en aguas dulces. (On the presence of Himantura schmardae (Werner) in freshwaters of Venezuela). Acta Sci. Inst. Latinoam. Fisiol. Reprod. , 8: 3-6.
Fowler, H. (1941): Contributions to the biology of the Pilippine archipelago and adjacent regions. Smithonian Institution United States National Museum. Bulletin 100, Vol. 13: 288-487
Fowler, H. W. (1925): Descriptions of Three New Marine Fishes from the Natal Coast. Annals of the Natal Museum 5 (2): 195-200
Fowler, H. W. (1933): Descriptions of new fishes obtained 1907 to 1910, chiefly in the Philippine islands and adjacent seas. Proceedings of the Academy of natural sciences of Philadelphia 85: 233-367
Freyhof, J. (1996): Stachelrochen aus Westafrika. Aquar. Terrar. Z. (DATZ) 49 (10): 618
Frische, J. (1997): Süßwasserstechrochen-Hybriden. Aquar. Terrar. Z. (DATZ) 50 (2): 128-129
Garman, S. (1881): New species of Selachians in the Museum Collection. Bulletin of the Museum of comparative zoology. 6 (11): 167-172
Garman, S. (1907-08): New Plagiostoma and Chismopnea. Bulletin of the Museum of Comparative Zoology 51: 251-255
Garman, S. (1913): The Plagiostomia. Mem. Mus. Comp. Zool. 36: 248-457. pl. 16-66
Garman, S. W. (1878): On the pelvis and external sexual organs of selachians, with especial references to the new genera Potamotrygon and Disceus (with descriptions). Proceedings of the Boston society of natural history. 29: 197-215
Giltay, L. (1929): Notes ichthyologique II: Une espèce nouvelle de Rhinobatus du Congo belge (Rhinobatus congolensis, sp. nov.). Annales de la société royale zoologique de Belgique. 59: 21-27
Gistel, J. (1851): Naturgeschichte des Thierreichs. Stuttgart
Gomon, M. F., J. C. M. Glover & R. H. Kuiter (1994): The fishes of Australia´s south coast. Adelaide
Gonella, H. (1997): Süßwasserrochen. Ruhmannsfelden
Goodson, G. (1985): Fishes of the Atlantic coast. Stanford, California: 185-188
Goodson, G. (1988): Fishes of the Pacific coast. Stanford, California: 228-237
Goren, M. & M. Dor (1994): An updated checklist of the fishes of the Red Sea, CLOFRES II. Jerusalem: 1-7
Göthel, H. (1992): Farbatlas Mittelmeerfauna. Niedere Tiere und Fische. Stuttgart
Gotshall, D. W. (1989): Pacific coast inshore fishes. Monterey, California: 24-27
Gratzianow, V. (1906): Über eine besondere Gruppe der Rochen. Zoologischer Anzeiger 30: 399-406
Gray, J. E. (1830-35): Illustrations of Indian zoology; chiefly selected from the collection of Major-General Hardwicke, F.R.S.. pl. 84-99 (vol. 1), 88-102 (Vol. 2)
Gray, J. E. (1831): Description of twelve new genera of fish, discovered by Gen. Hardwicke, in India, the greater part in the British Museum. The Zoological Miscellany: 7-9
Günther, A. (1866): On the fishes of Panama. Proceedings of the scientific meetings of the zoological society of London: 600-604
Günther, A. (1880): A contribution to the knowledge of the fish-fauna of the Rio de la Plata. The Annals and Magazine of natural history, 5th series (6): 7-13
Haacke, W. (1885): Diagnosen zweier bemerkenswerther südaustralischer Fische. Zoologischer Anzeiger, 8: 508-509
Haacke, W. (1885): Über eine neue Art uterinaler Brutpflege bei Wirbelthieren. Zoologischer Anzeiger, 8: 488-490
Hamilton, F. (1822): An Account of the fishes found in the river Ganges and its branches. Edinburgh.
Hildebrand, S. F. (1946): A descriptive catalog of the shore fishes of Peru. Smithonian Institution United States National Museum Bulletin 189: 1-530
Hutchins, B. & R. Swainston (1986): Sea fishes of Southern Australia. Perth
Ishihara, H., Homma, K., Takeda, Y. & J. E. Randall (1993): Redescription, distribution, and food habits of the Indo-Pacific dasyatid stingray Himantura granulata. Japanese Journal of Ichthyology 40 (1): 23-28
Jenkins, O. P. (1903): Report on collections of fishes made in the Hawaiian islands with descriptions of new species. Bulletin of the United States fish commision: 417-511
Jordan, D. S. & B. W. Evermann (1896): The fishes of North and Middle America, Part 1. Bulletin of the United States National Museum 47: 15-97
Jordan, D. S. & C. Butter (1897): A collection of fishes made by Joseph Seed Roberts in Kingston, Jamaica. Proceedings of the Acadey of Natural Sciences of Philadelphia: 91-133
Jordan, D. S. & C. H. Gilbert (1882): Description of a new ray (Platyrhina triseriata) from the coast of California. Proceedings of United States National Museum 22: 36-38
Jordan, D. S. & C. H. Gilbert (1882): Notes on a collection of fishes from San Diego, California. Proceedings of United States National Museum 22: 23-34
Jordan, D. S. & C. H. Gilbert (1883): Description of a new species of Rhinobatus (Rhinobatus glaucostigma) from Matzatlan, Mexico. Proceedings of the United states national museum, vol. 6:210-211
Jordan, D. S. & C. H. Gilbert (1883): Description of a new species of Rhinobatus (Rhinobatus glaucostigma) from Mazatlan, Mexico. Proceedings of United States National Museum. 6 (14): 210-211
Jordan, D. S. & R. E. Richardson (1909): A catalogue of the fishes of the island of Formosa, or Taiwan, based on the collections of Dr. Hans Sauter. Memoirs of the Carnegie Museum 4 (4): 159-204 + pl. 63-74
Jordan, D. S. (1918): New genera of fishes. Proceedings of the Academy of Natural Sciences of Philadelphia 70: 341-344
Klausewitz, W. (1980): Knorpelfische in: Grizmek, B. (ed.) (1980): Grizmeks Tierleben. München
Klausewitz, W. (1988): Handbuch der Meeres-Aquaristik. Bd. II. Wuppertal-Elberfeld
Kottelat, M. (1984): A review of the species of Indochinese fresh-water fishes described by H. E. Sauvage. Bull. Mus. Natl. Hist. Nat. Sect. A Zool. Biol. Ecol. Anim 6(4): 791-822
Kottelat, M. (1989): Seltene Aquarienfische: Süßwasser-Stechrochen aus Südostasien. Aquar. Terrar. Z. (DATZ) 42 (1): 8-9
Krupinska, F. (1999): Elasmobranchier-Symposium. Aquar. Terrar. Z. (DATZ) 52 (5): 7
La Cepède, B. G. E. (Jahr 8 der Republik -1800): Histoire naturelle des poissons. V. 3: 134-151
Last, P. R. & J. D. Stevens (1994): Sharks and rays of Australia. Melbourne
Last, P. R. (1979): A new species of Stingray (F. Dasyatidae) with a key to the Australian species. Papers and Proceedings of the Royal Society of Tasmania, 113: 169-176
Latham, J. (1794): An essay on the various species of Sawfish. Transactions of the Linnean Society. 2: 273-79, 282 + pl.
Lévêque C., D. Paugy & G. G. Teugels (1990): Faune des poissons d´eaux douces et saumatres de l´Afrique de l´Ouest. Fauna tropicale Vol. 1: 1-384
Lovejoy, N. R. (1997): Stingrays, parasites, and neotropical biogeography: a closer look at Brook´s et. al.´s hypotheses concerning the origins of neotropical freshwater rays (Potamotrygonidae). Systematic biology. 46 (1): 218-230
Lunel, G. (1879): Description d´une nouvelle espèce de Trygonidae appartenant au genre Pteropalatea, Müller & Henle. Mémoires de la société de physique et d´histoire naturelle de Genève 26: 421-426 + pl.
Lythgoe J. & G. Lythgoe (1974): Meeresfische. Nordatlantik und Mittelmeer. München, Bern, Wien
Masuda, H., K. Amaoka, C. Araga, T. Uyeno & T. Yoshino (1984): The fishes of the Japanese Archipelago. Tokai University Press
Merrick, J. R. & G. E. Schmida (1984): Australian freshwater fishes: biology and management. Sydney.
Misra, K. S. (1942): A new species of Rhinopterid fish from South India. Records of the Indian Museum 43: 361-362 + pl.
Mitchill, S. L. (1815): The fishes of New York, described and arranged. Transactions of the literary and pilosophical society of New York. 5: 355, 476-481
Monkolprasit, S. & T. R. Roberts (1990): Himantura chaophraya, a new giant freshwater stingray from Thailand. Japanese Journal of Ichthyology 37 (3): 203-208
Montoya, R. V. & T. B. Thorson (1982): The bull shark (Carcharhinus leucas) and largetooth sawfish (Pristis perotteti) in Lake Bayano, a tropical man-made impoundment in Panama. Env. Biol. Fish. 7 (4): 341-347
MüllerJ. & F. G. J. Henle (1838-41): Systematische Beschreibung der Plagiostomen. Berlin. Pl.
Murdy, E. O., Birdsong, R. S. & J. A. Musick (1997): Fishes of Chesapeake Bay. Washington, London. 36-52, 297-324
Nair, R. V. & R. S. Lal Mohan (1973): On a new deep sea skate, Rhinobatos variegatus, with notes on the deep sea sharks Halaelurus hispidus, Eridacnis radcliffei and Eugaleus omanensis from the Gulf of Mannar. Senckenbergiana biologica 54 (1/3): 71-80

Ng, P. K. L. & H. H. Tan (1997): Freshwater fishes of Southeast Asia: potential for the aquarium fish trade and conservation issues. Aquarium Sciences and Conservation 1 (2): 79-90
Nishida, K. & K. Nakaya (1988): A new species of Dasyatis (Elasmobranchii: Dasyatidae) from Southern Japan and lectotype designation of D. zugei. Japanese Journal of Ichthyology 35 (2): 115-123
Nishida, K. & K. Nakaya (1988): Dasyatis izuensis, a new stingray from the Izu peninsula, Japan. Japanese Journal of Ichthyology 35 (3): 227-235
Nishida, K. (1990): Phylogeny of the suborder Myliobatoidei. Memoirs of the faculty of fisheries Hokkaido University 37 (1.2/54): 1-108
Norman, J. R. (1922): Three new fishes from Zululand and Natal, collected by Mr. H. W. Bell Marley; with additions to the fish fauna of Natal. The Annals and Magazine of Natural History. 9 (9. ser.): 318-323
Norman, J. R. (1925): Two new Fishes from China. The annals and magazine of natural history (9th series). 16: 270
Norman, J. R. (1926): A synopsis of the rays of the family Rhinobatidae, with a revision of the genus Rhinobatus. Proceedings of the general meetings for scientific business of the zoological society of London. 62: 941-982
Norman, J. R. (1930): A new ray of the genus Rhinobatus from the Gold Coast. The annals and magazine of natural history. 10th ser., 6: 226-228
Norman, J. R. (1931): Four new fishes from the Gold Coast. The Annals and Magazine of Natural History 10 th series (7): 352-359
Ortega, H. & R. P. Vari (1986): Annotated checklist of the freshwater fishes of Peru. Smithonian contributions to zoology 437
Paxton, J. R., Hoese, D. F., Allen, G. R., & J. E. Hanley (1989): Zoological Catalogue of Australia, Vol. 7: Petromyzontidae to Carangidae. Canberra, Australia. 39-61
Peters, W. (1855): Uebersicht der in Mossambique beobachteten Fische. Archiv für Naturgeschichte. 21 (1): 234-282
Pethiyagoda, R. (1991): Freshwater fishes of Sri Lanka. The Wildlife heritage trust of Sri Lanka. 48-49
Philippi, R. A. (1902): Description de cinco nuevas especies chilenas del orden de los Plagióstoyos. Santiago de Chile, 15 pp. + pl.
Pisces Publishers (eds.) (1995): Polypterus, Arowana, Pantodon, Stingley, Sturgeon, Amia, Gar, Lung, Arapaima, Knife. Tokyo
Planquette, P., Keith, P. & P.-Y. le Bail (1996): Atlas des poissons d´eau douce e guyane (Tome 1). Paris
Quéro, J. C., Hureau, J. C., Karrer, C., Post, A. & I. Saldanha (1990): Check-list of the fishes of the eastern tropical Atlantic, CLOFETA. Vol. 1. Lissabon, Portugal: 22-76
Rainboth, W. (1996): Fishes of the Cambodian Mekong. Rome
Randall, J. E. & L. J. V. Compagno (1995): A review of the guitarfishes of the genus Rhinobatos (Rajiformes: Rhinobatidae) from Oman, with description of a new species. The Raffles bulletin of zoology 43 (2): 289-298
Regan, C. T. (1915): A collection of Fishes from Lagos. The Annals and Magazine of Natural History. 15 (8. ser.): 124-131
Regan, C.T. (1903): On a collection of fishes made by Dr. Goeldi at Rio Janeiro. Proceedings of the general meetings for scientific business of the zoological society of London. 2: 59-69
Richardson, J. (1846): Report on the Ichthyology of the Seas of Chian and Japan. Report of the fifteenth Meeting of the Bristish Association for the Advancement of Science: 187-320
Roberts, T. R. & J. Karnasuta (1987): Dasyatis laosensis, a new whiptail stingray (family Dasyatidae), from the Mekong River of Laos and Thailand. Enviromental Biology of Fishes 20 (3): 161-167
Roberts, T. R. (1989): The freshwater fishes of Western Borneo (Kalimantan Barat, Indonesia). Mem. Calif. Acad. Sci. 14: 1-210
Rosa, R. d. S. (unpubl. [1985]): A systematic revision of the South American Freshwater Stingrays (Chondrichthyes: Potamotrygonidae)*
Rosa, R. S., Castello, H. P. & T. B. Thorson (1987): Plesiotrygon iwamae, a new genus and species of neotropical frehwater stingray (Chondrichthyes: Potamotrygonidae). Copeia (2): 447-458
Ross, R. A. (1999): Freshwater Stingrays from South America. Mörfelden-Walldorf
Ross, R. A. (1999): Süßwasser-Stechrochen Südamerikas. Mörfelden-Walldorf
Russell, P. (1803): Descriptions and figures of two hundred fishes; collected at Vizagapatam on the coast of Coromandel. London. 1-9 und pl.
Schober, M. (1995): Südamerikanische Süßwasser-Stechrochen im Aquarium. Aquar. Terrar. Z. (DATZ) 48 (5): 285-287
Schomburgk, R. H. (1843): Ichthyology. Vol. 5. Fishes of Guiana, part 2. Edinburgh. 175-185, Pl. 20-23
Scott, T. D. (1954): Four new fishes from South Australia. Records of the South australian Museum, 11 (2): 105-112+ pl.
Séret, B. & J. D. McEachran (1986): Catalogue critique des types de Poissons du Museum national d´Histoire naturelle. Poisson Batoides (Chondrichthyes, Elasmoranchii, Batoidea). Bulletin du museum national d´histoire naturelle, (4 serie) 8 (4): 3-50
Smith, H. M. (1945): The fresh-water fishes of Siam, or Thailand. Smithonian Institution United States National Museum Bulletin 188: 1-622
Smith, J.L.B. (1957): Dasyatid rays new to South Africa. The annals & magazine of natural history (12. ser.) 10: 429-431 + pl.
Smith, M. M.. & P. C. Heemstra (1986): Smiths´ sea fishes. Berlin, Heidelberg, New York, Paris, Tokyo.1-5, 30, 108-143.
Springer, S. & B. B. Collette (1971): The gulf of Guinea stingray, Dasyatis rudis (Günther, 1870). Copeia (2): 338-341
Srivastava, M. P. (1991): On the occurence of the stingray, Dasyatis (Pastinachus) sephen (Forsk.) Rajiformes, Dasyatidae in freshwater rivers of North Eastern Bihar. J. Freshwater Biol. 3 (4): 281-285
Stauch, A, & M. Blanc (1962): Description d´un sélacien rajiforme des eaux douces du Nord-Cameroun: Potamotrygon garouaensis n. sp.. Bulletin du muséum national d´histoire naturelle. 2e série, 34 (2): 166-171
Stawikowski, R. (1989): Süßwasser-Stechrochen von Marajó. Aquar. Terrar. Z. (DATZ) 42 (9): 522
Stehmann, M. (1995): Two new records of the Dragon Stingray, Himantura draco, and a record of Himantura gerrardi from the Western Indian ocean (Elasmobranchii, Dasyatididae). Journal of Ichthyology 35 (5): 74-88
Swainson, W. (1838): On the natural history and classification of fishes, amphibians and reptiles. London. Vol. 1: 168-189
Talwar, P. K. & A. J. Jhingran (1991): Inland Fishes of India and adjacent countries. New Dehli, Bombay, Calcutta: 30-53
Tang, D. S. (1933): On a new ray (Platyrhina) from Amoy, China. Lingnan Science Journal. 12 (4): 561-563 + pl. 42
Tanuchi, T. (1991): Occurence of two species of stingrays of the genus Dasyatis (Chondrichthyes) in the Sanga Basin, Cameroun. Environmental Biology of Fishes 31: 95-100
Terofal, F. (1986): Meeresfische in europäischen Gewässern. München
v. Olfers, J. F. M. (1831): Die Gattung Torpedo in ihren naturhistorischen und antiquarischen Beziehungen erläutert. Berlin
Vaillant, M. L. (1880): Sur le Raies recueillies dans l´Amazone par M. le Dr. Jobert. Bulletin de la Société Philomathique de Paris. Ser. 7, vol. 4: 251-252
Volkart, B. (1993): The Real Reef. TFH 42 (2): 32-46
Walbaum, J. J. (1792): Petri Artedi Genera Piscidium. Ichtyologiae pars 3.: 504-537
Wang, K. F. (1933): Preliminary notes on the fishes of Chekiang (Elasmobranches). Contributions from the biological laboratory of the science society of China (Zool. series). 9 (3): 87-117
Werner, F. (1905): Die Fische der zoologisch-vergleichend-anatomischen Sammlung der Wiener Universität. 1. Teil. Zoologische Jahrbücher. Abteilung für Systematik, Geographie und Biologie der Tiere. 21: 263-302
Wheeler, A. (1977): Das große Buch der Fische. Stuttgart
Whitield, A. K. (1998): Biology and Ecology of fishes in Southern African estuaries. Grahamstown.
Whitley, G. P. (1931): Studies in Ichthyology No. 6. Records of the Australian Museum 18 (6): 321-348 + pl.36-39
Whitley, G. P. (1937): The Australian Devil ray, Daemomanta alfredi, with remarks on the superfamily Mobuloidea (order Batoidei). The Australian Zoologist (Suppl.) 8 (9): 164-188
Whitley, G. P. (1940): Taxonomic notes on sharks and rays. The Australian Zoologist. 9: 227-262
Whitley, G. P. (1945): Leichhardt´s sawfish. The Australian Zoologist 11 (2): 43-45
Wicker, R. (1998): Exotarium Frankfurt: Stechrochen-Kinderschwemme. Aquar. Terrar. Z. (DATZ) 51 (8): 482
Wirtz, P. (1995): Es gibt zwei große Stachelrochen-Arten bei Madeira. Aquar. Terrar. Z. (DATZ) 48 (12): 753
Zamarripa, E. (1988): Stingrays and shrimp. TFH 37 (7): 87
Zhu, S. Q. (1995): Synopsis of freshwater fishes of China. Nanjing, China: 273

*kann bestellt werden bei / is available from:
UMI Dissertation Services, 300 N. Zeeb Road, Ann Arbor, Michigan 48106, USA
http://www.umi.com/hp/Support/DExplorer

INDEX
Code - Nummern / Code - numbers

INDEX
R - Nummern / R - numbers

INDEX
P - Nummern / P - numbers

INDEX
alphabetisch / alphabetic